3D 打印丛书

3D 打印

逆向建模技术及应用

孙水发 李 娜 董方敏 杨继全 | 著
杨继全 | 主审

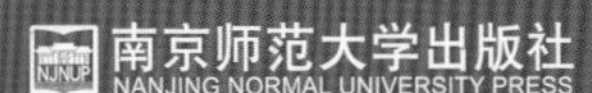
南京师范大学出版社
NANJING NORMAL UNIVERSITY PRESS

图书在版编目(CIP)数据

3D打印逆向建模技术及应用 / 孙水发等著. — 南京：南京师范大学出版社，2016.5(2018.7重印)

(3D打印丛书)

ISBN 978-7-5651-2380-1

Ⅰ. ①3… Ⅱ. ①孙… Ⅲ. ①工业设计—造型设计—计算机辅助设计—应用软件 Ⅳ. ①TP391.72

中国版本图书馆CIP数据核字(2015)第246361号

丛 书 名　3D打印丛书
书　　名　3D打印逆向建模技术及应用
著　　者　孙水发　李　娜　董方敏　杨继全
主　　审　杨继全
责任编辑　孙　沁　郑海燕
出版发行　南京师范大学出版社
地　　址　江苏省南京市玄武区后宰门西村9号(邮编:210016)
电　　话　(025)83598919(总编办)　83598412(营销部)　83598297(邮购部)
网　　址　http://www.njnup.com
电子信箱　nspzbb@163.com
照　　排　南京理工大学资产经营有限公司
印　　刷　江苏扬中印刷有限公司
开　　本　787毫米×960毫米　1/16
印　　张　15.5
字　　数　262千
版　　次　2016年5月第1版　　2018年7月第2次印刷
书　　号　ISBN 978-7-5651-2380-1
定　　价　42.00元

出 版 人　彭志斌

前言

逆向工程也称反求工程、反向工程等，传统上认为是一种产品设计技术的再现过程。3D打印技术的产生及发展，使得根据模型“打印”相应的“产品”成为现实，比如古建筑、组织器官、三维人体以及汽车、飞机等。为此，我们对反求工程的概念进行了扩充，认为一切能根据既有目标对象构建相应模型的技术都可称为反求技术，或者在这里称为逆向建模技术。而这些模型数据的采集过程又有很大的不同，比如既有传统的基于二维工程图样的反求技术，也有包括类似CT这种基于切片获取数据，并进行目标对象模型反求的技术等等。

基于以上认识，我们从现有的模型数据采集方法的角度将逆向建模技术归类为：a）工程图样反求；b）断层三维重建；c）立体视觉三维重建；d）激光扫描三维重建等四种。本书对这些逆向建模技术的数据采集原理、方法进行了系统的总结和分析，并给出了相应的实例。根据获取的数据进行三维建模是逆向建模技术中的重要步骤，本书对当前流行的建模系统及开源软件进行了介绍与分析。最后，以四个具体的建模需求为例，对上述几种逆向建模技术进行了验证。

本书具体内容如下：第一章概述了3D打印的逆向建模技术，提出了我们对逆向建模技术的新认识；第二章介绍了基于工程图样的三维重建技术；第三章介绍了基于断层成像的三维重建技术；第四章介绍了基于立体视觉的三维重建技术；第五章介绍了基于激光扫描的三维重建技术；第六章着重于点云数据的处理；第七章给出了相应的四个逆向建模实例。

本书在编写过程中，参考了大量的相关资料，除每章末注明的参考文献外，其余的参考资料主要有：公开出版的各类报纸、刊物和书籍；因特网上的检索。本书中所采用的图片、模型等素材，均为所属公司、网站或个人所有，本书引用仅为说明之用，绝无侵权之意，特此声明。在此向参考资料的各位作者表示谢意！

全书由三峡大学孙水发、董方敏，南京师范大学杨继全、李娜编写，其中第一、三、五、七章由孙水发编写，第二章由李娜编写，第四章由董方敏编写，第六章由杨继全编写，并由孙水发统稿。三峡大学水电工程智能视觉监测湖北省重点实验室、南京师范大学三维打印装备与制造江苏省重点实验室部分研究生对本书的资料收集、图形绘制做出了很大贡献，他们是李准、潘幸子、吴静雯、尹辉、雷林、高开源、王骊雯等，在此一并表示感谢！本书得到国家自然科学基金(61272237、61273243、51407095、51605229、50607094、61601228、61603194)、国家重点研发计划(2017YFB1103200)、江苏省科技支撑计划(工业)重点项目(BE2014009)、江苏省科技成果转化专项资金重大项目(BA201606)、江苏省高校自然科学基金(16KJB12002)、江苏省三维打印装备与制造重点实验室开放基金(L2014071304、L2014071303)等项目，以及三峡地区地质灾害与生态环境湖北省协同创新中心(CICGE)的资助。

本书主要适合涉及3D打印、三维反求方向的高校教师、科研人员、研究生和高年级本科生以及工程技术人员使用。限于作者水平，本书中难免存在错误，敬请读者批评指正。

编　者

2018年7月

目　录

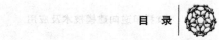

第1章　逆向建模概述

2013年2月13日，美国总统奥巴马在其第二个任期内的首份国情咨文中提到："曾经一度废弃的仓库现在已经变成了当地最先进的实验室，工人们在这里学习使用3D打印，学习这项有可能制造出任何东西的新技术"。2014年6月份在白宫举办的创客嘉年华(Maker Faire)上，曾经展出一件根据3D扫描数据创建的奥巴马的3D打印半身像，这也是首个3D打印的在任美国总统像。12月3日，白宫发布了一段视频，展示了对奥巴马进行3D扫描的来龙去脉，如图1-1所示。

(a) 模型采集过程

(b) 3D 打印结果

图 1-1　美国总统奥巴马的 3D 打印模型制作

1.1　3D 打印与逆向建模

1.1.1　3D 打印技术

3D 打印(Three Dimension Printing,3DP),较专业的术语可以是增材制造(Additive Manufacturing)、快速成型(Rapid Prototyping)、任意成型(Freedom Fabrication)、快速原型/零件制造(Rapid Prototyping/Manufacturing)等等,是相对于计算机将文字、图表数据输出到平面纸张上的打印而言的。相较那些生硬抽象的学术概念,3D 打印生动明了,更加容易为非专业的普通大众所理解和接受。

3D 打印是个涉及包括材料、机械、计算机、控制等多学科、多领域的技术。与传统制造中通过模具铸造、机加工精细处理来获得最终成品的方式不同,3D 打印直接将虚拟的数字化实体模型转变为产品,极大地简化了生产的流程,降低了材料的生产成本,缩短了产品的设计与开发周期。3D 打印使得任意复杂结构零部件的生产成为可能,也是实现材料微观组织结构和性能可设计的重要技术手段。

3D 打印从 3D 模型构建开始,3D 模型构建通常包括正向建模和逆向建模。

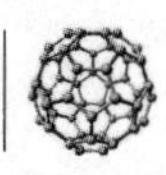

一般来说，正向建模是在产品的设计阶段进行的，使用现有的CAD软件，例如Solidworks、UG、Pro/ENGINEER等，获得满足客户需求的产品设计结果，即可以在计算机上表达的数字化的实体模型CAD。然而在很多场合，只有产品或实物模型，没有产品图纸，比如古建筑、地质地貌原址、生物组织等等。此时，基于逆向建模的技术，从现有事物反求目标的3D模型就显得非常必要。

1.1.2　逆向建模技术

逆向工程(又称逆向技术)，是一种产品设计技术再现的过程，即对一项目标产品进行逆向分析及研究，从而演绎并得出该产品的处理流程、组织结构、功能特性及技术规格等设计要素，以制作出功能相近，但又不完全一样的产品。逆向工程源于商业及军事领域中的硬件分析，其主要目的是在无法获得必要的生产信息的情况下，直接从成品分析，推导出产品的设计原理。

逆向工程可能会被误认为是对知识产权的严重侵害，但是在实际应用上，反而可能会保护知识产权所有者。例如在集成电路领域，如果怀疑某公司侵犯知识产权，可以用逆向工程技术来寻找证据。

1.2　逆向建模技术分类

逆向建模是通过对多通道二维信号及其他相关信息的处理和综合来重建三维信号。三维重建方法通常可以分为以下三类：第一类是根据二维工程图样(正投影图)反求三维实体模型的三维重建方法[1]，这类方法常应用于机械领域的反求工程中；第二类是采用断层成像原理，基于超声、CT等技术，根据所获取的一系列二维切片图来构造物体的三维模型[2]，这类方法主要应用于医学影像处理和快速成型加工等领域；第三类方法属于视觉重建技术，该方法从图像序列或视频数据中恢复场景的三维结构信息，在其基础上实现三维重建[3]，目前被广泛应用于根据影像信息构造大范围三维城市模型、建立古建筑或文物数字模型等。通过反求工程获取模型的方法可以归类为以下四种：① 工程图样反求；② 断层三维重建；③ 立体视觉三维重建；④ 3D扫描三维重建。

1.2.1　工程图样反求

基于工程图纸的三维形体重建技术是计算机辅助设计与计算机图形学中一

个重要的研究领域。在传统的制造业领域，工程技术人员通常是基于二维图纸来设计相应的产品，其局限性也很明显，缺乏立体感，非专业人士很难看懂等等。因此，如何将这些二维图纸转化为三维模型，从而适用于3D打印，是逆向建模的一个重要方向。

工程图作为一种以投影原理表达空间三维形体的有效手段，广泛地应用于产品模型设计，在传统工业中扮演着重要的角色。工程技术人员借助二维视图，可以很容易地读懂视图表达的空间形体信息和产品设计思想。随着计算机技术特别是CAD/CAM/CG技术的不断发展，人们愈来愈关注三维重建技术的研究，即如何用计算机来自动识别和处理二维视图，最后构造出与二维视图相对应的空间三维实体。这样不仅可以提供足够的易于理解的零件形状信息，还可以支持下游的活动(如用户需求，CAPP信息及干涉检查等)。

对设计人员来说，可以从二维图形和三维实体的比较中发现一些设计中存在的问题，对于编程人员来说也可以缩减他们的工作量。目前制造行业面临着大量的图纸等待输入，并转换为三维实体，从中提取成形特征，为工艺规划、装配中的公差分析、有限元分析、干涉检查和NC编程等提供条件。可见三维重建技术可以从根本上提高制造行业的工作效率，有着广阔的工程应用前景。尽管随着计算机图形学、几何造型及相关领域的技术不断发展，许多具有造型功能的产品软件相继出现，但是目前在工程领域，尤其是在逆向工程以及计算机辅助设计及制造中，三维重建技术的研究仍具有相当高的理论和实用价值。[4]

1.2.2 断层三维重建

断层成像技术通常是基于X射线或激光等，在穿透被测物体时，通过测量物体的反射能量或者吸收能量，获得物体内部结构信息的一种成像技术。这些反映物体内部结构信息的图像通常以一个截面的方式呈现，人们赋予其断层成像的意义。当前，断层成像包括合成断层成像和逐点断层成像两种模式。

随着技术的进步，各种断层扫描技术不断进步，速度更快、精度更高，如媒体报道了英国西约克郡的布拉德福皇家医院配备的一台CT设备，能够在0.35秒内产生160幅切图，而且可以构建人体组织器官的3D模型，而基于逐点断层扫描的光学CT(OCT)，其分辨率可以达到微米级别[5]。

1.2.3 立体视觉三维重建

基于计算机视觉的三维重建技术是指由两幅或多幅二维图像来恢复出空间

物体的几何信息。计算机视觉是研究用计算机来模拟人类和生物的视觉系统功能的技术学科，其研究目标是使计算机具有通过一幅或多幅2D图像认知（描述、存储、理解与识别）3D场景信息（如形状、位置、姿态、运动等几何信息）的能力，即用计算机实现对客观世界的3D场景的感知、理解和识别。计算机视觉既是工程领域，更是科学领域中的一个富有挑战性的研究领域。它是一门多学科交叉的综合性学科，已经吸引了来自认知科学、计算机科学与工程等各个学科的科技工作者加入到对它的研究之中[6]。

计算机视觉的开创性工作是从20世纪60年代中期开始的。美国麻省理工学院（MIT）的Roberts最早成功地用程序对三维积木世界进行了解释，之后，Huffman，Clows以及Waltz等人对三维积木世界进行了进一步的研究，并分别解决了如何由线段解释景物和如何处理阴影等问题。他们的工作将2D图像分析推广到3D场景分析，这标志了计算机立体视觉技术的诞生，并在随后的二十年中迅速发展成一门崭新的学科。特别是20世纪70年代末到80年代初，MIT人工智能实验室的Marr教授，立足于计算机科学，从信息处理角度综合了心理物理学、图像处理技术、神经生理学及临床神经病理学等在视觉研究方面已取得重要成果的基础上，创立了计算机视觉的理论体系。这是目前已形成的从图像获取到最终场景可视表面重建的比较完整的且最具有系统性的计算机视觉理论体系，对计算机视觉的发展起到了强有力的推动作用。相比其他类型的立体视觉方法（如透镜板3D成像、投影式3D显示、全息照相术等），双目立体视觉直接模拟人类双眼处理景物的方式更加可靠简便。

1.2.4 3D扫描重建

3D扫描技术总体上可分为接触式与非接触两大类，扫描机理包括光、机、电、磁、声等。接触式3D扫描中的典型代表三坐标测量机是近三十年发展起来的一种高效率的新型精密仪器，广泛地应用于航空航天、电子消费品、汽车和机械制造等工业领域。传统的3D扫描仪大多采用机械的探针触发式测头进行扫描，通过程序的编写来规划扫描的路径并进行各个点的位置的精确扫描。三坐标测量机的优点是测量精度高，但是它的造价非常昂贵，结构比较庞大，对环境要求相对较高，测量速度慢，不能做到实时测量。非接触的测量法在3D扫描领域中占据了重要的地位。以光学式3D扫描时，传感器无需跟物体直接接触，可以避免探测针对物体（例如贵重文物）表面的损伤，减少探测针对物体表面施加的压力从而使物体表面发生形变，对扫描非刚性物体来说至关重要。

1.3 点云处理技术

点云是坐标系中的数据点的集合。在三维坐标系统中，这些点通常由X、Y和Z定义，通常代表着目标的外部表面。点云通常由3D扫描设备产生，这些设备测量目标表面的大规模点，从而得到点云数据文件，这些点云就表示设备所测量过的目标上的点。因此，3D扫描点云的过程可以用于很多场合，比如创建3D CAD模型、精确测量、可视化、动画以及渲染等等定制化服务。

当前，实现点云处理的方法很多，比如在工程应用方面，国际市场主要有美国Raindrop（雨滴）公司开发的Geomagic Studio软件，美国EDS公司的Imageware软件，韩国INUS公司的Rapidform软件，以及英国DelCAM公司的CopyCAD软件，国内浙江大学的Re-soft软件等等，都可以实现较好的点云数据处理、三维建模等功能。在研究开发方面，当前跨平台、开源的PCL（Point Cloud Library）库逐渐引起人们的重视，研究人员可以在此基础上实现点云获取、滤波、分割、配准、检索、特征提取、识别、追踪、曲面重建、可视化等操作。

本教材以上述四种反求三维重建技术为主线，从理论到实践较为系统地介绍了3D打印技术中的几种逆向建模方法以及三维点云处理技术。其中，3D扫描技术将以激光三维扫描为主进行介绍。

1. 简述3D打印技术最新进展。
2. 什么是反求技术，其与3D打印的关系如何？
3. 列举4种以上的反求技术。

参考文献

[1] 刘世霞，胡事民，汪国平等. 基于三视图的三维形体重建技术. 计算机学报，2000，23(2)：141-146.

[2] 何晖光，田捷，赵明昌等. 基于分割的三维医学图像表面重建算法. 软件学报，2002，

13(2)：219－226.

[3] 马颂德，张正友. 计算机视觉——计算理论与算法基础. 科学出版社，1998.

[4] 姜立学. 基于二维工程三视图的三维重建在加工中心自动编程系统中的应用与研究. 大连理工大学，2003.

[5] Rui Wang，Julie X. Yun，Xiaocong Yuan，et al. An approach for megahertz OCT：streak mode Fourier domain optical coherence tomography，Proc. SPIE 7889，788920，2011.

[6] 罗桂娥. 双目立体视觉深度感知与三维重建若干问题研究. 中南大学，2012.

第2章　基于工程图样的三维重建

二维图纸是工程人员进行技术交流的通用方式，也是主要的工具，在可预见的未来，较长的一段时间内，二维图纸也将长期存在。但是，二维图纸存在很多的局限性：

（1）二维图纸是平面化的，没有立体感，只能依靠想象去表达物体的外形；

（2）图纸与图纸之间没有关联性，一旦需要对其中一张图纸进行修改，那涉及到的每一张图纸都要随之修改；

（3）对于三维的运动，二维图纸无法描述；

（4）功能比较单一，只能作为平面上的一种表达方式，无法实现产品的装配干涉检查等功能。

近年来，计算机辅助设计技术在不断地提高和发展，使得三维造型技术也在飞速发展。早期的三维制造系统主要是表面造型，现代的三维制造系统则是特征造型、参数造型和基于约束的造型系统。三维模型相对于二维图纸存在很多不可替代的优势，表现在以下几点：

1. 直观性

三维模型相对于二维模型更加直观，更接近真实的构造和形状，设计师能够基于三维模型快速的形成设计概念；三维模型可以帮助一些不熟悉工程制图的人快速理解产品形状和构造的概念，便于交流设计意图和思想；三维模型在展览方面更加直观、更有优势。

2. 关联性

三维模型的文件之间是相互关联的，只要修改其中的一处，那么所相关的领域也会随之自动修改。

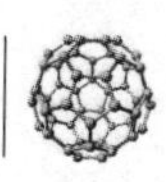

3. 信息多样性

三维模型的几何与拓扑信息比较完整，而且还包含材料等制造信息可以方便地提取成型特征，从而为下游的工艺分析、公差分析、有限元分析、装配干涉检查和数控编程等应用提供有力支持。因此，运用三维系统进行产品设计的工业企业越来越多。

但是，二维系统到三维系统的转换并不是简单地更换一套软件。从发展的角度来看，一般的工业企业都会有大量的设计图纸积累，将积累下来的设计图纸转化到新的三维系统内是一个很困难的问题。从设计的角度来看，新产品的设计基本上是延续之前成熟的设计思想并加以发展和提升。在工程设计领域上则更加重视是否能够充分地利用已有的图纸来提高设计效率，从而缩短生产周期、降低产品的设计和制造成本。然而，三维系统操作起来比较复杂，从二维视图直接构建三维形体将为现有的三维建模系统提供一种更加符合工作人员使用习惯的人机交互手段。所以，从工程图样重建三维形体的研究逐渐地出现在反求工程领域中。

根据产品信息来源的不同，可将反求工程分为实物反求、软件反求和影像反求，而工程图样的信息属于软件，基于工程图样的三维反求就是软件反求研究的内容之一。目前很多的机械零件的制造仍使用工程图作为数据源，文件存储的是二维图像信息，作为三维制造系统数据源，二维工程图样文件需要转换为三维模型文件。从图形学的角度来讲，从工程图到三维模型的重建是平行投影的逆过程，关键问题是如何恢复形体的空间信息。利用不同的视图中点、边线的对应关系信息，构造对应的三维形体。二维视图是形体在正投影体系中的投射映像，投影积聚造成形体空间信息（维度、类型、数量等）的损失，使得这种映射关系不是一一对应的，很难找到严密的数学模型来约束二维视图和三维形体的几何和拓扑信息的转换，这使得从工程样图准确重建三维工件形体变得非常困难[1]。

许多的三维建模系统软件都提供从二维视图转化为三维形体的专用软件，如Pro/E的Autobuild，以及Inventor的2D to 3D Utility等。然而，这些软件都只能转换一些非常简单的二维视图，而且对输入的图纸信息也有很大的限制，还需要工作人员进行大量的交互操作，不够方便也不够实用，重建效果自然也就不是很理想。

2.1　二维图样及其处理

平行投影法是一种用相互平行的投影线在投影面上绘出物体图形的方法，

其中,正投影法的投影方向是垂直于投影面的。绘制的工程图一般将基本投影面及其上的投影按一定的规则展开到同一平面上,包括的基本视图有6个:前视图、俯视图、仰视图、左视图、右视图和后视图,最常用的三视图组合为:前视图、俯视图和左视图。形体在每个投影面上的投射影像是由相应的投影方向的外轮廓包围的线画图。如图 2-1 所示为第一角投影的基本视图。

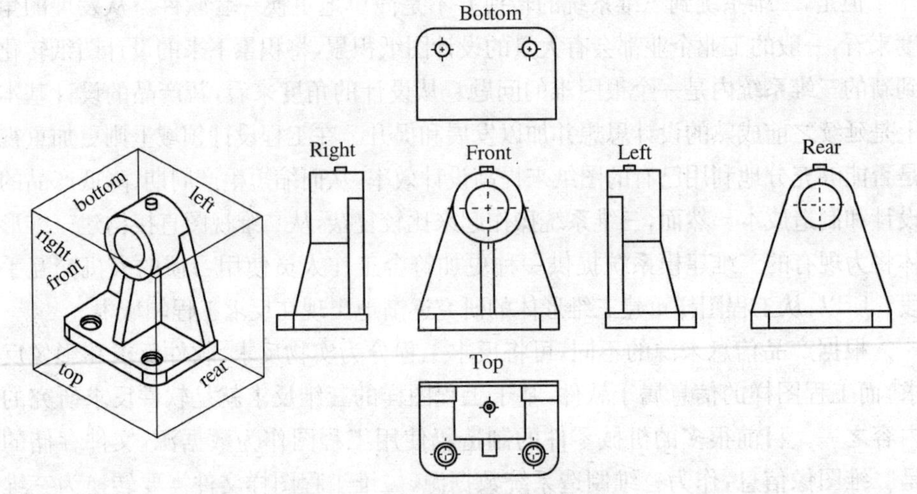

图 2-1　第一角投影的基本视图

常用的工程图制图软件有 Auto CAD, Pro/E, UG, CATIA, Solidwork, Solid Edge 和 Inventor 等。每款软件都有不同的文件格式,基本都可以用DWG/DXF 格式文件,也就是 CAD 标准格式,作为二维图样的存储格式。

2.1.1　机械零件的表示方法

机件在工程图制图中的六个基本视图的配置关系是符合以下投影规律的:主、俯、仰、后视图长对正;主、左、右、后视图高平齐;俯、仰、左、右视图宽相等。六个视图存在对应的位置关系:除后视图外,物体的后面是靠近主视图的一边,物体的前面是远离主视图的一边。主视图一般要选择表达物体形状特征和信息量最多的视图;在物体表达清楚的前提下,视图数量最少;尽量避免使用虚线表达物体的轮廓及棱线。优先选择主、俯、左视图。在表达一个机件时,应根据机件的具体形状,综合运用视图、剖视图、断面图等各种表达方法,以完整、清晰地表达出机件的内外结构形状和相对位置为原则,力求看图方便、画图简单来合理选用方案。在重建三维视图之前,需要了解工程图绘制包含的基本要素及画图

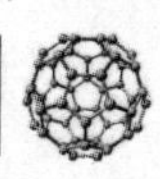

的步骤。在绘制工程图时，以图 2-2 为例的机件一般按照如下的步骤和准则进行绘制：

1. 零件形状

泵体主体部分的外形主要是圆柱体形状，在主体部分有一向上偏心的圆柱形空腔，前部有一凸缘，后部为凸出的锥台，锥台的内部有一圆柱盲孔，左右有两个凸台并带有螺纹通孔，下部是一个长方形底板，底板上有两个安装孔，中间有连接块将上下两部分连接起来，这些基本形体构成了泵体。

2. 主视图

通常以零件工作位置或自然位置安放，选择最能反映其特征的投影方向作为主视图的投射方向，如图 2-2 中箭头所示。由于泵体最前端凸缘直径最大，它遮挡了后面的主体圆柱，且左右两端的凸台有螺孔，所以主视图应采用剖视图，但泵体前端凸缘上有均布的三个螺孔也需要表达，由于泵体是左右对称结构，所以在主视图上选用了半剖视图，可同时表达泵体的内外形结构。

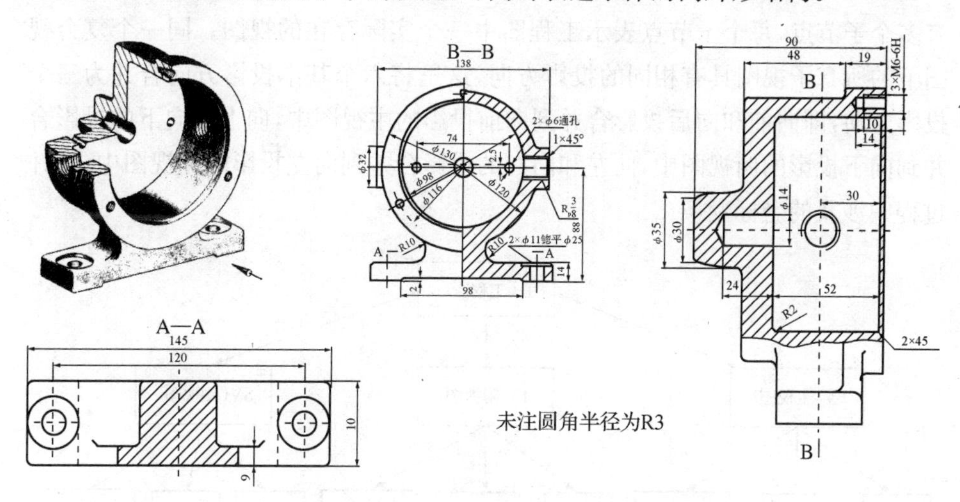

图 2-2　泵体的工程图

3. 其他视图

选择左视图表达泵体上部沿轴线方向的结构，采用局部剖视。底板及中间连接块和其两边的肋，可在俯视图上作全剖视来表达，剖切位置选在图上的 A-A 处较为合适。

4. 标注尺寸表达形体

共轴线的圆柱和圆锥的直径尺寸，尽量标注在剖视图上。采用半剖视后，有些尺寸不能完整地标注出来,则尺寸线应略超过圆心或对称中心线,此时仅在尺寸线的一端画出箭头。在剖视图上标注尺寸,应尽量把外形尺寸和内部结构尺寸分开在视图的两侧标注,这样既清晰又便于看图。如必须在剖面线中注尺寸数字时,则在数字处应将剖面线断开。

为了更清楚地表达机件,可结合其它视图来进行表达,比如说:向视图、局部视图、斜视图、剖视图、断面图、局部放大图等,还可以使用简化画法来提高制图效率。无论工程图采用何种表达方式,都是以更清晰简洁地表达形体的结构特征为目的,除了旋转布置的斜视图和旋转视图外,其它的视图都满足正投影的规则。为了既能处理实际工程图,又能利用现有针对标准三视图的成熟的重建算法,可以使用复合三视图结构来表达实际工程图中的多视图数据。如图 2-3 所示[7],树的根节点 E 为工程图。E 具有 2 或 3 个对应的传统三视图中主视图、俯视图和侧视图的子节点 FV、TV 和 SV 称为复合视图。复合视图中俯视图 TV 和侧视图 SV 可以缺失,但主视图 FV 一定存在。每个复合视图节点下可以带有多个子节点,每个子节点表示工程图中一个实际存在的视图。同一个复合视图下的所有子视图具有相同的投影方向,这里将六个基本投影方向合并为三个投影方向,即向前和向后投影合并到向前投影的主视图中,向上和向下的投影合并到向下投影的俯视图中,向左和向右的投影合并到向左投影的侧视图中,合并过程中涉及的坐标变换。

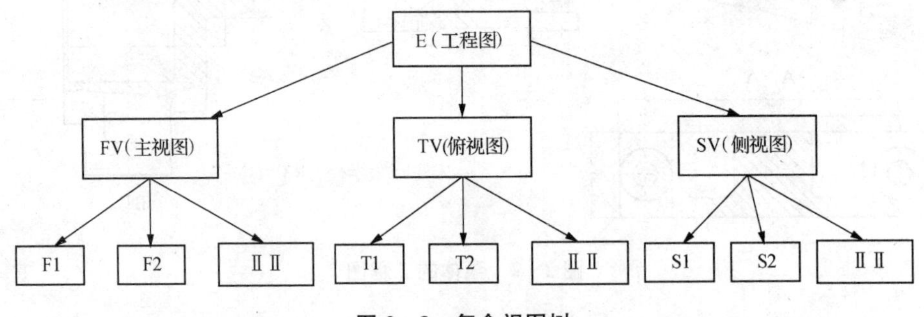

图 2-3　复合视图树

从工程图中提取出复合三视图后,现有的重建算法可以处理的工程图类型从原来的标准三视图扩展到可以包含任意多个视图的实际工程图。

2.1.2　二维样图的数据处理

对二维样图的数据处理要分析实际工程图纸的特征,在此基础上,工程图预

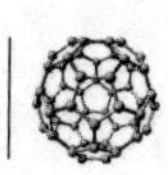

处理分为以下几个步骤：

① 将图中的几何元素信息和符号信息识别出来，如中心线、波浪形、剖切符号和尺寸标注等；

② 检查几何投影数据是否有效；

③ 分析几何图元的关联关系，在此基础上分离几何元素信息，构造多个视图；

④ 处理视图数据：包括对不在端点处相交的线段进行分割、剔除重叠的线段、补全由剖视图造成形体投影轮廓的缺失部分；

⑤ 确定已分离视图的投影方向，构造复合三视图；

⑥ 将已判定视图类型的视图变换到三维空间坐标系的相应投影平面。

1. 视图识别

传统的视图分离算法分为两步：首先，根据角度判别法识别每个视图的外部轮廓线，然后搜索每一个轮廓线所包围区域中的二维实体元素。算法需要遍历视图中的所有经过起始边的二维边，构成闭合环路，且需要记录遍历的曲线边的方向，从而使生成环路中的其他边的遍历方向一致，处理的数据量比较大，算法效率不高。按照工程制图原则，工程图中各个视图之间应该是互不相交的，而且每个视图内的图元一定组成一个封闭的图形。依据这个特征，这里给出工程图的多视图一般分离算法过程，利用工程图中图元包围盒间的包容关系快速准确地分离任意多视图，为三维重建提供尽可能多的信息。多视图分离过程为：

开始：

输入：工程图的图元集合E。

① 计算E中所有图元e的包围盒，并添加到包围盒数组V；

② 对包围盒数组V中所有包围盒两两计算相容性，如果相容则合并包围盒，将合并后的包围盒加入到V中，并从包围盒数删除合并前的两个包围盒；

③ 反复执行第② 步直到V包围盒数组中没有任何两个包围盒可以相互合并为止；

④ 为包围盒数组V中每个包围盒B生成一个对应的视图V(j)用来保存与该包围盒相互包容的图元；

⑤ 遍历E中每一个图元e,如果包围盒和包围盒组有相同项,则将e添加到包围盒组对应的视图V(j)中;

⑥ 输出:视图集合V。

结束。

上述多视图分离算法思想简单直观,相对于传统算法来说,该算法不需要复杂的轮廓追踪和环的包容性检测,相对容易实现。而且工程图中的线段数量是有限的,在合并包围盒的过程中会不断删除线段,实际效率会比较高。该算法有一个前提条件:工程图中各视图的包围盒之间一定要互不包容。对于绝大多数工程图来说这个条件是很容易满足的,但也存在一些特殊情况,这种情况下需要手动将一个视图移到另外的位置以保证两个视图互不包容。

2. 视图数据处理

由于形体投影存在重叠性、积聚性和不确定性,所以从工程图中获得的原始几何元素数据基本上是不完备的或者重复的,甚至是不精确的。除此之外,剖视图也会造成机件投影轮廓的缺失。所以在进行三维重建之前,需要先对视图中的数据进行校验和预处理,以获得完备的几何及拓扑信息,在这里主要是考虑了几何图元之间的重叠、相交以及剖视图的轮廓线补全的问题。

(1) 图元分割和重叠图元清除

三维形体的边或二次曲面转向轮廓在投影面上的投影之间可能会出现相交或相切的情况。这些交点或切点的信息从图形数据文件中不能得到,这就是所谓的隐含点。缺少这些隐含点的数据,获得的几何信息和拓扑信息就不够完备,特别是会给后续重建过程中封闭线框的搜索带来困难,因此有必要预先计算出这些交点或切点,并用新的交点或切点去分割线段。图元相交可以分为如图2-4所示四种情况。

① 线段两两相交。线段两两相交的情形包括直线段与直线段相交、直线段与圆弧相交、圆弧与圆弧的相交、圆弧与椭圆弧的相交、椭圆弧与椭圆弧的相交、线段与椭圆弧的相交等多种情况。两两相交的情况下,新的交点将原来的两条线段分割为四条新线段,并将会删除原来的两条线段。

② 线段的一个端点在另外的线段之上。在这种情况下将不会产生新的交点,只需要用端点分割线段,记录两条新线段,并将原线段删除。

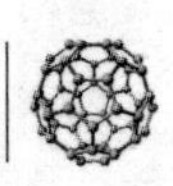

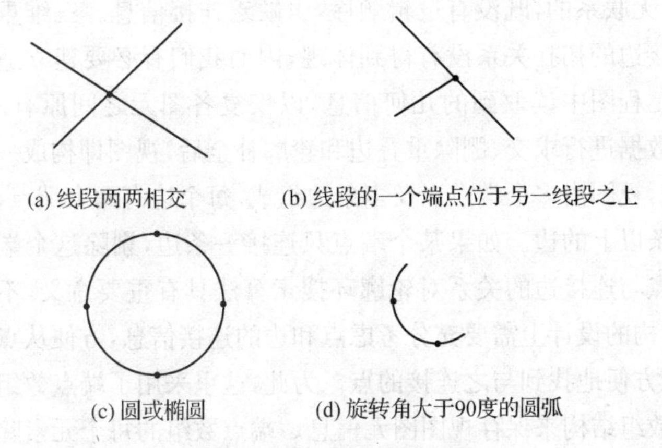

(a) 线段两两相交
(b) 线段的一个端点位于另一线段之上
(c) 圆或椭圆
(d) 旋转角大于90度的圆弧

图 2-4　线段相交的情形

③ 整圆或椭圆。将一个圆或椭圆从如图 2-4(c)中黑点所示的四个极值点分割为四段圆弧，这样可以保证每段圆弧都是单调上升或下降，使得问题简单化。

④ 大于 90°的圆弧。对于旋转角大于 90°的圆弧或椭圆弧同样需要在极值点进行分割。由于投影的积聚性以及绘图者的不同习惯，一个视图中可能会包含很多重叠的图元，它们会对后续重建过程，特别是轮廓环搜索过程产生干扰。因此，这些重叠图元应该剔除。经过图元分割和重叠图元清除后，视图中所有线段都已被分割，没有任何一个交点位于某条线段的中间，也不存在任何重叠线段。

(2) 轮廓补全

剖视图是一种重要的轮廓表达手段，在工程图中引入剖视图主要是为了表达复杂机件的内部结构，避免视图中出现大量的虚线，增强视图的可读性，但是这样却造成了一些形体轮廓投影的缺失，给机器识图带来了很大的困扰。为了在重建过程中处理剖视图，现考虑剖视图中容易造成轮廓缺失的几种情况，来修正基环匹配的原则，这样可以发现更多的基环匹配三元组。针对半剖图会造成形体在三视图中的投影缺少的情况，依据三个存在规则识别半剖视图后，根据图形的对称性来补全投影轮廓，然后和全剖视图一起参与下一步的处理。对于全剖视图，依据特征图形和体素投影深度，对特定的图形元素进行连接和延伸操作，恢复剖视造成的外轮廓投影线缺失部分，使得基本形体的投影轮廓不再缺损。

(3) 构造视图平面图

从工程图中读取的几何元素信息是以图元形式保存的，这些图元的信息是相对孤立的、无联系的，既没有逻辑顺序，也缺乏连接信息。三维重建过程中所需的点和连接边的拓扑关系没有得到体现，因而我们有必要建立适当的数据结构来保存从工程图中读取到的几何信息，以恢复各图元之间原有的拓扑关系。对视图图元数据进行求交、删除重叠边和轮廓补全后，视图即构成一个无向图结构，也就是说，视图由多个端点以及多条边组成，每个边有两个端点，每个端点连接两条或两条以上的边。如果某个端点只连接一条边，剔除这个端点和与之相连的边。端点与连接边的关系对轮廓环搜索算法具有重要意义，不能割裂。因此，在数据结构的设计上需要充分考虑点和边的连接信息，方便从点来查找连接边，从边也能方便地找到与之连接的点。为此，这里采用了端点数组和连接边数组两个动态数组结构来保存视图图元信息。端点数组的每个元素除保存端点的坐标值外，还保存与之相连的连接边数组，连接边数组每个元素除连接边本身的一些属性，比如圆弧的半径、圆心和旋转角度等外，还保存两个端点的指针。经过处理后，视图的数据结构如图 2-5 所示。从任何一个端点出发可以找到与之相连的多条边，从任何一条边出发可以找到与之相连两个端点，进而找到与该边相连的多条边。

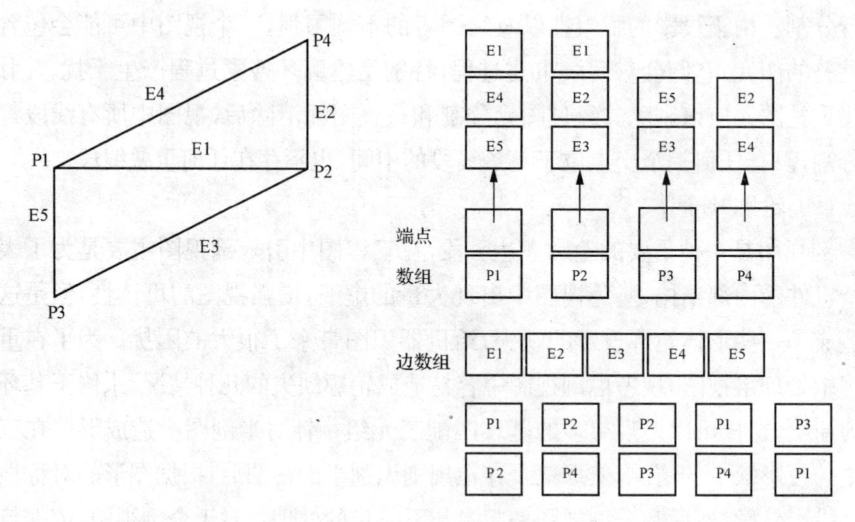

图 2-5　视图平面图

3. 构造复合三视图

从视图分离中得到的多个视图并没有位置信息，但是视图的投影位置关系，即视图属于主视图、俯视图还是侧视图对于三维重建过程中确定形体的空间位

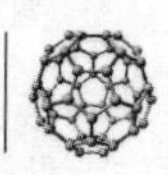

置是至关重要的，因此需要仔细分析视图之间的位置关系。龚洁晖等明确提出了基于证据理论建立工程图中多个视图相互关系的算法[1]，可以比较有效地建立视图之间的邻接关系，对于只包含标准视图的工程图，还可以自动识别视图的类型及其投影平面。但是算法较为复杂，而且其可靠性依赖于算法分配的信任度参数。另外，该算法也没有将工程图中常见的局部视图的问题考虑在内。目前全自动的识别非标准视图的位置和对应关系相当复杂，尤其是有完整投影外轮廓的局部视图和移出剖面图，由于它们和其他的视图在整体外轮廓上没有满足"长对正、高平齐、宽相等"的三等投影关系，所以到目前为止还没有有效的自动化解决方法。一个工程图不可能包含太多的视图，而人工判定视图的位置关系是一个很简单的问题，操作也不复杂，因此这里采用了适当的人工交互手段来解决判别视图关系的问题。当工程图中所有视图均为标准视图的情形下可以自动判定视图的类型和投影平面，如果发现有不能判别的辅助视图出现，提示用户手动指明视图所在的投影平面。对于局部视图还存在一个与其归属视图定位的问题。传统的视图类型判别方法一般只考虑标准三视图的情况，利用标准视图的位置特性和投影规则进行判断，即主视图总是既与侧视图在 Y 方向上满足高相等的条件，也与俯视图在 X 方向满足宽平齐的条件。找到主视图后，依据其

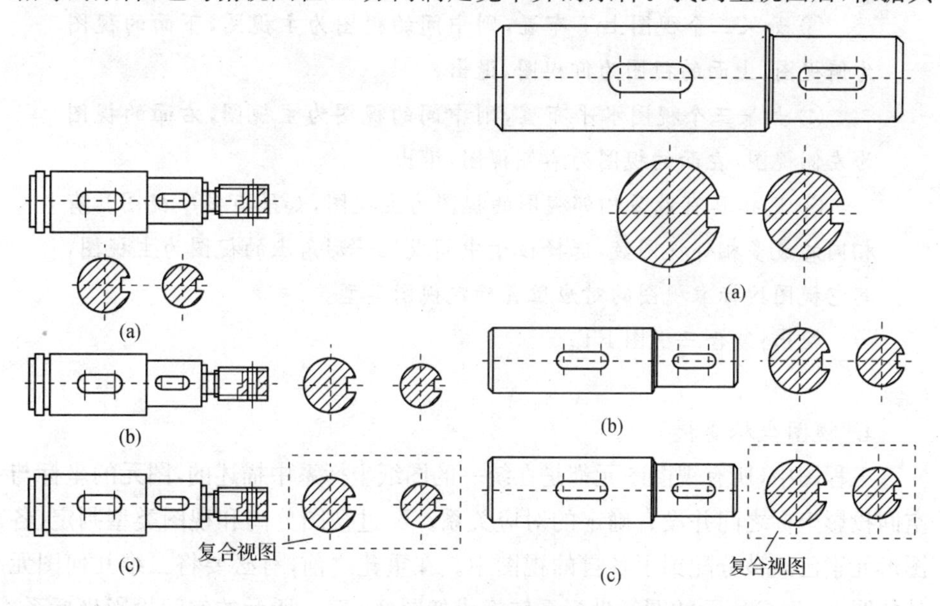

图 2－6　复合视图

他两个视图与主视图的关系可以判断出相应的类型。考虑到局部视图和移出剖面图与其它视图外轮廓并不存在投影匹配关系等特殊情况，不要求相邻视图的包围盒满足投影匹配关系，只从相对位置判断视图的类型，可以包容更多特殊的表达形式。下面给出判定基本过程：

输入：视图集合V，遍历工程图中双点画线矩形，记为Ri，

① 新建一个复合视图CVi，添加CVi到视图集V中；

② 标记Ri内所有视图为CVi的子视图；

③ 从V中删除Ri内所有视图。

如果工程图只包含1个视图，标记该视图为主视图，退出。

如果工程图包含2个视图：

① 如果两个视图上下布置，则上面的视图为主视图，下面的视图为俯视图，退出。

② 如果两个视图水平布置，则左面的视图为主视图，右面的视图为侧视图，退出。

如果工程图恰好包含三个视图且布置在同一方向：

③ 如果三个视图上下布置，则中间的视图为主视图，下面的视图为俯视图，上面的视图为仰视图，退出。

④ 如果三个视图水平布置，则中间的视图为主视图，右面的视图为左侧视图，左面的视图为右侧视图，退出。

⑤ 选择具有最多相邻视图的视图为主视图，如果有多个视图具有相同的最多相邻视图数，选择位于中间或"∟"形角点的视图为主视图，其它视图按标准视图的对应位置确定视图类型。

输出：复合三视图FT。

4. 视图坐标变换

工程图中，所有视图图元都是在统一的图纸坐标系中描述的，图元的坐标与空间投影坐标之间并没有确定的对应关系。经过视图分离和视图类型判定，各图形元素已经被分配到了各自的视图中。在重建之前，有必要将二维几何图元从如图2-7(a)所示的图纸坐标系转换成如图2-7(c)所示的空间投影坐标系，作为后续重建过程的基础。将图元从图纸坐标转换到空间坐标包括两个过程：

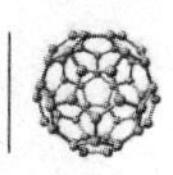

① 从图纸坐标到视图坐标的变换；② 从视图坐标到空间坐标的变换。

第一个过程将图纸坐标转换到各自的视图坐标系中并以坐标原点为基点的规范化坐标，可以减少后续判断和计算的工作量。

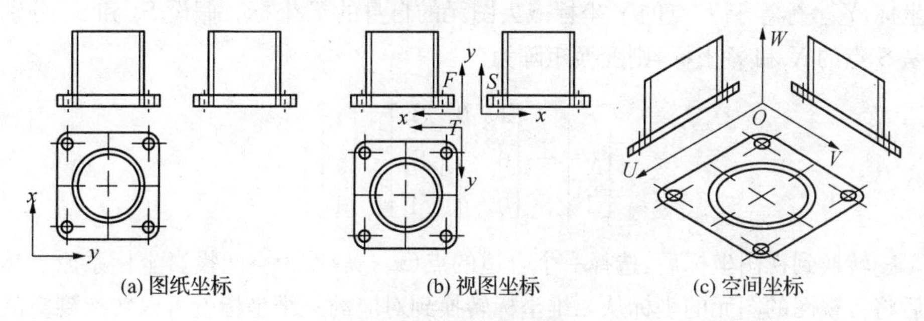

(a) 图纸坐标　(b) 视图坐标　(c) 空间坐标

图 2-7　视图坐标转换

以图 2-7(a)所示标准三视图为例，具体变换方法如下：

对主视图，F 点是视图包围盒的右下角，则其视图坐标的原点位于 F 点，坐标系的 Y 轴与图纸坐标同向，而 X 轴向与图纸坐标的 X 轴方向刚好相反，如图 2-7(b)所示。视图中所有图元的端点和特征点(如圆弧的中心点等)的 X 坐标等于 F 点的 X 坐标减去其自身的 X 坐标，Y 坐标等于图元的自身的 Y 坐标减去 F 点的 Y 坐标。x，y 是某端点的图纸坐标，而 x'，y' 是转换后的视图坐标(下同)，F_x 和 F_y 是 F 点的 X 和 Y 图纸坐标，则其变换矩阵为：

$$\begin{bmatrix} x' \\ y' \\ 1 \end{bmatrix} = \begin{bmatrix} -1 & 0 & F_x \\ 0 & 1 & F_y \\ 0 & 0 & 1 \end{bmatrix} \cdot \begin{bmatrix} x \\ y \\ 1 \end{bmatrix} \tag{2-1}$$

对俯视图，T 点是视图包围盒的左上角，如图 2-7(b)所示其视图坐标系的原点定于 T 点，坐标系的 Y 轴与图纸坐标 Y 轴方向相反，而 X 轴向与图纸坐标的 X 轴方向也相反。视图中所有图元的端点和特征点的 X 坐标等于 T 点的 X 坐标减去其自身的 X 坐标，Y 坐标等于 T 点的 Y 坐标减去图元的自身的 Y 坐标。假设 T_x 和 T_y 分别是 T 点的 X 和 Y 坐标，则其变换矩阵为：

$$\begin{bmatrix} x' \\ y' \\ 1 \end{bmatrix} = \begin{bmatrix} -1 & 0 & T_x \\ 0 & -1 & T_y \\ 0 & 0 & 0 \end{bmatrix} \cdot \begin{bmatrix} x \\ y \\ 1 \end{bmatrix} \tag{2-2}$$

对侧视图，S 点是视图包围盒的左下角，如图 2-7(b)所示其视图坐标系的原点定于 S 点，坐标系的 X 轴与 Y 轴的方向与图纸坐标 X 轴与 Y 轴方向相同。视图中所有图元的端点和特征点的 X 坐标等于 T 点的 X 坐标减去其自身的 X 坐标，Y 坐标等于 T 点的 Y 坐标减去图元的自身的 Y 坐标。假设 S_x 和 S_y 分别是 S 点的 X 和 Y 坐标，则变换矩阵为：

$$\begin{bmatrix} x' \\ y' \\ 1 \end{bmatrix} = \begin{bmatrix} 1 & 0 & S_x \\ 0 & 1 & S_y \\ 0 & 0 & 1 \end{bmatrix} \cdot \begin{bmatrix} x \\ y \\ 1 \end{bmatrix} \tag{2-3}$$

转换到视图坐标后，选择一个合适的点(x_0, y_0)作为空间投影坐标系原点然后将各视图的图元的坐标从二维坐标转换到对应的三维坐标就可以转换到空间坐标系了。从图 2-7(b)可以看出，只要把三个视图坐标系的原点合为一个，也就是图中 F、T 和 S 点合成一个点就可以作为空间坐标系的原点。对主视图而言，它的视图坐标系的 Y 轴对应的是空间坐标系的 W 轴，而 X 轴与空间坐标系 U 轴相同。令 u, v, w 分别为某端点在空间坐标系的 X，Y 和 Z 坐标(下同)，则主视图的端点的坐标转换矩阵是

$$\begin{bmatrix} u \\ v \\ w \end{bmatrix} = \begin{bmatrix} 1 & 0 & 0 \\ 0 & 0 & 0 \\ 0 & 1 & 0 \end{bmatrix} \cdot \begin{bmatrix} x' \\ y' \\ 1 \end{bmatrix} \tag{2-4}$$

同理，对俯视图而言，它的视图坐标系的 Y 轴对应的是空间坐标系的 V 轴，而 X 轴与空间坐标系的 U 轴相同，因此，其转换矩阵是：

$$\begin{bmatrix} u \\ v \\ w \end{bmatrix} = \begin{bmatrix} 1 & 0 & 0 \\ 0 & 1 & 0 \\ 0 & 0 & 0 \end{bmatrix} \cdot \begin{bmatrix} x' \\ y' \\ 1 \end{bmatrix} \tag{2-5}$$

侧视图的视图坐标系的 Y 轴对应的是空间坐标系的 W 轴，而 X 轴与空间坐标系的 V 轴相同，因此，其转换矩阵是：

$$\begin{bmatrix} u \\ v \\ w \end{bmatrix} = \begin{bmatrix} 0 & 0 & 0 \\ 1 & 0 & 0 \\ 0 & 1 & 0 \end{bmatrix} \cdot \begin{bmatrix} x' \\ y' \\ 1 \end{bmatrix} \tag{2-6}$$

经过以上的推导，结合上面两个变换矩阵，这里可以得到图元从图纸坐标到

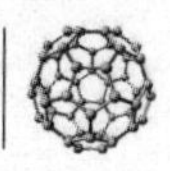

三维空间坐标的三个转换矩阵。

$$\begin{bmatrix} u \\ v \\ w \end{bmatrix} = \begin{bmatrix} -1 & 0 & F_x \\ 0 & 1 & 0 \\ 0 & 0 & F_y \end{bmatrix} \cdot \begin{bmatrix} x \\ y \\ 1 \end{bmatrix} \tag{2-7}$$

$$\begin{bmatrix} u \\ v \\ w \end{bmatrix} = \begin{bmatrix} -1 & 0 & T_x \\ 0 & -1 & T_y \\ 0 & 0 & 0 \end{bmatrix} \cdot \begin{bmatrix} x \\ y \\ 1 \end{bmatrix} \tag{2-8}$$

$$\begin{bmatrix} u \\ v \\ w \end{bmatrix} = \begin{bmatrix} 0 & 0 & 0 \\ 1 & 0 & S_x \\ 0 & 1 & S_y \end{bmatrix} \cdot \begin{bmatrix} x \\ y \\ 1 \end{bmatrix} \tag{2-9}$$

其中,公式(2-7)是主视图图元从图纸坐标转换到空间坐标的变换矩阵,公式(2-8)是俯视图图元从图纸坐标转换到空间坐标的变换矩阵,公式(2-9)是侧视图图元从图纸坐标转换到空间坐标的变换矩阵。对于其它三个位置的视图,其变换矩阵与此类似,区别仅在视图坐标系的原点位置和投影方向有所不同,不再赘述。

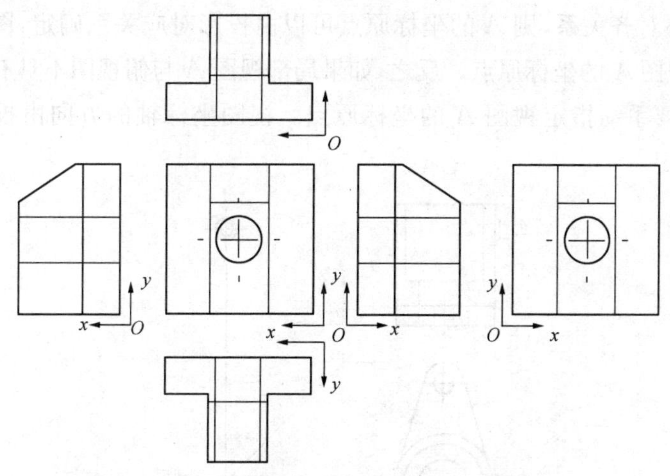

图 2-8　标准视图的坐标变换原点和坐标轴向

图 2-8 是六个标准视图的原点位置和视图坐标轴方向。公式(2-10)、(2-11)和(2-12)分别是后视图、仰视图和右视图的变换矩阵。其中,R_x 和 R_y 是后视图包围盒左下角的坐标值,B_x 和 B_y 是仰视图右下角的坐标值,L_x 和 L_y

是右视图右下角坐标值。

$$\begin{bmatrix} u \\ v \\ w \end{bmatrix} = \begin{bmatrix} 1 & 0 & -R_x \\ 0 & 0 & 0 \\ 0 & 1 & R_y \end{bmatrix} \cdot \begin{bmatrix} x \\ y \\ 1 \end{bmatrix} \tag{2-10}$$

$$\begin{bmatrix} u \\ v \\ w \end{bmatrix} = \begin{bmatrix} -1 & 0 & B_x \\ 0 & 1 & -B_y \\ 0 & 0 & 0 \end{bmatrix} \cdot \begin{bmatrix} x \\ y \\ 1 \end{bmatrix} \tag{2-11}$$

$$\begin{bmatrix} u \\ v \\ w \end{bmatrix} = \begin{bmatrix} 0 & 0 & 0 \\ 0 & 0 & -L_x \\ 0 & 1 & -L_y \end{bmatrix} \cdot \begin{bmatrix} x \\ y \\ 1 \end{bmatrix} \tag{2-12}$$

运用上述六个变换矩阵，可以将视图图元的坐标从二维图纸坐标转换到三维空间投影坐标系，各视图间的对应关系也就明确了，为以后的三维重建工作奠定了基础。需要注意的是，对于局部视图和移出剖面图等不具备完整外轮廓的视图，上述坐标变换过程中必须考虑一个坐标原点的选取问题。以图 2-9 为例，如果局部视图 A 与主视图在 Z 方向上已经对齐，而且 A 与俯视图具有如图所示的中心对齐关系，则 A 的坐标原点可以由投影对应关系确定，图中的点 O 即为局部视图 A 的坐标原点。反之，如果局部视图 A 与俯视图不具有中心对称关系，则需要手动指定视图 A 的坐标原点。视图坐标轴的方向由投影平面确定，无需指定。

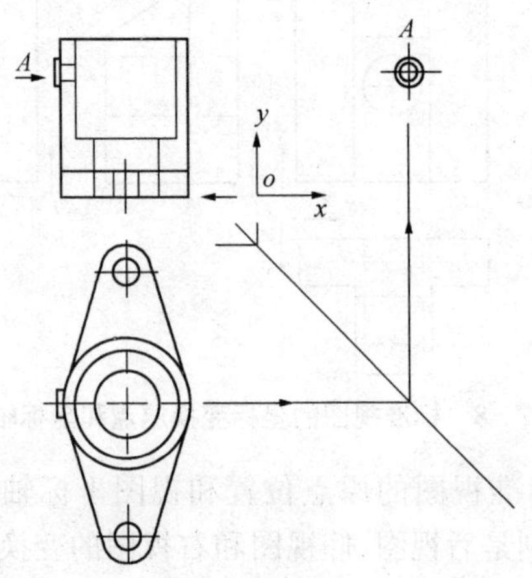

图 2-9　局部视图的坐标原点确定方法

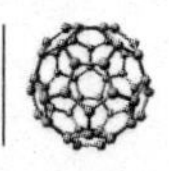

2.2　二维样图的三维重建

机械零件三维形体通常采用线框模型、表面模型、构造实体几何模型和边界表示方法[1]。

线框模型(wire-frame)用顶点和边表示形体，其中的边可以是直线或者曲线。线框模型结构简单，易于存储，是计算机图形学和 CAD/CAM 领域中最早用于表示形体的模型，并且至今仍在广泛使用。由于工程图中就是用直线和曲线定义三维形体，因此，对于熟悉机械制图的设计人员来说，线框模型直接、自然、非常适用于概念设计阶段。但是，由于线框模型不能给出连续的几何信息，无法明确定义空间点与形体之间的关系，因此不适于多数下游的处理和分析。

表面模型(surface model)用面的集合表示形体，可以看作是在线框模型上增加了用有向边围成的形体表面(可以是二次面或样条面)。因表面模型精确地描述形体的外形，因而广泛应用于对成形要求严格的造型设计(如车身工艺面)和制造过程(如数控加工)。但是，表面模型不包括面的拓扑信息，也无法明确定义形体的空间体信息。

构造的实体几何表示方法(Constructive Solid Geometry，CSG)，通过一系列基元体的布尔运算组合表示形体。CSG 表示可以看作一颗有序的二叉树，其叶节点是体素，中间节点是正则的集合运算或刚体的几何变换，根节点就是组合及变换的最终结果。CSG 树能够提供充足的信息以判断空间点与形体的位置关系。

边界表示方法(Boundary Representation，B - Rep)，用一组面包围的封闭三维空间表示形体，形体的边界精确区分形体内外的空间点。B - Rep 表示可以看作一个图，其节点分别对应于形体边界上的面、环、边、顶点，节点之间的连接关系记录了几何元素的拓扑信息。由于显示表示形体的几何元素，且容易确定几何元素的连接关系，因此，B - Rep 模型可以表示多种类型的形体，且便于绘制及进行多种操作和运算。

20 世纪 90 年代以来，随着计算机软、硬件技术和相关学科的发展，由工程图重建三维形体的研究引起国内外众多研究机构的充分重视，取得了一些显著的进展。根据采用的形体表示方法，已有的重建技术大致分为两类：面向实体的重建方法和面向线框的重建方法，如图 2 - 10 所示。

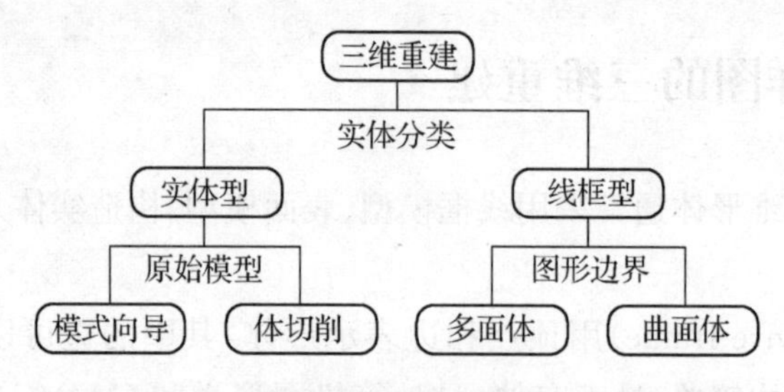

图 2-10　基于工程图的三维重建方法分类

2.2.1　面向实体的重建方法

假设空间形体由一些基元体(primitive)构成,由二维视图构造相应的三维基元体,通过各种变换运算和布尔运算组合基元体,形成 CSG 表示的三维形体。面向体的重建方法的关键技术是视图中投影特征的识别和匹配方法。根据具体的构造基元体的策略,面向体的重建方法又可以分为模型引导(pattern-guided)的重建方法和基于体切削(volume-cut)的重建方法。

1. *基于模型引导(CSG)的重建方法*

基于 CSG 表示的方法,也称为基于体(Volume-based)的方法,或自顶向下(Top-Down)的方法。CSG 模型方法是由 Aldfeld[3] 提出来的,以获得形体的 CSG 模型为目的,用基本体素的并、交、差等布尔运算表示实体,重建过程是一个模式识别的过程,工程形体一般是组合体,是若干基本体素的组合,相应地,三视图也应该是基本体素的投影的某种组合,因此,依据基本体素投影特征库在视图中识别基本体并求得它们的相对位置,运用结构模式识别技术匹配不同模式,直接构造相应三维基元体,就完成了重建过程。

Aldefeld 首次采用自顶向下的重建策略和基于模式识别的重建算法,他将整个三维形体看作是由若干个基本形体组成,首先在某个视图中选定一个基环作为轮廓,然后通过启发式搜索在其他视图中搜索假定的等厚基元体的侧投影。该算法只能处理简单的等厚体,稍微复杂的形体就会导致算法的失败。为了弥补全自动算法的缺陷,Aldefeld 采用交互式模式识别技术的半自动重建算法。通过人工交互,在视图中添加辅助线来保证基本形体的完整性以实现算法。虽然交互方式能识别较为复杂的视图,但实际上主要是靠使用者来识别,因此识别的成功与否主要依赖于使用者的知识和技巧。虽然 Aldefeld 算法能识别的几何形体类型较少,但效率较高,所生成的模型也更为实用,因此许多研究者将注意

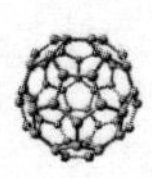

力转到了基于 CSG 表示的方法上。基于模型引导的识别方法，通过基元体在不同视图的典型投影特征，应用启发式策略提取基元体。算法可以识别包含平面、圆柱面、圆锥面和球面的基本体。

任何复杂的机器零部件，从形体构造的角度看，都是由一些基本形体组合而成。基本形体可以是圆柱体、圆锥体、球体或棱柱体等，也可以是不完整的基本形体或它们的简单组合。这种由基本形体组合而成的物体称为组合体。按照组合方式及其形状特征，组合体可以大致分为如图 2－11 所示的三类：叠加类、切割类和综合类组合体。

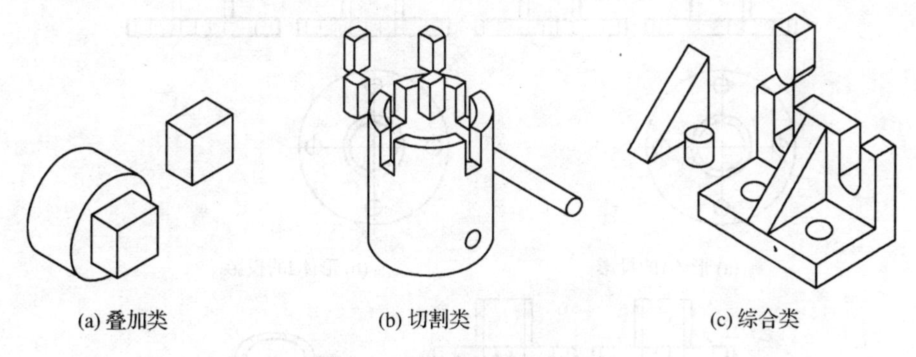

(a) 叠加类　　(b) 切割类　　(c) 综合类

图 2－11　组合体的组合方式

组合体最常用的画图方法是形体分析法，即假想把组合体分解为一些基本形体，并确定它们之间的组合关系和位置关系的画图方法。应用形体分析法可以使复杂问题简单化，将复杂的组合体分解为基本形体后，绘制基本形体的投影就变得简单方便。如图 2－12(a)所示的组合体，是由图 2－12(b)所示的基本形体组合而成的。

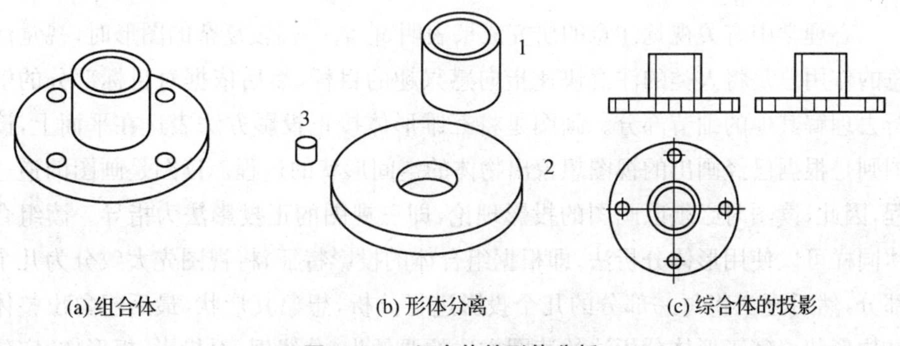

(a) 组合体　　(b) 形体分离　　(c) 综合体的投影

图 2－12　组合体的形体分析

组合体的投影就是组成组合体的各个基本形体投影的综合，绘制组合体的投影实际就是绘制各个基本形体的投影，并考虑基本形体之间的组合与遮挡关系。每一个基本形体的投影表现在三视图中都是三个封闭的线框，每个视图中一个。另外，基本形体之间的组合关系也反映在投影轮廓的相互关系中。如果一个基本形体A包含另一个基本形体B，即从A中挖切掉B，则B的三个投影环都分别被包含于A的三个投影环中。反之，如果基本形体A不包含基本形体B，则至少在一个视图中B的投影环不会被包含在A的投影环中。

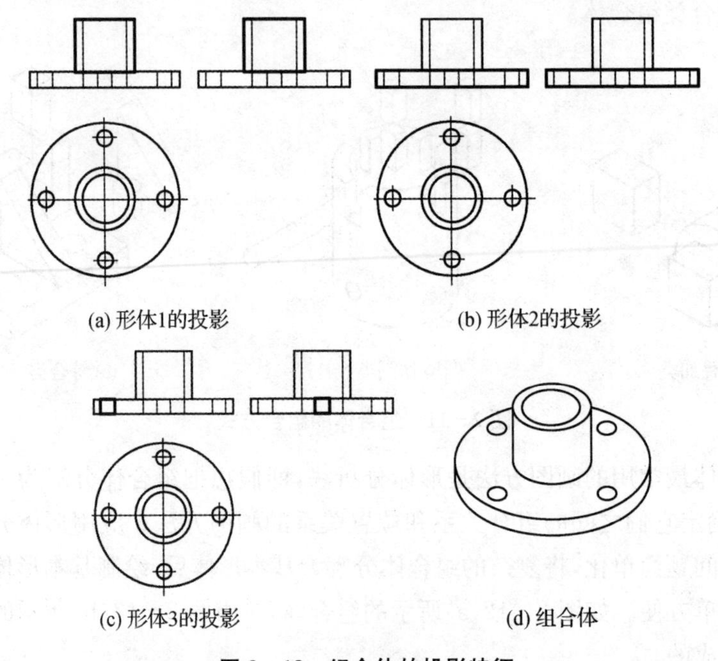

图2-13　组合体的投影特征

心理学中有关视觉注意的研究成果表明，在看一幅较复杂的图形时，视觉注意的作用总是将人类的注意快速指向感兴趣的目标，然后依据对目标部分的解析去理解其他的细节部分。画图是将三维形体按正投影方法表达在平面上，读图则是根据已经画出的视图想象出物体的空间形状的过程。读图是画图的逆过程，因此，读图时必须以画图的投影理论，即三视图的正投影法为指导。读组合体同样可以使用形体分析法，即根据组合体的投影特征，将视图先大致分为几个部分，然后逐个将每一部分的几个投影进行分析，想象其形状，最后想象出整体结构形状。基于形体分析法的读图方法的要领为：分线框，对投影；想形体，定位

置;综合起来想整体。

首先找出二维视图中最容易区分的投影环,再与其他视图联系起来,根据三视图三等投影关系规律,在其他视图中找到与之对应的环。位于三个视图中的三个环,如果满足“长对正,高平齐,宽相等”的规律就构成一个轮廓三元组,代表一个可能的基本形体。依据轮廓三元组的投影特征就可以想象出对应的基本形体的空间形状,轮廓三元组之间的相对位置关系可以确定基本形体之间的组合关系和相对位置。确定了各基本形体的形状、位置和组合关系后,就可以很容易地想象出组合体的整体形状。值得注意的是,一个视图是不能完整表达一个形体的,有时两个视图也不能准确地表达一个空间形体的唯一形状。如图 2－14 所示,如果只看主视图和俯视图,形体的形状仍然不能确定。由于侧视图的不同,形体就有可能是图中的几种不同的空间形状。因此,看组合体视图时需要几个视图联系起来看才能确定基本形体的唯一形状。

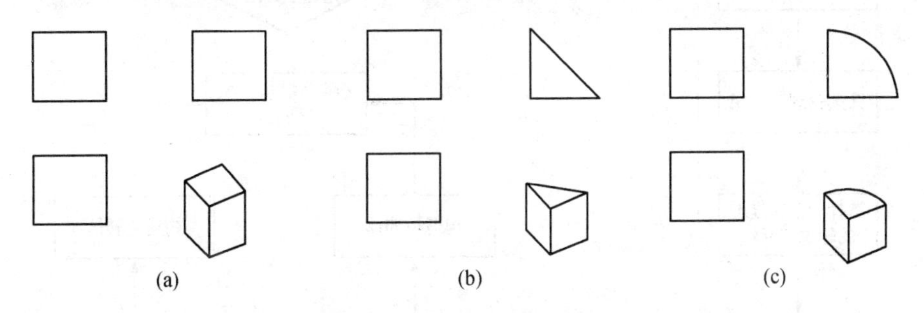

图 2－14　对三个视图的综合

从二维视图重建三维形体的工作实际上是用计算机来模拟实现人类工程师的读图功能自动构建三维形体。因此,三维重建的方法也应该借鉴工程师的读图方法。组合体重建包括下面几个基本过程:

第 1 步,搜索二维视图中的特征环,即所谓“分线框”;

第 2 步,以特征环为线索,在其他视图中对应位置搜索满足投影规律的环,即所谓“对投影”;

第 3 步,对已搜到的环进行三元组匹配,依据轮廓三元组的结构特征构建基本形体,即所谓“想形体”;

第 4 步,确定各基本形体之间的组合关系和相对位置,即所谓“定位置”;

第 5 步,依据基本形体之间的组合关系和位置关系构造最终形体,即所谓“想整体”。

相对于基于B-Rep表示的方法，基于CSG表示的重建方法具有效率较高、更加直观、更容易识别曲面体、可以获得有效唯一解等优点。对于基本形体，采用拉伸体构建和旋转体构建两种方法，机械工程图中常见的基本形体都可以处理。输入视图中可以包含直线段、圆和圆弧，表明深度信息的虚线也应该包含在视图内。模拟工程师读图的形体分析法，重建三维形体的主要步骤如图2-15所示。

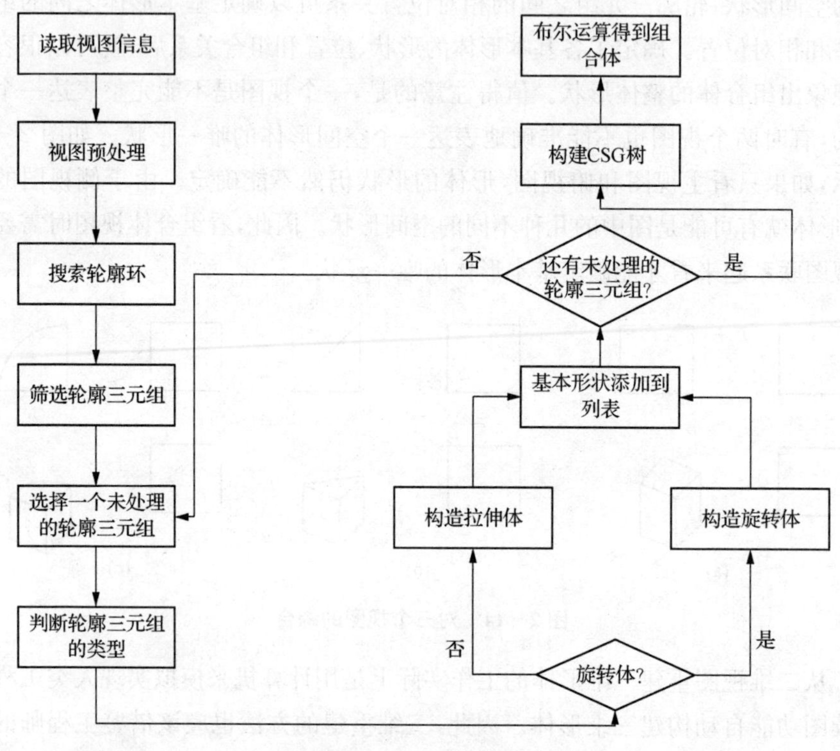

图2-15 形体分析

如上框图包含的主要步骤为：

第一步，视图预处理。

视图预处理的工作在第一节描述的预处理模块中进行，预处理的结果是一个复合三视图。这里假定输入的三视图包含的基本形体的投影轮廓都存在且封闭，对于轮廓线缺失或不完整的情况，需要手动补全轮廓以保证能找到对应的基本形体。

第二步，投影环搜索。

如何从二维视图，特别是具有复杂遮挡关系的组合体视图中找到所有基本

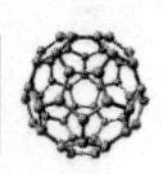

形体的投影轮廓是组合体重建的核心问题之一，也是本章的讨论重点之一。本章提出基于动态子视图划分的惯性环搜索方法，结合传统的角度判别法可以搜索出所有基本形体对应的投影轮廓，进而重建出正确和完整的三维形体。

第三步，识别和筛选基本形体。

找到二维视图中所有对应基本形体的封闭环后，就可以从中识别和筛选基本形体。识别基本形体的方法是从三视图中筛选满足三等投影关系的轮廓三元组。给定一组三个环，每个视图一个，如果这三个环的最小外接矩形满足“长对正、高平齐、宽相等”的三等投影关系，即认为这三个环是一个轮廓三元组。基本形体在二维视图的三个投影轮廓一定满足三等投影关系，但满足三等投影关系的轮廓三元组却不一定对应有效的基本形体，这是由基本形体之间复杂的遮挡关系造成的。在进行组合体重建之前，一定要先剔除这些无效的轮廓三元组，这里采用了基于视觉推理的机制对基本形体的存在性进行判断。

第四步，构建基本形体。

剔除了所有无效的轮廓三元组之后，剩下的每个轮廓三元组都代表一个基本形体的投影，从轮廓三元组可以构建基本形体。构建基本形体要依据轮廓三元组对应的基本形体类型(拉伸体或旋转体)采用不同的方法，轮廓三元组中如果存在至少一个圆则其对应的基本形体是旋转体，否则是拉伸体。构造拉伸基本形体，轮廓三元组的三个环都沿法线方向拉伸，构造出三个基本拉伸体，三个基本拉伸体之间布尔交就得到基本形体。机械零件中常见的二次曲面体，如圆柱体、圆锥体和球体等，都可以通过旋转扫描操作构造旋转体。轮廓三元组中的圆环被定义为路径环，另两个环被确定为轮廓环，绕旋转轴旋转轮廓环可以获得基本旋转形体。

第五步，构造组合体的 CSG 树。

基本形体构造完成后就可以依据基本形体的位置和包容关系构造组合体的 CSG 树。一颗 CSG 树代表一个最终形体。

第六步，生成组合体。

CSG 树构造完成后，对 CSG 树中节点表示的基本形体依序应用正则布尔操作构造结果形体。

2. 基于体切削的重建方法

基于体切削的重建方法是选择二维视图中的封闭环作为基(base)，使用平移构成平面体或旋转构成回转体构造基元体，通过对得到形体的交、并、差等空间布尔操作，使其投影视图逐渐逼近直到完全符合输入的二维视图。

针对轴对齐的旋转体的重建算法的关键技术是从视图中识别对应于旋转体的匹配序列(onto-formation)，分为 4 个步骤：第 1 步，利用投影边的连通关系构造基环，并根据位置和线型对基环进行分类和合并；第 2 步，根据视图之间的坐标对应关系，搜索邻接视图之间的基环匹配对(onto-matching)；第 3 步，在匹配的基环构成的 n-分图中深度优先搜索匹配序列；第 4 步，由匹配序列确定旋转操作的参数(旋转角度、旋转轴、轮廓)，得到旋转基元体. 每生成一个基元体，进行布尔并得到重建的形体，并通过反投影(back-projection)验证形体的有效性。

也有基于特征识别的重建算法. 在视图预处理过程中，投影图元被分为内实体(inner entities)和外实体(outer entities)。在此基础上，算法分为两个阶段，如图 2-16。第 1 步，判断内实体是否满足机械特征在视图中的投影模式；再通过旋转或拉伸内实体，构造合理的机械特征体(feature primitive)；第 2 步，由每个视图的外实体构成的轮廓，沿法向方向扫描得到基体(basic primitive)；基体布尔减特征体，得到的形体布尔交就是最后的重建形体. 算法只考虑基于面(face-based)的凹陷的机械特征，即通孔、盲孔和凹槽。

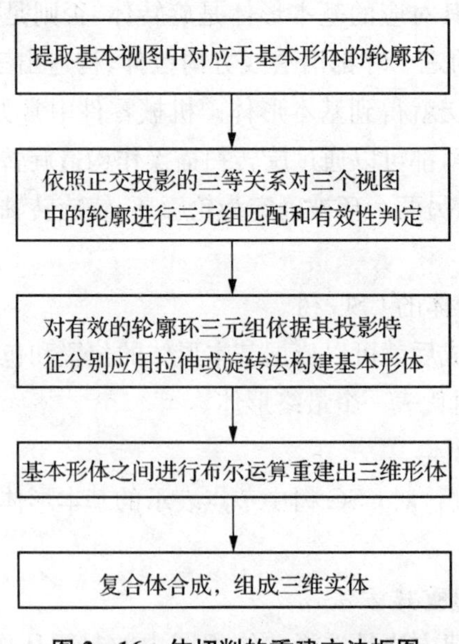

图 2-16　体切削的重建方法框图

3. 基于机器理解的重建方法

这种方法类似于具有人工智能的综合重建方法，采取类似CSG建模的机制来实现基于形体分析的看图方法，将实体重建过程看作与机器的装配过程类似。从形体分析的角度可以认为一个复杂形体由若干个形体组件和基元(二者统称为分解体)组成，其中组件由若干个基元组成；从几何建模的角度则可认为结果实体是由分解体通过布尔运算(交、并、差)得到的。因此，可将CSG算法中的基本体素的识别转化为分解体的划分。对于已划分好的组件，按照重建效率由高至低的优先级次序，分别尝试采用直接重建(用扫描表示法和体切削法重建)和分解重建(分解为基元重建并组合)的方法，直到重建成功为止；对已划分好的基元，同样根据“假想与确定”的重建机制，根据重建效率由高至低的优先级次序，分别尝试使用CSG法、扫描法、体切削法和B-Rep算法来予以重建，直到重建成功为止。所有的基元、组件构成一个CSG树描述，通过特征运算序列被逐步加到结果实体中。在上述框架基础上，加入剖视图信息、辅助视图的处理，在视图理解出现歧义时，通过视图验证消除歧义。根据上述算法思想，可得到相应的算法框架如图2-17。从形体分析的角度可以认为一个复杂形体由若干个形体组件和基元(二者统称为分解体)组成，其中组件由若干个基元组成；从几何建模的角度则可认为结果实体是由分解体通过布尔运算(交、并、差)得到的。因此，本算法解体的划分，对于已划分好的组件，按照重建效率由高至低的优先级次序，分别尝试采用直接重建(用扫描表示法和体切削法重建)和分解重建(分解为基元重建并组合)的方法，直到重建成功为止；对已划分好的基元，同样根据“假想与确定”的重建机制，根据顺序，分别尝试扫描法、体切削法算法来予以重建，直到重建成功为止。所有的基元、组件构成一个树描述，它们通过特征运算序列被逐步加到结果实体中。在上述框架基础上，加入剖视图信息、辅助视图的处理，在视图理解出现歧义时，通过视图验证消除歧义。根据上述算法思想，可得到相应的算法框架如图2-17。

三维形体的重建过程可用特征运算序列来表达。它使得复杂的形体构造过程变成清晰的加、减运算，这样只需在基本特征之间进行布尔运算就可得到目标实体。对已划分的带从属特征的组件，根据重建效率的高低，被优先安排直接用扫描表示法重建，如果不成功，再采用体切削法重建。对已划分的具有相交组合关系的基元组件，先将其分解为若干个基元，对各个基元采用程序模块予以重建，并按基元间的组合关系，将有关的基元组装成组件。

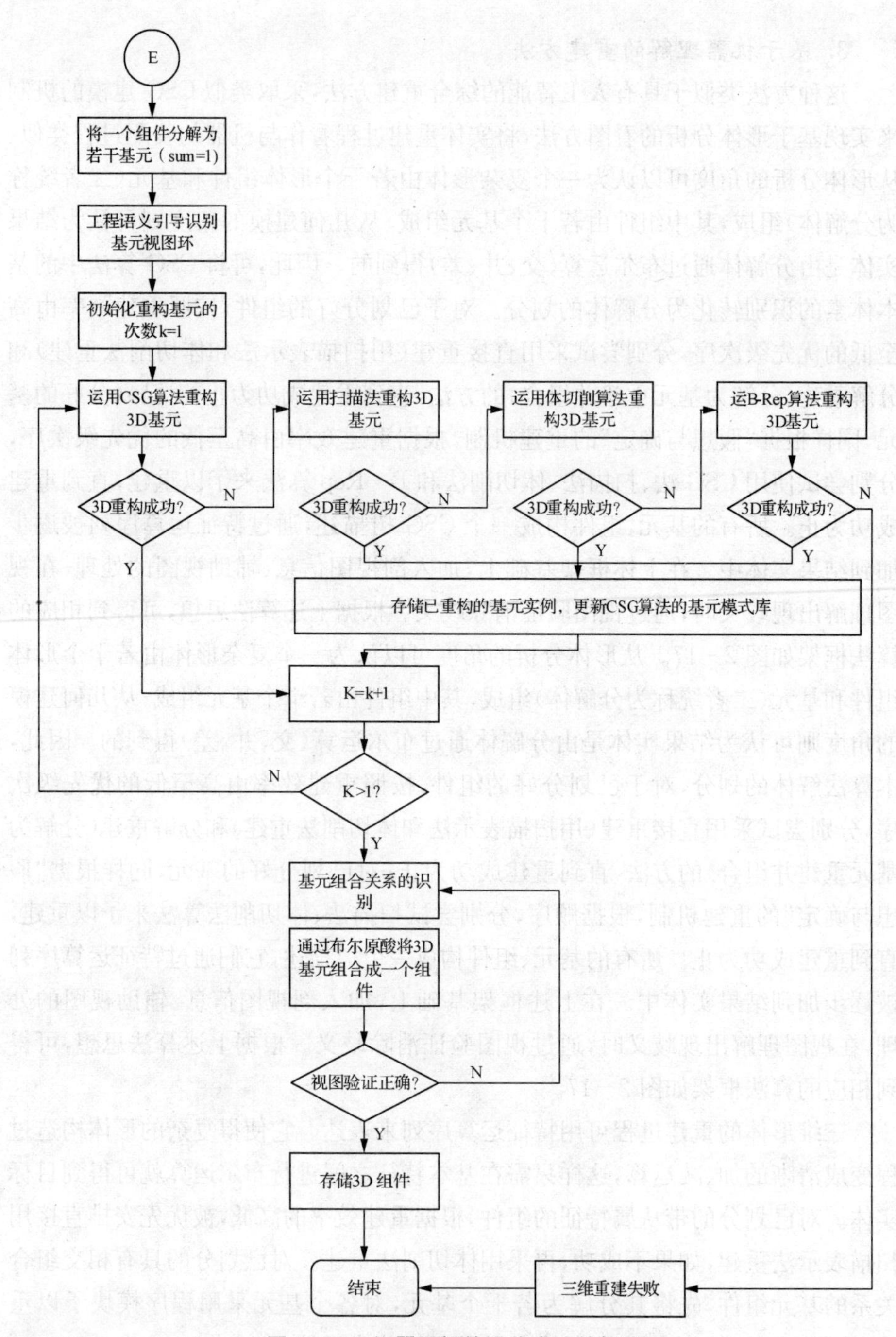

图 2-17 机器理解的重建方法的框图

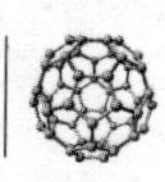

组件与基元的三维重建基本流程如图 2－17 所示，对已划分的基元，采用“假想与确定”的重建机制，按重建效率的高低，优先采用 CSG 算法重建，其次按扫描法、体切削法和 B－Rep 算法的优先级次序予以重建，直至基元重建成功为止。对每个重建基元而言，由于采用了自顶向下与自底向上的集成重建方法，因而拓宽了重建对象的形体覆盖域。此外，由于 CSG 算法中 3D 基元是通过模式匹配直接产生，因而重建效率最高。但 CSG 算法的有效性受制于预定义的基本特征模式的数量和类型，因此这里将用 CSG 算法以外的算法重建的基元作为实例存储起来，并扩充进入 CSG 算法的模式库，建立系统的自学习机制，不断提高 CSG 算法的适用范围。

2.2.2　面向线框的重建方法

基于线框模型(Wire-Frame)的方法，或自底向上(Bottom-Up)的方法等，是研究得最为久远也最深入的一种重建方法。面向线框的重建方法集中探讨如何扩大算法的形体覆盖域以及如何提高算法的处理效率。由于投影重合和投影积聚，形体与其投影视图在点、边的层次上不存在一一对应关系。因此，一方面在重建过程中会产生大量并不存在的顶点、边和面，可能生成满足投影关系却不满足形体拓扑关系的形体，即病态解；另一方面，重建过程也可能产生多个满足投影视图的形体，即多解问题。因此，面向线框的重建方法的关键问题是如何在处理过程中检测和删除假元，搜索有效解。线框模型是用顶点和邻边来表示形体，其中的边可以是直线也可以是曲线，它对形体的表示有时会具有二义性。对于非平面体线框模型的表示也存在一定问题，另外由于线框模型不具有表面信息，不能明确给定点与形体之间的内外关系，因此线框模型不能用来处理 CAD/CAM 中的许多问题，如明暗色彩图、消隐图、加工处理等。三维重建的目的是要获得一个完整的三维形体，这就需要把线框模型转换为表面模型或实体模型，其中关键的环节即是要对线框模型构建表面。由线框模型构造三维模型的步骤如下：① 从二维端点生成候选的三维顶点；② 从三维顶点生成候选的三维边；③ 从三维边生成候选的三维面；④ 组合有效的三维面构造出三维形体。

多面体与曲面体具有不同的投影特性，面向线框的重建方法又可分为针对多面体的重建方法和针对曲面体的重建方法[1]。

1. 基于有限元多面体的重建方法

根据线框模型信息构建其表面，途径主要有两种，一种是根据线框模型的拓扑信息进行表面构建，另一种是根据线框模型的几何信息进行构建。工程图本身含有很充分的拓扑信息。在对零件的轮廓进行投影的过程中，三维的面投影成了二维的面(或线)，但重要的是面的完整性在绝大多数情况下被保留了下来，这就是工程图所具有的类似性。因此有理由认为：三维重建完全可以从线或面等更高的拓扑关系入手，找到更迅速、更完整的三维重建算法。设想如果能找出一个物体或物体的某一部分沿着一定方向的一系列截面的集合，便可以得到这个物体或物体的这一部分的三维截面模型，然后依据截面模型求出物体的实体模型。而求物体的一系列截面的集合，必先求出各截面上所有二维环的集合，于是，三维重建的过程就变为寻找和建立各截面二维环的过程，称之为层构。仅仅就工程图本身而言，在二维所允许的范围内，它的信息是充分的。研究发现，对一套完整的工程视图来说，其中的一个视图在其投影方向上比较完整地反映了物体的几何信息和拓扑信息，可以利用其他视图来补充该视图所不能反映的几何信息。利用一系列工程规则和特性恢复被掩盖的拓扑信息，利用三维体的连续性和继承性，从而得到三维体。三维重建的关键在于，如何合理而又最大限度地利用这些二维视图所提供的信息。

在投影方向上，物体与此方向不平行表面在投影中一定具有类似性，从而很容易确定该面的拓扑信息。与此方向平行的表面在其他的某个与它不平行的投影方向上一定也有类似的性质。对工程图的几何性质和工程性质一起加以考虑，很容易确定某个表面的几何尺寸。只要确立了一个表面，与此表面有继承关系的截面将同时被确定。同时，此种信息还遗传给与它有连接关系的面。这样，通过确立数目极为有限的表面，即可确定一系列未知的截面，从而形成整个三维体。

目前，有限元法在经历了30多年发展后的今天依然十分活跃。有限元法已成为一种能够有效地求解各类工程和科学计算问题的通用数值分析方法。有限元网格生成方法研究领域已取得许多重要成果，形成了独特的方法论体系，出现了许多有效的算法并研制出一些成功的工程化软件产品。有限元网格生成算法分析三维问题的基本网格是四面体及六面体网格单元。高阶多节点多面体中，插值函数更复杂，生成的插值点及三角面片数量更加庞大，图像的计算、绘制与传输效率需要依赖结果的压缩处理作。有限元法中六面体单元具有许多四面体单元无法比拟的优异特性和更好的计算精度，可在不失精度的情况下进行某方向的伸缩。如在边界层内的液体流动计算中，极狭长六面体单元的计算精度远

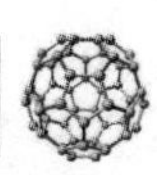

远优于极狭长四面体单元。在某些情况下,如当用有限体积法与边界适应坐标系统求解复杂形体的控制守恒方程时,只能采用六面体单元进行有限元分析。几十年来,众多学者致力于六面体单元网格自动生成方法研究,但复杂三维实体的全六面体单元网格全自动生成问题始终未能获得真正意义上的解决,全六面体网格由此被称为"神圣网格"(holy grid)。近几年来,全六面体网格自动生成再度成为焦点问题,并取得了一些研究进展。目前有代表性的全六面体网格自动生成方法有:原型法、映射法、扫描法、基于栅格法、扩展的 AFT 方法和多子区域法[12]。

(1) 原型法、映射法和扫描法

原型法是用预先设定的网格剖分模板来剖分可被识别的简单几何形体的一种网格生成方法。六面体网格原型就是可用网格剖分模板分解为六面体网格的简单几何形体。最基本的六面体原型为四面体,它可被分解为 4 个六面体。目前,复杂三维实体的全四面体网格全自动生成算法已经很成熟,结合四面体到六面体的网格剖分模板,即可轻易地实现复杂三维实体的全六面体网格生成。

但遗憾的是,这种方法的边界拟合能力弱,生成的网格质量较差。这种方法难度较低、较容易实现,在当今大多数的商用 CAD 软件和有限元前置处理软件中均有这种功能。但是,这种方法只能适用于形状简单的三维物体,且主要依靠人机交互来实现,自动化程度低。

原型法是用预先设定的网格剖分模板来剖分可被识别的简单几何形体的一种网格生成方法。六面体网格原型就是可用网格剖分模板分解为六面体网格的简单几何形体。最基本的六面体原型为四面体,它可被分解为 4 个六面体。目前,复杂三维实体的全四面体网格全自动生成算法已经很成熟,结合四面体到六面体的网格剖分模板,即可轻易地实现复杂三维实体的全六面体网格生成。但遗憾的是,这种方法的边界拟合能力弱,生成的网格质量较差。左旭等[6]采用十节点曲边四面体代替直边四面体,并采用非线性约束优化算法来提高六面体单元的质量,但只是部分地克服了上述两个缺点。映射法可以被认为是原型法的一种扩展,因为映射法在参数空间中的网格剖分一般使用一种最简单的六面体原型——正立方体。

扫描法[7]是由二维四边形有限元网格通过旋转、扫描、拉伸等操作而形成六面体网格的一种方法。在扫描过程中,扫描断面还可以进行扭转与变形,形成特殊形状的实体网格。这种方法难度较低、较容易实现，在当今大多数的商用CAD软件和有限元前置处理软件中均有这种功能。但是，这种方法只能适用于形状简单的三维物体，且主要依靠人机交互来实现，自动化程度低。

(2) 基于栅格法

由于三维栅格本身就是质量优良的六面体，因此无论是正则栅格法还是有限八叉树法，在六面体网格生成方面都具有得天独厚的条件.将基于栅格法应用于六面体网格生成已取得许多成果，比较有代表性的是 Schneiders[8] 和 Loic[9] 提出的方法。Schneiders 提出了采用所谓同构技术(anthropomorphism technique)的基于正则栅格的六面体网格剖分方法，该方法的基本步骤是首先用尺寸相同的正则化栅格(cells)覆盖在目标区域上面，删除完全落在目标区域之外的栅格、与目标域边界相交的边界栅格和距离边界非常接近的内部栅格，保留下来的内部栅格称为初始栅格，这时在初始栅格与目标域边界之间存在着未被覆盖的缝隙；然后将初始栅格表面的每一个顶点投射到目标边界上并生成一个对应点，注意到初始栅格的表面面片全部是四边形网格，这样每一个面片都可以在表面找到一个对应面；最后连接相对应的四边形得到全六面体网格。基于正则栅格的缺点是，为了剖分带有小尺寸几何特征的目标域，栅格尺寸也要相应缩小，这样就会产生太多的单元。在前面所提到的工作基础上，Schneider 等又提出了基于八叉树的六面体网格剖分方法。该方法最主要的贡献在于解决了不同级八分区之间的网格相容性问题，它将父栅格划分为 27 个子栅格而非标准的 8 个子栅格，结合过渡模板成功地实现了相容性网格生成。Loic 提出的基于八叉树的六面体网格剖分方法，在实现上与 Schneider 方法有很大的不同。该方法在八叉树建立时并不删除边界栅格，且在建立八叉树之后就立即插入相容六面体模板。对于边界栅格，将其顶点投射并移动到目标域表面，这样就恢复了目标域的边界。为了改善边界单元特性可插入一个边界层栅格，然后通过节点优化来改善整体网格的质量。

(3) 扩展的 AFT(Advancing Front Technique)方法

编须算法和粘贴算法[10]都是 AFT 方法的扩展形式。粘贴算法始终维护网格前沿，即用来描述已剖分区域边界的四边形面片集。剖分器迭代地从网格前沿中选择一个或多个四边形，粘贴上相应的六面体并更新前沿，直到整个域被剖分。然而在实践中，该方法通常会留下一些孔洞，这些未被剖分的区域只能用四面体填充。编须算法是一种基于空间缠绕连续集概念的扩展的 AFT 方法。所

谓空间缠绕连续集就是在三个方向平分六面体单元的相互交叉表面的组合,是六面体网格的一种对偶表达形式。编须算法首先生成的并不是六面体网格,而是它的对偶形式,空间缠绕连续集。一旦得到完整的空间缠绕连续集,六面体单元就可在其指导下安装到待剖分域中。粘贴算法基于局部几何测试来推进网格,对于复杂的几何实体很难闭合网格内部连通性。与粘贴算法相反,编须算法基于与全局对偶密切相关的连通性信息进行网格推进,边界处的几何判据处于次要地位。编须算法生成的六面体网格质量(尤其是边界单元的质量)是所有算法中最好的,但它的实现也具有最高难度。虽然取得了一定的成功,但该方法对求解各类问题的健壮性与可靠性还有待于进一步证实。

(4) 多子区域方法

多子区域方法(multi-subdomain methods)是基于分而治之(divide and conquer)思想的一大类方法[11]。具体地讲,多子区域方法分为三个主要步骤:首先将复杂目标域分解为可用已有算法进行剖分的简单子区域,然后对每个子区域进行剖分,最后将各个子区域的网格剖分结果组装起来从而形成目标域的整体网格。这样,一个大问题就被分解为三个较小的问题:一是复杂目标域的自动分解,二是简单子区域的网格剖分,三是满足有限元网格相容性要求的子区域网格组装。原型法、映射法和扫描法都可以作为子区域的网格剖分方法,子区域网格组装与子区域的网格剖分有密切关系,在某些情况下子区域网格在组装时能够自动满足相容性要求,复杂三维实体的自动分解则是多子区域方法中最主要的困难。

① 自动分解技术

自动分解技术的研究相当活跃,其中有代表性的工作是中面法和基于特征识别技术的三维实体自动分解方法。将三维待剖分域分解成简单可剖分子区域,中面定义为三维实体内最大球的球心的集合,所谓最大球是指不能为实体内其它球所含的球。待剖分域被中面分割后所得到的子区域一般具有可映射特性,对六面体网格剖分是非常有利的。但是,有中面算法一般需要大量几何与代数计算,自动化程度和几何适应能力也有待于提高。基于特征识别技术的三维实体自动分解方法,可分为三个相对独立的步骤:采用特征识别技术提取模型的分解特征,生成切割表面和切割目标域从而生成分离的三维子区域。由于引入了一些启发性规则,该方法可以一定程度地模仿人们处理复杂几何体网格生成问题时的思考过程,加之可以和 CAD 系统紧密集成,这是一种有前途的自动分解算法。

② 典型的多子区域方法—中面法

中面法的基本步骤是：首先使用中面提取算法计算出三维目标域中面；其次根据中面将三维目标域分解为预定义的几种类型简单子区域；然后采用中点分解技术将每个子区域划分为六面体网格；最后将所有子区域生成的六面体网格组装成全域六面体网格。如果没有网格变密度要求，中点分解技术可自动满足子区域之间的网格相容性要求；但如果有网格变密度要求，则需要采用整数规划技术来确定每条边的分割数，从而在满足相容性要求的条件下实现网格的密度控制。中面法可以应用于带有凹边或凹顶点的实体及退化情况，进而实现复杂实体（如带有孔、凹角等）的六面体网格生成。该方法已在多个商业软件中得以实现。

2. *曲面体的重建方法*

在目前的 CAD 系统中广为应用的是参数多项式表示的曲线和曲面。将曲线曲面表示为参数的矢函数方法最早是于 1963 年由美国波音（Boeing）飞机公司的 Ferguson 提出来的，该方法引入三次参数曲线定义了双三次的曲面片。1964 年，美国麻省理工学院的 Coons 提出了具有一般性的曲面描述方法，并于 1967 年进一步推广，即为 Coons 双三次曲面片。20 世纪 80 年代后期，非均匀有理 B 样条（NURBS）方法开始成为了 CAD 系统中标准形式。20 世纪 90 年代开始，随着数据采集技术的飞速发展，CAD 应用中对传统的数据拟合方法提出了巨大的挑战。由于三维扫描仪等数据采集设备可以在短时间内大量采集数据点，而且这些数据点是无序的，很难直接利用传统的参数曲线曲面来拟合。于是，如何从散乱的点集自动地生成它们的几何模型并进行处理成为了一个研究热点，这个过程即为反向工程或逆向工程。同时，随着计算机存储与渲染技术的发展。曲面的离散表示也受到越来越多的关注，即用点云或者多边形网格来表示曲面，并形成了数字几何处理这一新学科。网格曲面由于具有表现能力丰富、便于进行几何操作、易于在硬件上实现等许多优点而得到越来越多的应用，直接构造网格曲面来拟合散乱点集的技术也得到了快速的发展，成为了新兴的曲线曲面造型技术。进入 21 世纪，点云渲染技术的兴起跟使得点云模型也越来越多的被关注，点云曲面抛弃了网格曲面中的拓扑连接关系，表达形式自由、简单且不受连续性约束，今后将会得到更多的发展。

从重建的结果来分，曲面重建技术可以分为几何重建与拓扑重建. 几何重建

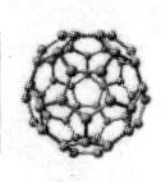

技术是随着基于点的渲染和几何处理技术的发展而产生的，他们将点作为基本图形单元对模型进行处理。本质上来说，几何重建也可以理解为点云的去噪方法。拓扑重建是指从扫描得到的点云得到多边形网格曲面模型的过程。曲面重建技术的研究工作已经有 20 多年的历史，目前的主要方法大致可以归为以下几类[12]：基于隐式曲面的重建方法[13]、基于计算几何的重建方法、基于区域增长和基于学习的方法等。

(1) 隐式函数表示曲面的方法

隐式函数表示曲面的方法使得许多复杂的几何操作变成简单的代数运算，这是这个方法的最大优点。用隐函数来重建曲面的最大优点在于它们的数据修复能力，即曲面补洞。而且用隐式方法重建曲面对带噪点云和拓扑较复杂的曲面比基于计算几何的方法更加鲁棒，大多数隐式曲面重建的方法都是源于 Blinn[14]混合一些基本隐式函数的想法。基于隐式曲面重建方法本质上是一种曲线拟合[15]，该方法采用一组隐式曲线方程拟合原有点云，然后在零值面上抽取三角网格。其所使用的隐式函数包括径向函数、线性方程组或偏微分方程。这个步骤主要采用 Marchingcube 和 Bloomenthal 多边形化方法。给定一组分布于曲面上的点云，隐式曲面重建的目的是寻找一个函数 $y=f(x)$，$f(x)$的零水平集逼近点云所在原始曲面 X，这类方法的不同之处在于函数 $f(x)$和距离逼近衡量方式不同。在隐式曲面构造中多使用的是径向基函数(Radial Basis Functions，RBF)和移动最小二乘法。基于隐式曲面拟合的方法可以重建光滑、连续和可变形的网格，适用于光滑的物体，但是这种算法很难找到合适的隐式方程来描述一些复杂曲面，并且在绘制时较复杂。周期性曲面无法用基于隐式曲面的网格重建算法生成高质量的曲面网格，三维周期性曲面是其相应二维域上的参数空间是周期性的，二维参数域是不封闭的，对这样的周期性参数曲面，这种网格的曲面三维重建效果较差。

(2) 基于计算几何的曲面重建方法

在计算几何中，一个平面点集的 Delaunay 三角剖分满足该点集中的点都不在剖分后网格中的任何一个三角形的外接圆内。Delaunay 三角剖分满足最小内角最大化原则，它避免了狭长三角形的产生。许多学者从各种角度改进平面 Delaunay 算法使其适用于空间数据。

① 基于降维的方法，这类方法采用降维的方法，将三维数据降低至二维度，然后充分利用平面 Delaunay 三角化的成熟技术获得点集的拓扑结构，然后再根

据降维的映射方式将低维拓扑关系还原为高维。从高维的到低维的映射一般采用平面参数化的方法,将点云数据投影在一个平面上,由于三维到二维是投影可能不是一对一的映射,因此需要采用分割等手段,采用分块投影的方法。

② α-*shape* 类方法,此类方法源于平面 Delaunay 方法,将 Delaunay 中的圆上升到空间中的球,在一个空间球域内寻找网格剖分点。α-*shape* 类算法首先给定一个点集 p,一个实参 α-p 的 α-*shape* 是独立的多面体。不同的实参。产生不同的 α-*shape* 集合。在每个独立的 α-*shape* 内运用 Delaunay 剖分。基于 α-*shape* 的点云数据三维重建方法的难点在于确定合适的 α 值以保留需要的三角化元素,删除不需要的面和边,而且这种方法对于点云数据的不均匀性或表面不连续性处理的效果并不理想。

(3) 区域增长重建方法

区域增长重建方法的基本思想是:首先生成一个满足初始条件的种子三角形,然后将种子三角形的边作为前沿边,逐步加入点云中的点,和前沿边形成新的三角形,循环扩展到所有的点都被纳入三角网格中。这种方法源于贪心算法,即每次都从剩下的点中寻找一个最佳点加入到已有网格中,这样每次加入网格中的点都是与原有网格组成最佳拓扑结构,当网格划分结束时整个网格就是最优的。这种方法看似没有 Delaunay 那样完整成熟的理论支持,实际上在每次最佳点的判断思路都融入了计算几何的理论原理。因此,此类算法的关键是初始三角形的确定和新加入的三角形的边的判断。许多学者对该方法提出了很多判断准则。重建后的拓扑网格是原始采样表面的一个最优逼近。这种方法能给出大规模点云数据,且直接给出封闭曲面和非封闭曲面,这种算法基本思路简单,但是在程序实现上是需要大量技巧。该算法的实现涉及到数据的存储方式,种子三角形的确定方法,前沿的查找方法,前沿之间的相交测试等,这些环节的实现效率都直接影响区域增长法方法的运行效率。

(4) 基于学习的方法

基于学习的方法是将统计学习和机器学习的方法运用于网格重建。在一个接受基本事件作为信号输入的简单自适应神经元网络中,它所接受的信息被自动的映射为输出,在这种映射方式下,神经网络的输出和基本事件是拓扑同构的。这原则使得拓扑重建更为简单。使用增长细胞元神经网络重建点云数据的拓扑结构。所有的被用于点云重建的神经网络都是一种可以被修改为一种被称为增长元结构的神经网络,该算法将点云数据调整为神经网络结构,这种调整包

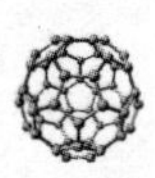

括神经网络连接和神经元的调整。点云数据和原始曲面被建模为一个概率分布问题,贝叶斯法则被用于估计重建的曲面是原始曲面的概率。该方法的关键是将测量的数据和重建后的曲面都定义为点云形式,用统计假设的方式描述所有有限维空间内的图元。这将曲面重建问题离散为一个数值优化问题。最后再将问题转化为三角剖分。神经网络可以以任意精度逼近任何连续函数及其各阶导数,神经网络的这种特性可应用于点云数据的三维重建中,用神经网络的网络连接全值和阀值保存曲面映射关系,提高模型的容错性和联想能力。这种方法的缺点是网络收敛难度大,计算费用高,只适用于简单曲面的拓扑重建,对任意拓扑结构和任意复杂形状的网格划分显得力不从心。

点云数据重建过程如图 2-18,不同重建网格加以比较主要存在的问题如下:

① 基于 Delaunay 的三角化方法,该方法的问题在于计算速度过慢,而且对于有噪声的点云输入重建效果不好,算法的健壮性不强。

② 基于隐式曲面的重建方法无法找到合适的拟合函数而导致算法的精度不高。

③ 基于区域重建的算法的关键在于寻找合适增长判断条件和利于点云操作的数据结构。

④ 基于学习的重建方法,目前所见大多利用神经网络的方法,这种方法需要专家的知识和大量的数据运算要求解大量的方程组,从而导致计算效率较低。同时这种方法健壮性不够,无法有效抵制噪声。

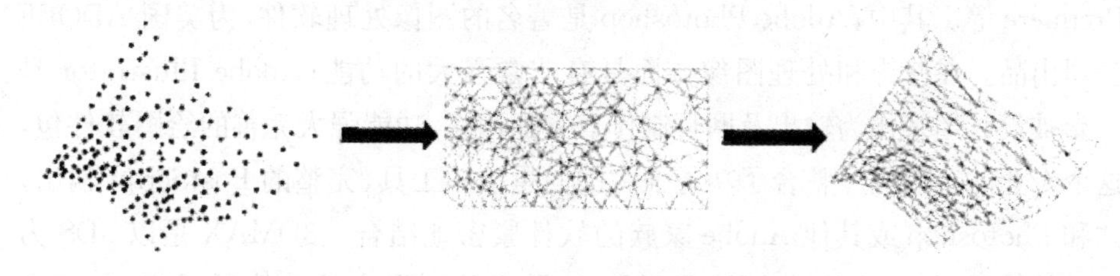

图 2-18　点云曲面重建过程

2.3　用于三维制造的三维模型文件

众所周知,三维图形软件的数据量是庞大的,例如图形中各个实体的名称、编号,实际的工程图中每个部件还有材质、密度及单价等,另外,各个实体也不是孤立的,它们之间必然存在着多种联系,这些联系在软件中也要有所体现。是否能有效地管理这些数据以及及时便捷地显示这些数据,是一个三维图形软件成功与否的重要标志。总的看来,三维图形软件的数据管理与可视化可以分为后台数据的组织和前台数据的展示与交互两部分。后台的数据组织,主要是以一定的数据结构来有层次、有序地存储数据,并能够根据前台与用户的交互动态地修改数据,还要提供数据读取与存储所需的文件读写操作。同时,对于复杂的工程图,还要提供工程数据库的支持。其主要问题在于如何高效、清晰地组织数据。而前台的数据展示与交互则主要包括数据的合理、清晰地展现以及与用户交互的可视化界面的构建,其主要问题在于如何提高数据的表现力,如何更有效的实现实时交互以及使当前图形与用户操作相一致等。

2.3.1 常见的三维图形软件

现在常见的三维图形软件主要分为制图软件及图像处理软件。三维制图软件主要有:UG、Pro/E、SolidWorks、CATIA 等。UG 在一般的大中型企业中使用的比较多;Pro/E 是现在比较流行的三维建模软件,在各行业应用都比较广泛;SolidWorks 是最简单好学的,但是建模精度比较低,一般中小企业用的比较多;CATIA 适合流线型建模,如飞机流线型翅膀,汽车的外壳等,在航空领域应用的比较多。而对于图像处理软件,常用的就有 Adobe Photoshop、Adobe Illustrator、Fireworks MX、AutoCAD、Corel DRAW、3DMAX、MAYA、Adobe Premiere 等。其中,Adobe Photoshop 是著名的图像处理软件,为美国 ADOBE 公司出品。在修饰和处理图像方面具有非常强大的功能;Adobe Illustrator 是一套被设计用来作为输出及网页制作双方面用途、功能强大完善的绘图软件包,这个专业的绘图程序整合了功能强大的向量绘图工具、完整的 PostScript 输出,并和 Photoshop 或其他 Adobe 家族的软件紧密地结合。3DMAX 是以 3DS 为基础的升级版本,它以全新的 Windows 界面及更强大的功能展示出来;而由 ADOBE 公司出品的 PREMIERE 功能强大、操作方便,在非编软件中处于领先地位,由它首创的时间线编辑概念已成为行业标准。

对于不同的对象或数据终端,采用的三维图形软件也不尽相同,基于不同的开发平台又会产生不同的效果,所以三维数据软件存在着一个标准化的过程。无论是 ISO 于 1985 年 8 月公布的 GKS 国际标准正式文本,还是 ACM 的 Siggraph 于 1977 年提出的第一个图形标准草案 CORE,或是将 GKS 扩充到三

维这一基本目标外的 GKS－3D，以及 ANSTX3H3 任务组提出了“程序员的层次交互式图形标准”的草案即 PHIGS。以 CORE 系统中三维图形生成过程为例，给出如下流程图：

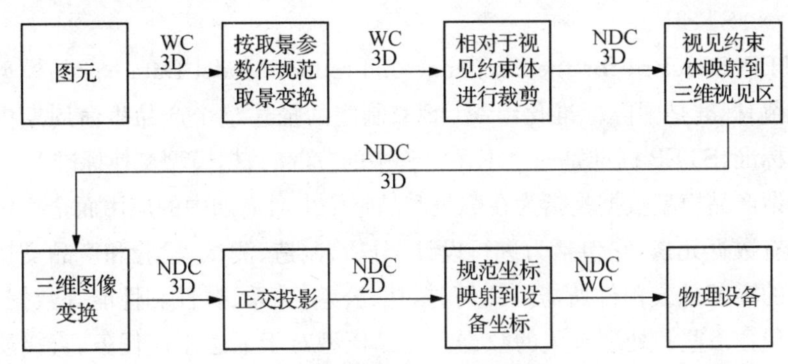

图 2－19　CORE 系统中的三维图形生成过程

从概念上来看，CORE 系统的取景操作发生在用户坐标系中，这样整个处理不必依赖图形设备，而对应用程序而言，用户可以很自然地在用户坐标系中描述取景操作。但是这种做法使得试图依靠取景功能去实现实时图形显示几乎变为不可能，因为取景处理功能只能局限于软件来实现。此外，CORE 系统定义三维图像变换(image transformation)，它定义于取景操作之后，作用于图段上，为实现动态的三维图形操纵提供方便。这些都是三维软件标准化的一次次盘旋式上升的尝试，随着时间的推移和三维技术的进步，这项进程将愈来愈趋于完美和标准化。

随着三维技术的飞速发展，各种三维软件呈现百花齐放、百家争鸣的和谐景象，各种数据格式也就相应的成为各领域广泛研究的问题。现今主流的数据格式主要有以下几种：

① *.prt

Pro/Engineer 的图形文件，是三维图面档案。Pro/Engineer 生成的默认格式 *.prt，是一种强大的参数化文档，用于产品建模，运动仿真等。

UG(Unigraphics)默认保存格式同样也是 *.prt，UG 同 Pro/Engineer 一样都是建模的强大软件，广泛用于机械、电子、航天、家电、玩具等领域，在制造行业中，有很强大的功能。

② *.IGES

IGES(初始化图形交换规范)是被定义基于电脑辅助设计与电脑辅助制造系统(Computer-Aided Design &Computer-Aided Manufacturing systems)不同

电脑系统之间的通用ANSI(美国国家标准学会)信息交换标准。用户使用了IGES格式特性后,可以读取来自不同平台的NURBS数据。例如:Inventor、Maya、UG、SolidWorks、Pro/E、CATIA、Rhino、Cimatron等软件。

③ *.STEP

STEP(Standard for the Exchange of Product Model Data—产品模型数据交互规范)标准是国际标准化组织(ISO)制定的描述整个产品生命周期内产品信息的标准,STEP标准是一个正在完善中的"产品数据模型交换标准"。

所谓产品模型数据是指为在覆盖产品整个生命周期中的应用而全面定义的产品所有数据元素,它包括为进行设计、分析、制造、测试、检验和产品支持而全面定义的零部件或构件所需的几何、拓扑、公差、关系、属性和性能等数据,另外还可能包含一些和处理有关的数据。产品模型对于下达生产任务、直接质量控制、测试和进行产品支持功能可以提供全面的信息。

④ *.DXF

AutoCAD(Drawing Interchange Format或者Drawing Exchange Format)绘图交换文件。DXF是Autodesk公司开发的用于AutoCAD与其它软件之间进行CAD数据交换的CAD数据文件格式。DXF是一种开放的矢量数据格式,可以分为两类:ASCII格式和二进制格式;ASCII可读性好,但占有空间较大;二进制格式占有空间小、读取速度快。由于AutoCAD现在是最流行的CAD系统,DXF也被广泛使用,成为事实上的标准。绝大多数CAD系统都能读入或输出DXF文件。

AutoCAD提供了DXF类型文件,其内部为ASCII码,这样不同类型的计算机可通过交换DXF文件来达到交换图形的目的,由于DXF文件可读性好,用户可方便地对它进行修改,编程,达到从外部图形进行编辑,修改的目的。

⑤ *.X_T

加了X_T后缀名的文件是UG输出的(一般是高版本输出的低版本)的一种UG文件,其实UG大家都以为它的文件格式名称是PRT,而真正的UG精髓所在是它的parsolid内核。而正是Parasolid的真正体现,如果有心的话,你会发现转出后的parsolid会比PRT小很多,原因很多,包括了参数等等,但是在不同版本之间转换还是用它来比较好,它可以存储到很早的版本格式。

UG与ansys均兼容的parsolid的接口,将*.prt文件转换为*.X_T格式,可导入ansys中,从而生成db文件。

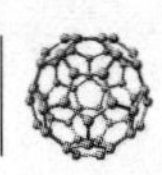

⑥ *.OBJ

OBJ文件是Alias|Wavefront公司为它的一套基于工作站的3D建模和动画软件"Advanced Visualizer"开发的一种标准3D模型文件格式，很适合用于3D软件模型之间的互导，也可以通过Maya读写。比如你在3dsMax或LightWave中建了一个模型，想把它调到Maya里面渲染或动画，导出OBJ文件就是一种很好的选择。目前几乎所有知名的3D软件都支持OBJ文件的读写，不过其中很多需要通过插件才能实现。OBJ文件是一种文本文件，可以直接用写字板打开进行查看和编辑修改。

⑦ *.STL

STL是最多快速原型系统所应用的标准文件类型。STL是用三角网格来表现3D CAD模型。表面的三角剖分之后造成3D模型呈现多面体状。输出STL档案的参数选用会影响到成型质量的良窳。所以如果STL档案较为粗糙或是呈现多面体状，即能从模型上看到真实的反应。在CAD软件包中，输出STL档案时，可能会看到的参数设定名称，如弦高(chord height)、误差(deviation)、角度公差(angle tolerance)或是某些相似的名称。

图2-20是一个输出的STL文件的实例图。

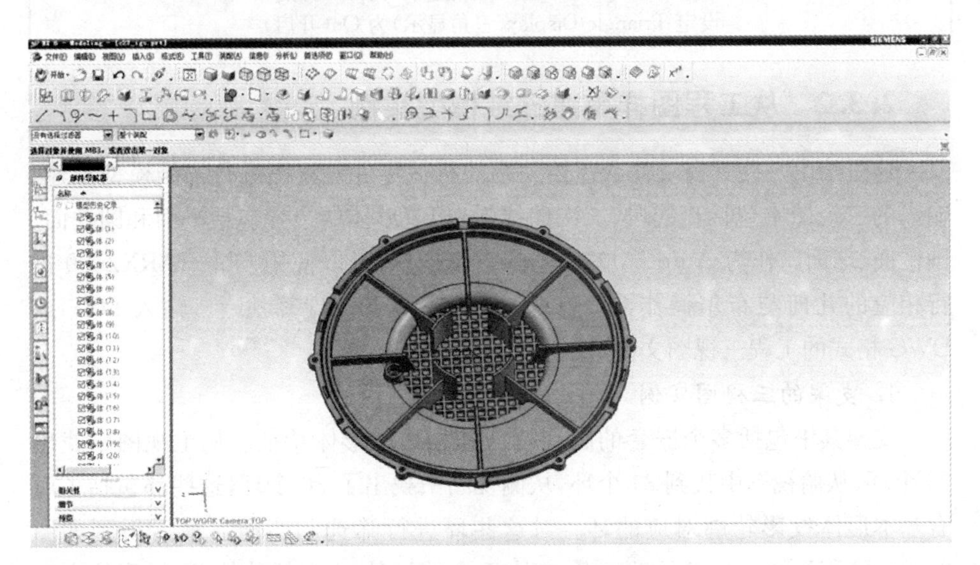

图2-20 输出STL的实例图

针对STL文件此处给出常用CAD输出STL文件的方法：

表 2-1　STL 文件产生方法

AutoCAD	输出模型必须为三维实体，且 XYZ 坐标都为正值。在命令行输入命令“Faceters”→设定 FACETRES 为 1 到 10 之间的一个值(1 为低精度，10 为高精度)→在命令行输入命令“STLOUT”→选择实体→选择“Y”，输出二进制文件→选择文件名
Inventor	Save Copy As(另存复件为)→选择 STL 类型→选择 Options(选项)，设定为 High(高)
ProEWildfire	1. File(文件)→Save a Copy(另存一个复件)→Model(模型)→选择文件类型为 STL(*. stl) 2. 设定弦高为 0，该值会被系统自动设定为可接受的最小值 3. 设定 Angle Control(角度控制)为 1
SolidWorks	1. File(文件)→Save As(另存为)→选择文件类型为 STL 2. Options(选项)→Resolution(品质)→Fine(良好)→OK(确定)
Unigraphics	1. File(文件)> Export(输出)> Rapid Prototyping(快速原型)→设定类型为 Binary(二进制) 2. 设定 Triangle Tolerance(三角误差)为 0.0025 设定 Adjacency Tolerance(邻接误差)为 0.12 设定 Auto Normal Gen(自动法向生成)为 On(开启) 设定 Normal Display(法向显示)为 Off(关闭) 设定 Triangle Display(三角显示)为 On(开启) 设定 Triangle Display(三角显示)为 On(开启)

2.3.2　从工程图样重建三维模型实例

这里给出一些具有较复杂遮挡关系的机械零件三视图进行三维模型重建。输入的三视图中包括直线段、二次曲线弧，相应形体的边界包括平面和圆柱面、圆锥面、球面。作为 AutoCAD 2000 的一个插件，可以使用 ObjectARXZ000 进行相应的几何与布尔操作，在 VC++6.0 环境下实现算法[2]。输入 DXF 或 DWG 格式的工程三视图文件，输出形体的 CSG 模型。

1. 支架的三视图实例

支架其中包括多个嵌套的圆孔特征和相切的形体特征。从主视图中找出 23 个环，从俯视图中找到 34 个环，从侧视图中找出了 36 个环，这些环包括了所有基本形体投影轮廓对应的环。对这些环进行筛选和匹配后最后得到如图 2-21(b)所示的 9 个三元匹配组，其中 5 个旋转体，4 个拉伸体，通过形体之间的布尔运算最后得到图 2-21(c)所示三维形体。

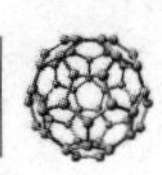

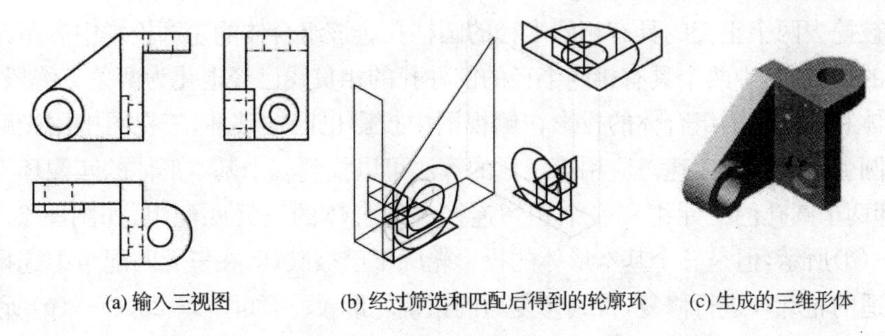

(a) 输入三视图　(b) 经过筛选和匹配后得到的轮廓环　(c) 生成的三维形体

图 2 - 21　复杂组合体重建实例 1

2. 复杂工作台重建

图 2 - 22(a)是一个较复杂的工作台的三视图，主视图和侧视图中都有多个重叠的特征轮廓被其他环分割和遮挡。算法在主视图找到 39 个环，俯视图找到 37 个环，侧视图中找到 56 个环。对这些环进行筛选和匹配后得到如图 2 - 22(b)所示的 16 个三元匹配组，其中 14 个旋转体，2 个拉伸体，通过形体之间的布尔运算最后得到图 2 - 22(c)所示三维形体。[15]

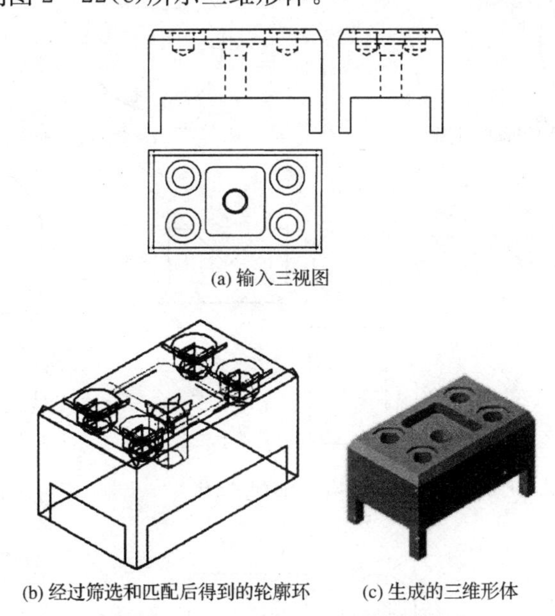

(a) 输入三视图

(b) 经过筛选和匹配后得到的轮廓环　(c) 生成的三维形体

图 2 - 22　复杂组合体重建实例 2

3. 曲面体 1 重建

以相交的二次曲面体为例进行测试，输入的三视图中包含直线段、圆弧、椭圆弧和样条曲线。图 2 - 23(a)是一个由半球体和圆柱体相切连接的曲面体，该曲面体又被挖去两个正交的具有相同半径的圆柱孔。该组合体的轮廓投影中有多条相贯线的投影，其中两个具有相同半径的圆柱孔的相贯线已经退化为两条直线段，而半球体和圆柱体的组合体的投影在侧视图中投影也已被破坏，三视图中用光顺连接到圆弧和直线段表达。应用第三章的算法可以找到三个基本形体的匹配环三元组，即两个圆孔的三元组和一个相切连接的组合体的三元匹配组，如图图 2－23(b)—(d)所示，但是三个基本形体的投影轮廓都已被破坏，在三元匹配组中选择一个合适的轮廓环进行修复，得到修复后的正确轮廓投影，如图 2－23(e)—(g)所示。旋转体的构建方法构建基本旋转体后进行相应的布尔操作得到图图 2－23(h)所示正确的三维形体[16-17]。

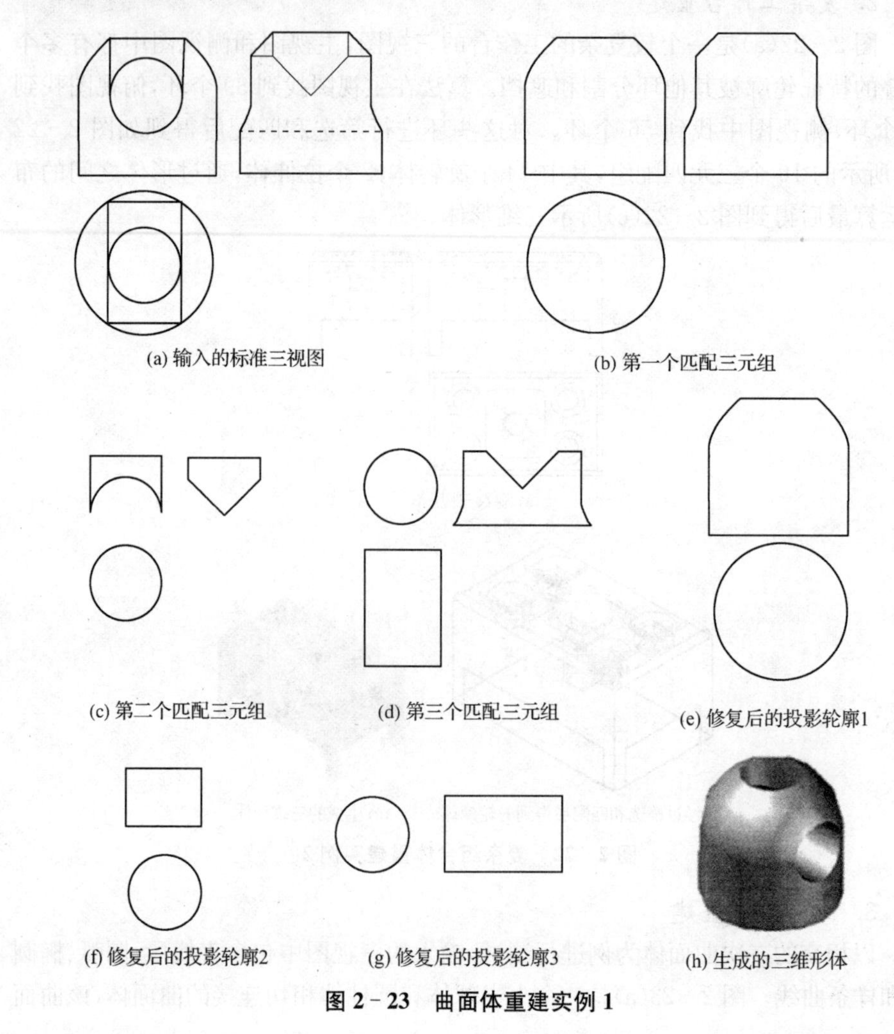

(a) 输入的标准三视图　(b) 第一个匹配三元组

(c) 第二个匹配三元组　(d) 第三个匹配三元组　(e) 修复后的投影轮廓1

(f) 修复后的投影轮廓2　(g) 修复后的投影轮廓3　(h) 生成的三维形体

图 2－23　曲面体重建实例 1

4. 曲面体 2 重建

图 2-24(a)是一个圆柱体与圆锥体相交的曲面相贯体标准三视图，在主视图和俯视图中两曲面相交线的投影均为高次曲线，在图中用样条曲线和圆弧曲线段经过拟合后得到的光滑曲线表达。应用第三章算法搜索和筛选后得到图 2-24(b)—(d)所示的三个投影匹配环组，可以看出，三个投影环组对应的基本形体的投影轮廓都已被破坏，特别是第二和第三个基本形体的投影轮廓，已经没有一个完整的部分。应用本章算法对轮廓环进行修复后得到如图 2-24(e)—(g)所示三个轮廓环，即两个圆柱和一个圆锥的投影。最后经过构建旋转体和应用相应的布尔操作得到图 2-24(h)所示三维形体。

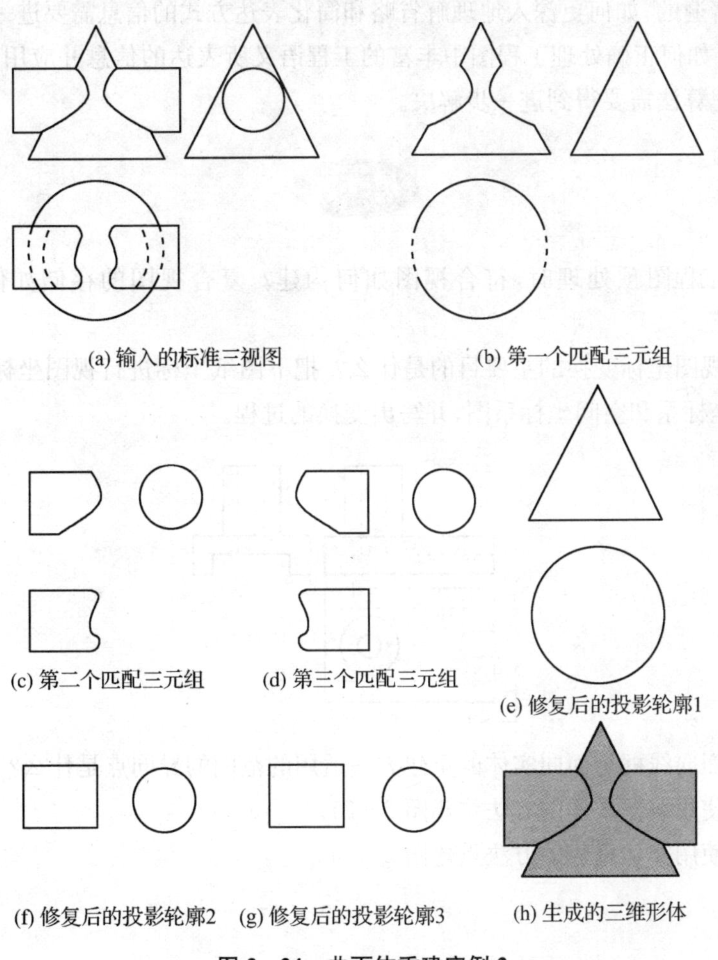

图 2-24　曲面体重建实例 2

基于工程图的三维重建技术经过近四十年的研究,已取得很多有价值的成果,但尚有许多具体的问题没有得到解决,导致这些研究成果目前仍停留在实验室阶段,没有成熟的三维重建形体的系统出现。为了逐步实现从工程图到三维形体重建的实用化,如下几个方面有待进一步研究:

(1) 算法的形体覆盖域需要进一步拓展,特别是机械零件中常见的倒角、圆角及光顺过渡部分,其曲面形式复杂,通常无法用解析形式表达,需要解决高次复杂曲面的重建问题;

(2) 已有算法一般要求二维视图具有几何完备性,不允许有省略和简化表达方式出现。然而,作为工程语言的一部分,工程视图中的省略和简化表达方式是非常普遍的,如何更深入地理解省略和简化表达方式的信息需要进一步研究;

(3) 如何正确处理工程图中丰富的工程语义所表达的信息并应用于已有的形体重建算法需要得到进一步解决。

思考题

1. 工程图预处理时,符合视图如何构建? 复合视图的存储如何变得更高效?

2. 视图坐标变换的主要目的是什么? 把下图纸坐标进行视图坐标变换,给出视图坐标系和空间坐标系图,并写出变换的过程。

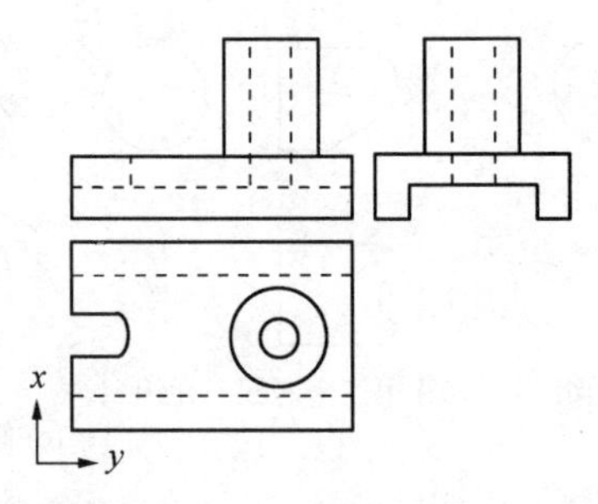

3. 面向线框与面向实体的重建方法适用的范围的异同点是什么?

4. 使用线框重建的方法重建图 2-21。

5. 使用实体重建的方法重建图 2-24。

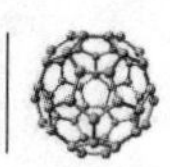

参考文献

[1] 龚洁晖,张慧.基于工程图的三维重建研究.软件学报.19(7),2008.07,pp:1794～1805.

[2] 傅自钢.基于工程图的三维形体重建方法研究.中南大学，2011.5.

[3] Aldefeld B. Semiautomatic Three - Dimensional Interpretation of Line Drawing. Computers and GraPhics，1984(8):371～380.

[4] 李雪,高满屯,赵军.由物体线框模型构建表面模型研究综述.图学学报,35(5),2014.10.pp:663～668.

[5] 关振群,宋超,顾元宪等.有限元网格生成方法研究的新进展.计算机辅助设计与图形学学报,15(1),2003.01.pp:1～14.

[6] 左旭,卫原平,陈军,等.三维六面体有限元网格自动划分中的一种单元转换优化算法.计算力学学报,1999,16(3):343～348.

[7] Staten M L，Canann S A，Owen S J. BMSWEEP：Locating interior nodes during sweeping. In：Proceedings of the 7th International Meshing Roundtable，Dearborn，1998. 7～18.

[8] Schneiders R. A grid-based algorithm for the generation of hexahedral element meshes. Engineering With Computers，1996，12(34)：168～177.

[9] Loic M. A new approach to octree-based hexahedral meshing. In：Proceedings of the 10th International Meshing Roundtable，Newport Beach，2001. 209～221.

[10] Muller Hannemann M. Quadrilateral surface meshes without self-intersecting dual cycles for hexahedral mesh generation. Computational Geometry，2002，22(1/3)：75～97.

[11] Tam T. K. H，Armstrong C. G. Finite element mesh control by integer preprogramming. International Journal for Numerical Methods in Engineering，1993，36(15)：2581～2605.

[12] 方林聪.CAD曲线曲面的插值与重建研究.浙江大学,2009.12.

[13] 陈金锐.点云数据三维重建.武汉理工大学,2011.5.

[14] BLINNJF. A generalization of algebraie surfaee drawing. ACM Transaetions on GraPhies，1982，l：235～256.

[15] 邹北骥,傅自钢.从正交三视图重建复杂组合体.计算机辅助设计与图形学报,22(6),2010:984～989.

[16] 刘建萍，叶邦彦，徐兰英. 基于机器理解的机械工程图三维重建. 机械与电子，2006：9～12.

[17] 包小红，马莎，黄树槐. 多面体类零件三维模型自动生成的研究. 华中理工大学学报.

第3章 断层成像技术

断层成像技术通常是基于某种物理量(比如X射线、激光等),在穿透被测物体时,通过测量物体的反射能量或者吸收能量,获得物体内部结构信息的一种成像技术。这些反映物体内部结构信息的图像通常以一个截面的方式呈现,人们赋予其断层成像的意义。在此基础上可以很方便的构建包含物体内部结构信息的三维模型,这一技术区别于传统的面扫描成像技术,因此这里我们单独作为一章进行讨论。按照断层成像的过程可以分为合成断层成像和逐点扫描断层成像两类;按照断层成像模式可以分为X射线断层成像、超声断层成像和光学断层成像等。

3.1 断层成像过程分类

断层成像根据成像的过程,可以分为基于计算机的穿透合成断层技术以及基于逐点扫描的反射断层成像技术。

3.1.1 合成断层成像

基于计算机的穿透合成断层技术是在不破坏物体结构的前提下,利用被测物体对某种物理量(一般是X射线、超声等)的吸收与透过率的不同特性,应用灵敏度极高的仪器对被测物体进行测量,获取投影数据,然后运用一定的数学方法,结合计算机重建该被测物体特定层面上的二维图像,以及根据一系列的该二维图像重建三维投影的技术[1]。该技术涉及物理、数学、机械、计算机等多门学科,是一门综合性的科学技术。其需要借助计算机进行大量计算,因而常称之为计算机断层成像[Computerized Tomography,其中tomography一词来源于希腊语的tomos(切、割的意思)和graphein(写的意思)],英文简称CT。

3.1.1.1 合成断层像历史

自20世纪70年代初第一台电子计算机断层扫描装置问世以来，该成像技术发展异常迅速，设备不断更新。以医学成像为例，从第一台医用CT诞生至今，市面上已经出现了五代医用CT，其更新换代的核心集中在提高扫描速度上，其中扫描速度的提高主要是通过使用不同扫描方式或者不同扫描及其相应改进实现的[2]。

1. 第一代CT机

第一代CT机使用笔形X光束，在每个视野角度只能获得单个采样值，采用步进—旋转的扫描方式覆盖整个切片，这种方式扫描速度很慢，典型的扫描时间高达24小时，其简易模型如图3-1(a)所示。

2. 第二代CT机

第二代CT机将笔形光束改进为可以覆盖更大面积的扇形光束，然而这种扇束张角较小，不能完全覆盖整个切片，所以第二代CT机仍然采用与第一代CT机相同的步进—旋转的扫描轨迹覆盖整个切片，如图3-1(b)所示。尽管如此，这代CT扫描机的扫描时间已经有了巨大的进步，进行一次完整扫描时间减少到300秒。

3. 第三代CT机

为了使扫描速度更快，第三代CT机将扇束张角增大到可以覆盖整个切片，这使得扫描时可以只旋转而不需要进行平移操作，这极大的提高了CT扫描机的扫描速度，这代CT扫描机进行一次扫描需要的典型时间是5秒，如图3-1(c)所示。在这代扫描机中，X射线光源与探测器同步旋转。由于当时广泛应用的数据传输方式是有线传输，这就使得如何设计探测器和主机的连接电缆成为一个难题。

4. 第四代CT机

为了克服这个困难，第四代CT机将探测器排列在整个旋转框架上，在扫描时只有X射线球管旋转，如图3-1(d)所示。与第三代CT机类似，这一代CT机一次完整扫描的时间可以达到5秒以下。

通常，前四代CT机只能进行切片扫描，或者感兴趣区的一层图像，因而在需要扫描整个感兴趣区的场合必须进行多次单层扫描，这必然导致耗费大量的时间。螺旋CT的出现使得在一个屏气周期内完成对整个感兴趣区的扫描成为可能，并成为第五代医用CT。这种扫描方式下，被扫描物体沿轴做平移运动，X射线球管围绕轴旋转。这样，相对于被扫描物体，X射线光源的运动轨迹就形成

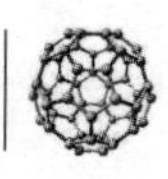

了一条螺旋曲线。螺旋 CT 机中使用滑环进行数据传输和电力传输，然而使用滑环存在的一个问题就是其设计特别复杂。

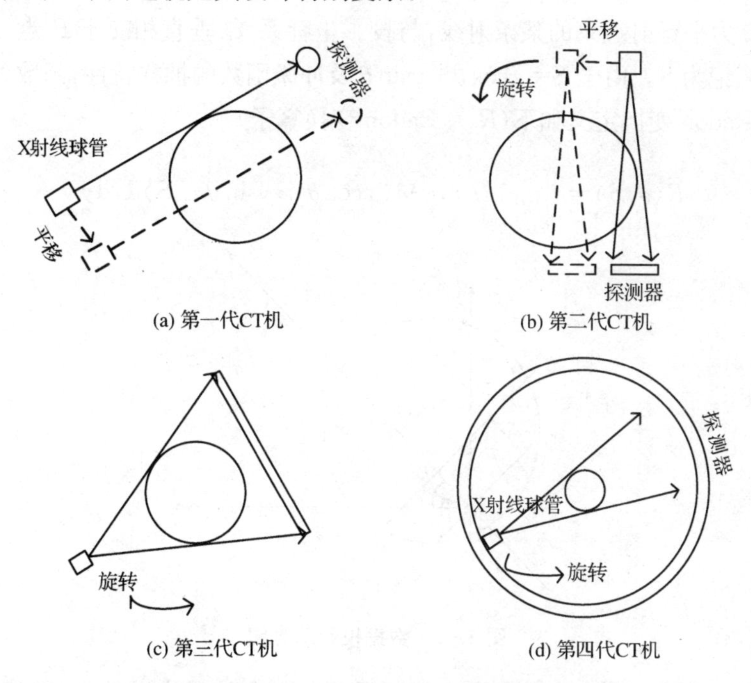

图 3－1　第一代到第四代 CT 机简易模型

断层成像技术发展迅速，新技术层出不穷，由初阶段的 X 射线断层成像发展到计算机断层成像（CT），随后其他模式的 CT 也相继问世。如单光子发射 CT（SPECT），正电子发射 CT（PET），核磁共振 CT（NMR－CT），超声 CT，电容式 CT（ECT），电阻抗式 CT（EIT），微波 CT 等。这些方法是对 X 射线成像中由于物理极限等因素不能直接使用场合的补充。虽然，除 X 射线外还可借助其他射线、微波、超声波等各种断层成像，但其成像、检测原理是相似的，且 X 射线断层成像应用最为广泛。因此，本书对 X 射线断层成像进行详细说明，这并不失一般性。

3.1.1.2　合成断层成像原理

1. Radon 变换

1917 年，Radon 发表了《论如何根据某些流行上的积分以确定函数》的论文。文中指出，如果一函数在某一感兴趣区域内是有限的，在该兴趣区域外为零，若其任意穿过该区域的直线路径的线积分为已知，则该区域的函数值是唯一确定的，这个线积分集被称为 Radon 变换[3][4]。

利用二维衰减系数函数 $f(x,y)$ 来表示物体的一个薄断层面，图 3-2 为某一次数据采集时的投影面，x_r-y_r 为物体投影空间，相对于物体空间有角度 θ 的旋转。L 为平行射线束的某条射线，与投影坐标系 x_r 垂直相交于 P 点，P 与原点的距离记为 S。由于 $S=x\cos\theta+y\sin\theta$ 及冲激函数的抽样特性，函数 $R(S,\theta)$ 的二维 Radon 变换定义如下（R 为 Radon 变换算子）：

$$R(\theta,S)=\iint_{(R^2)} f(x,y)\delta(x\cos\theta+y\sin\theta-S)\,\mathrm{d}x\mathrm{d}y \tag{3-1}$$

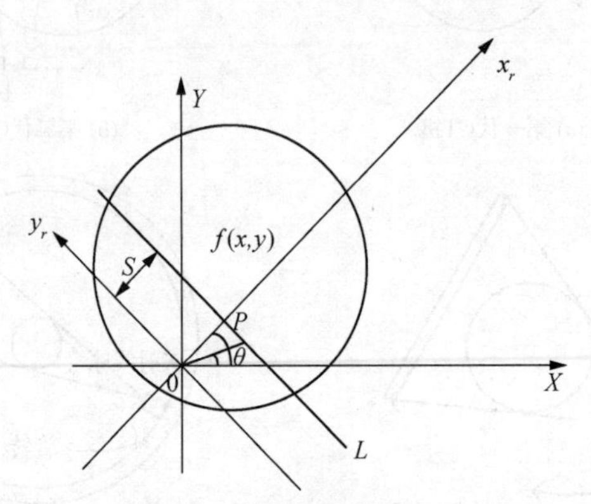

图 3-2　数据投影示意图

函数 $f(x,y)$ 的 Radon 变换是该射线路径上各体元衰减总和，其值可利用探测器获得。在平行束数据采集方式中，同方位上所有射线形成的衰减总和的集合构成了该方位上的投影，一个投影数据往往是由辐射源—探测器组合的旋转加平移运动后测得的。

2. Radon 变换的性质

若函数 $f(x,y)$ 进行各向同性的缩放、旋转和平移变换，其 Radon 变换函数发生对应的变换[5]。

(1) 对 $f(x,y)$ 进行各向同性的缩放，缩放因子为 k，即 $f(x,y)$ 变为 $f(kx,ky)$：

$$Rf(kx,ky)=\frac{1}{k}Rf(\theta,kS) \tag{3-2}$$

由傅里叶切片定理可知：

$$\int_{-\infty}^{\infty} R(\theta,S)e^{-j2\pi us}\,\mathrm{d}s=\int_{-\infty}^{\infty}\int_{-\infty}^{\infty} f(x,y)e^{-j2\pi w(x\cos\theta+y\sin\theta)}\,\mathrm{d}x\mathrm{d}y \tag{3-3}$$

由 Parseval 定理有：

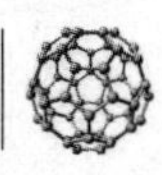

$$\int_0^{\pi}\int_{-\infty}^{\infty} \mid R(\theta,S) \mid \mathrm{d}s\mathrm{d}\theta = \int_{-\infty}^{\infty}\int_{-\infty}^{\infty} f(x,y)\mathrm{d}x\mathrm{d}y \tag{3-4}$$

故可得到：

$$\frac{1}{k^2} = \frac{\int_0^{\pi}\int_{-\infty}^{\infty} Rf(kx,ky)\mathrm{d}s\mathrm{d}\theta}{\int_0^{\pi}\int_{-\infty}^{\infty} Rf(x,y)\mathrm{d}s\mathrm{d}\theta} \tag{3-5}$$

(2) 考虑到 Radon 变换函数 $R(\theta,S)$对 θ 的积分，对 $f(x,y)$进行旋转，旋转角度为 φ，即 $f(x,y)$变为 $f(x\cos\varphi - y\sin\varphi, x\sin\varphi + y\cos\varphi)$则：

$$Rf(x\cos\varphi - y\sin\varphi, x\sin\varphi + y\cos\varphi) = Rf(\theta+\varphi,S) \tag{3-6}$$

对 $f(x,y)$进行平移，在 x 和 y 方向分别平移 Δx、Δy，即 $f(x-\Delta x, y-\Delta y)$则其相应的 Radon 变换为：

$$Rf(x-\Delta x, y-\Delta y) = Rf(\theta, S-\Delta x\cos\theta - \Delta y\sin\theta) \tag{3-7}$$

总之，Radon 变换及逆变换是 CT 技术的数学基础。由于同一断层上各点材料的密度不同，导致各点的线性衰减系数也不同，通过逆 Radon 变换后的这些差异均可在重建的图像上显示出来。

3. 图像重建

计算机断层成像是与一般辐射成像完全不同的成像方法。一般辐射成像是将三维物体投影到二维平面成像，各层面影像重叠，造成相互干扰，不仅图像模糊，而且损失了深度信息，不能满足分析评价要求。而 CT 是把被测体所检测断层孤立出来成像，避免了其余部分的干扰和影响，提高图像质量，能清晰、准确地展示所测部位内部的结构关系、物质组成及缺陷状况，检测效果是其他传统的无损检测方法所不及的[4][5]，如图 3 - 3 所示。

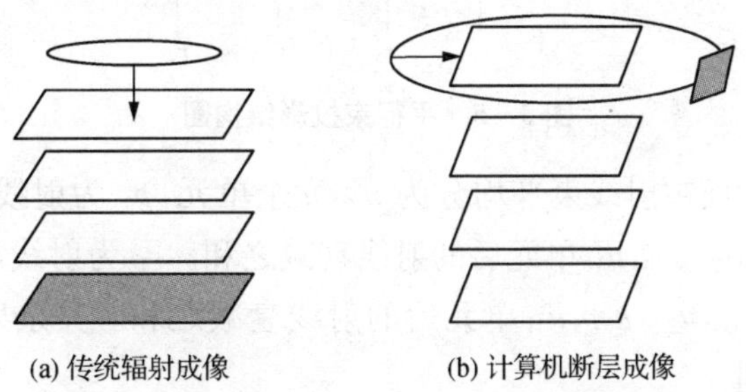

图 3 - 3　传统辐射成像与计算机断层成像的差别

Radon 在 1917 年提出 Radon 变换，解释了 CT 技术的物理过程，并于 1919 年论证了 Radon 逆变换，为 CT 图像重建奠定了数学理论基础。断层图像重建就是对实物断层的一系列投影数据进行反投影操作最终还原实物的二维或者三维图像的过程。其主要原理是基于 Radon 变换，通过对被测物进行多个角度成像合成最终得到 CT 影像。常采用该种成像过程的有 X－CT 技术、超声断层成像技术等。如图 3－4 所示，假设取一理想的放射源，在其对面放置一探测器，则每次探测器均获得一条投影数据，即二维平面的一个 Radon 变换。将放射源与探测器在检测平面以检测物为中心以旋转 φ 角度为步长，旋转至第 N 次，此时 $N\times\varphi=180°$，探测器获得个 N 投影数据。利用这 N 个投影数据进行 CT 图像的生成的过程即为合成断层成像。为了进一步对图像重建进行原理性说明，对其过程作如下简化。

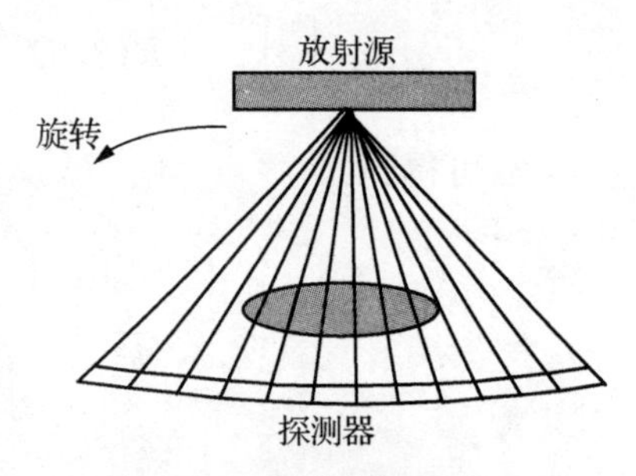

图 3－4　合成断层成像

假设一射线束由平行等距的四条射线组成，用该射线束对一实物进行断层扫描，得到的矩形断面如下图 3－5 所示，其中 u 表示实物断面的衰减系数分布。

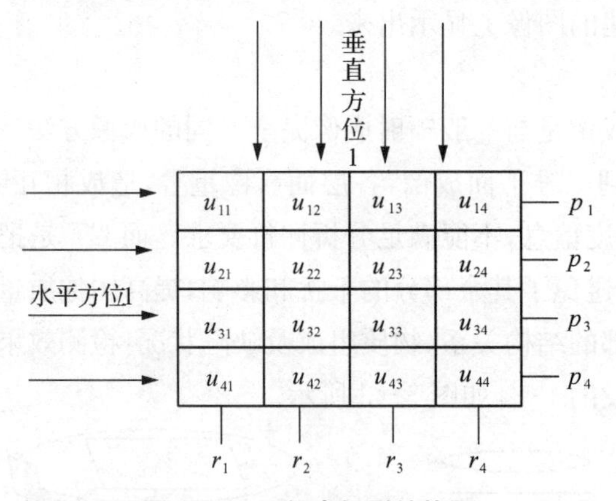

图 3－5　平行束投影结构图

此时，矩形断面被射线束平均分为 $n\times n$ 个单元，p_1 为射线从位置 1 射入，分别投射过 u_{11}，u_{12}，u_{13}，u_{14} 单元后的射线衰减之和。r_1 为射线从垂直位置 1 射入，分别投射过 u_{11}，u_{21}，u_{31}，u_{41} 单元后的射线衰减之和。其余射线路径情况与此类似，则可得到：

水平位置 1：

$$\begin{aligned} u_{11}+u_{12}+u_{13}+u_{14}&=p_1 \\ u_{21}+u_{22}+u_{23}+u_{24}&=p_2 \\ u_{31}+u_{32}+u_{33}+u_{34}&=p_3 \\ u_{41}+u_{42}+u_{43}+u_{44}&=p_4 \end{aligned} \tag{3-8}$$

垂直位置 1：

$$\begin{aligned} u_{11}+u_{21}+u_{31}+u_{41}&=r_1 \\ u_{12}+u_{22}+u_{32}+u_{42}&=r_2 \\ u_{13}+u_{23}+u_{33}+u_{43}&=r_3 \\ u_{14}+u_{24}+u_{34}+u_{44}&=r_4 \end{aligned} \tag{3-9}$$

在以上方程组中，射线衰减系数 u 均为待求量，$p_1 \sim p_4$，$r_1 \sim r_4$ 的值可利用探测器获得。另找两位置进行矩形断面扫描，则共可得到 8＋8＝16 个独立方程，在数学上可解出 16 个射线衰减系数 u 的值，以灰度值线性表示 u 值，即可显示出关于 u 值的二维分布图，CT 图像重建完成。CT 图像的空间分辨率与分割的单元大小有关，射线截面越小，被分割的单元越精细，空间分辨率越高，对细节的展示越清晰。常见的图像重建算法有迭代重建法、频域变换重建法、滤波反投影等。

3.1.2　逐点扫描断层成像

逐点扫描断层成像是通过扫描系统对被测物表面进行点深度信息的获取，该点集信息数据量庞大，常称为点云数据，再将点云数据信息合成 CT 图像的过程。它通常利用扫描得到检测物的纵切面、横切面来得到其三维结构信息。光学相干层析图像合成技术利用就是该种成像过程，我们将在第 3.2.4 节对其进行详细介绍。

3.2　断层成像模式

3.2.1　X 射线断层成像

1. X 射线衰减

X 射线检测是基于 X 射线在穿透物体的过程中，不同特性的物质对其具有不同的吸收、散射、射束硬化等特性，导致透射后射出的 X 射线的强度发生变化，研究表明这种变化表征了被检测物体内部结构。X 射线束通过物体时，光子将与物质的基本粒子发生光电效应、康普顿效应、电子对效应、瑞利散射等相互作用，导致 X 射线在穿透物体过程中强度发生衰减。实际上，射线检测得到的断层投影数据反映的是物体对 X 射线衰减能力的分布[6]。

对于单色平行的 X 射线射束，假设被物质是均匀的，由物理研究得知其强度衰减规律满足比尔定律：

$$I = I_0 e^{-\int_L u(x,y)\mathrm{d}l} \tag{3-10}$$

其中 I_0 为入射 x 射线强度；I 为出射射线强度；$u(x,y)$为物体的线衰减系数，表示光子在物质其内部穿行单位距离时，与内部粒子平均发生相互作用的可能性，单位常为 cm^{-1}；L 为射线透射物体的路径。由式(3-10)可知，如果被测物体是均匀的，则射线透过物体过程中的能量变化只与被检测物体的几何厚度有关。

当物体内部具有空隙或其它成分的材料时，射线穿过该区域后的能量变化存在差异，最终出射的 X 射线强度不同。由式(3-10)得：

$$In\left(\frac{I_0}{I}\right) = \int_L u(x,y)\mathrm{d}l \tag{3-11}$$

使 X 射线从多个位置穿过被检测物体，由入射射线强度 I_0 和探测器接受到的射出射线强度，结合式(3-11)可对对应的射线透射路径上的作线积分，从而可以得到一个线积分的集合。实际情况下，由于射线本身分布的不均匀性和散射等特性影响以及硬件系统的影响，通过断层成像得到的物体对射线衰减能力的分布，存在原理性误差。物质对射线的衰减能力与物质的密度直接相关，故被检测物对射线的衰减能力的分布可以用来表征被检测物密度的空间分布，据此得到的 CT 图像能够显示出被检测物体的材料成分和内部的空间结构关系，从而可以采用一定的测量手段对物体内部的几何机构进行测量。

2. 传统的 X 射线成像

1895 年，德国科学家 Wilhelm Conrad Röntgen 在试验阴极射线管时发现了一种能够穿透物质的未知射线，伦琴将其命名为“X 射线”。而伦琴夫人的手骨 X 射线造影也开创了用 X 射线进行医学诊断的放射学——X 射线造影术，如图 3-6 所示，同时也开创了工程技术与医学相结合的新纪元[7]。

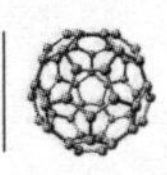

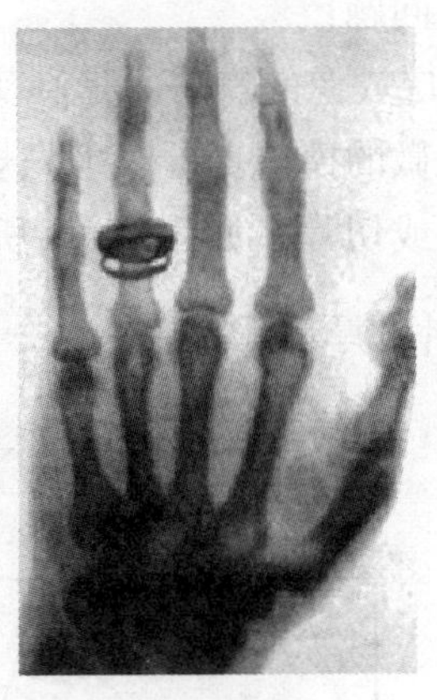

图 3-6　伦琴以及首张 X 射线造影[7]

传统断层成像技术主要是射线穿透人体断层面后在胶片上的投影。Bocage 发明的断层成像设备主要有 X 射线管、X 射线胶片以及确保管子和胶片同步运动的机械连接机构等部件组成。如图 3-7 所示，X 射线管自左向右运动，胶片则自右向左运动，调节好两者的运动速度就可使：选定焦平面上的 A 和 B 在胶片上的成像位置 A' 和 B' 保持不变，即焦平面成像不受周围位置点的干扰；而不在焦平面上的点 a,b 的成像点 a',b' 位置则会不断的移动，导致非焦平面会发生影像重叠。该种方法即为传统断层成像技术[8]。

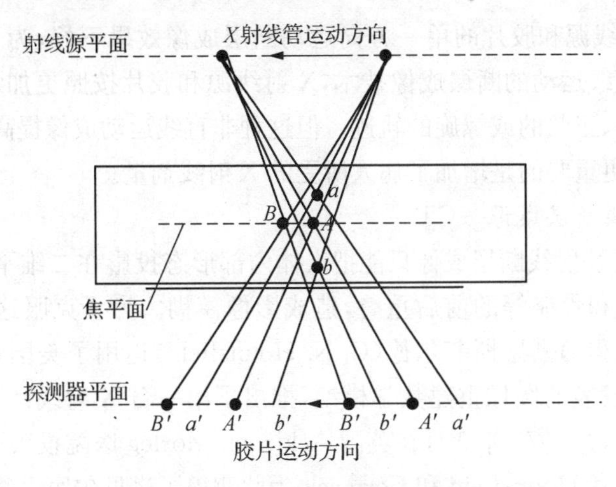

图 3-7　传统断层成像原理图

传统断层成像虽然在生成目标平面的图像方面取得了某种成功，但其仍存在以下两个主要问题：

(1) 传统断层成像的焦平面是真实的平面，得到的断层图像在靠近焦平面边缘区域存在轻微的模糊。可以事先规定一模糊量，将模糊量小于规定值的区域定义为焦平面或切片。如图 3－8 所示，切片的厚度由射线束的扫描角度决定。事实上，切片的厚度反比于 $\tan\frac{\alpha}{2}$，只有 α 足够大时，切片厚度才会足够薄。

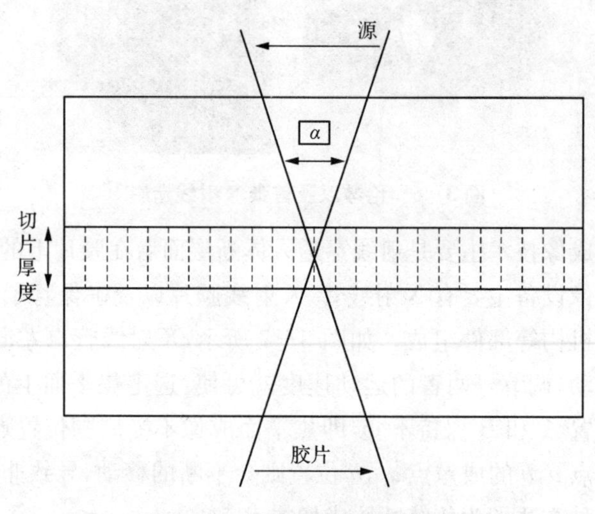

图 3－8　切片厚度与扫描角度

(2) X 射线源和胶片的单一方向运动断层成像效果不好，为了弥补这点出现了各种非直线运动的断层成像技术，X 射线源和胶片按照更加复杂的模式运动包括圆周的、正弦的或螺旋的轨迹。但这种非直线运动成像提高了成本，增加了成像时间，更重要的是增加了病人所受的 X 射线剂量。

3. X 射线断层成像—CT

由于传统 X 射线断层成像只能把人体内部形态投影在二维平面上，因此会引起成像器官和骨骼等的前后重叠，造成影像模糊。为了克服这一缺点，英国 ENI 公司的工程师豪恩斯菲尔德(G. N. Hounsfield)运用了美国物理学家科马克于 1963 年发表的图像重建数学模型，推出了第一台 X 射线计算机断层图像重建技术装置，并 1977 年 9 月在英国 Ackinson Morleg 医院投入运行。1979 年该技术的发明者 Hounsfield 和 Cormack 为此获得了诺贝尔医学奖。

与传统的 X 射线检测技术相比，CT 图像能很好的解决高密度物质中存在的遮挡问题，它的出现在医学领域具有划时代的意义。1971 年，第一台真正的

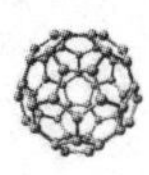

医用CT机成功地为一名妇女诊断出了脑部囊肿[7]，如下图3-9，这台CT的成像矩阵为80×80，分辨率为3mm/pixel。

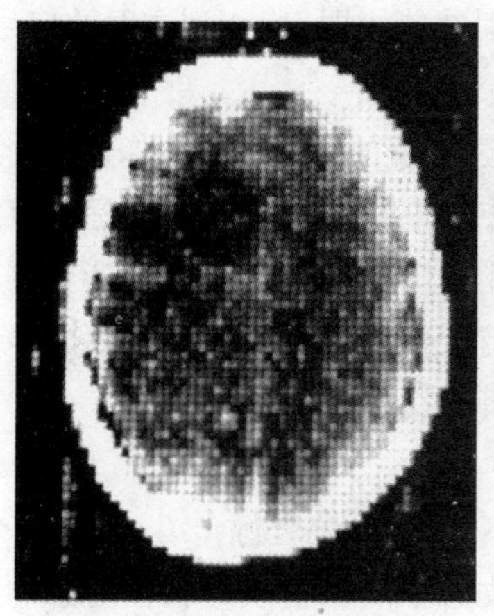
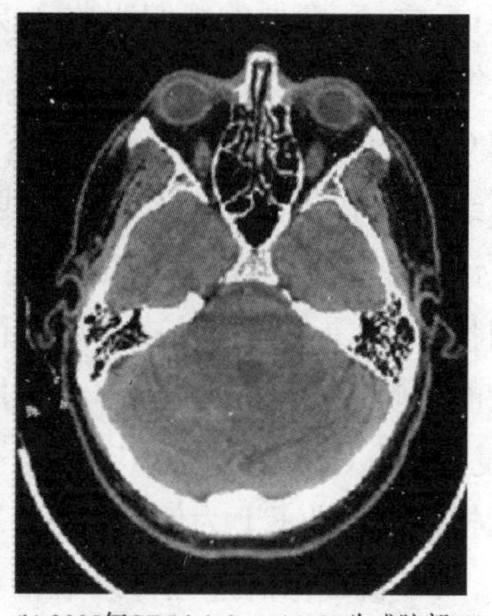
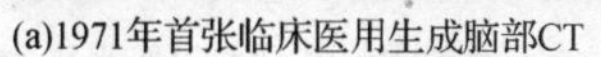

(a)1971年首张临床医用生成脑部CT　(b) 2005年GE LightSpeed VCT生成脑部CT

图3-9　脑部CT图像[7]

X射线断层成像的出现是X射线成像技术的一个重大突破。经过多代的发展，CT已获得广泛的应用。在医学上，目前已可用来诊断脊柱和头部损伤，颅内肿病，脑中血凝块，及肌体软组织损伤，胃肠疾病，腰部和骨盆恶性病变等等。它是利用检测器测定X射线对人体透射后的放射量，将其经过放大且转化成电子流得到模拟信号，通过模电转换器转换成数字信号输送至计算机，结合相关的图像处理技术重建为图像，如图3-10所示。CT可以很好的解决常规射线

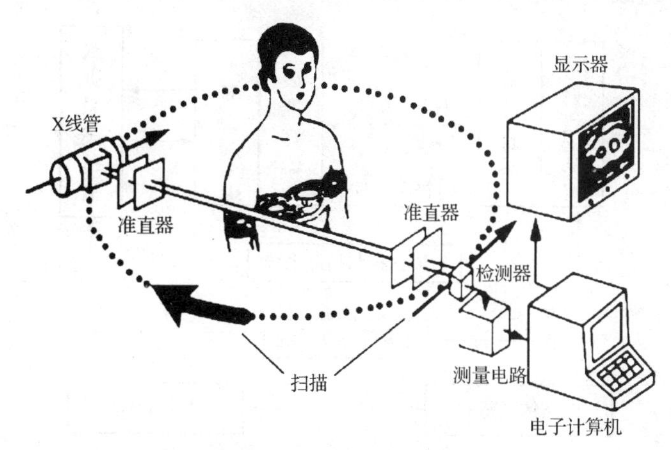

图3-10　医用CT系统

检测中遇到的组织影像重叠问题:检测器接收的信号强弱取决于人体横断面组织的密度,密度高的组织对 X 射线的吸收能力强,此时检测器收到的信号弱,例如骨骼等;反之,密度低的组织吸收 X 射线能力弱,检测到透射的信号就强,如脂肪等组织。

医用 CT 大多数采用的是解析类重建方程的方法实现图像重建。主要是逐一对目标细节中单位体素进行重建射线衰减系数,以此得到目标细节的射线衰减分布。该重建过程比较容易实现,但由于图像重建过程中,投影数据在传输中处于空闲状态,且重建每个体素都要进行大量无序的内存寻址操作,该重建算法需要大量的软硬件支持,扫描成本大,时间长。

4. 现代 X-CT 系统组成

以无损检测工业 CT 为例,对现代 X-CT 系统进行介绍,以下 X-CT 机简称 CT 机。CT 机成像的过程可以概括如下:利用射线对扫描对象的某一特定部分某一厚度的层面进行扫描处理,穿过该物体的射线被探测器所接收;通过内部变化转化为可见光信号,再由光电转换器转换为电信号,通过数字信号采用器将模拟电信号采样转化为数字信号;利用计算机处理得到的数字信号处理过程将特定位置的层面,细分为若干个体积相同的大小相同的单元,经扫描后的数字信号描述成对应的数字矩阵;计算机可以直接对数字矩阵进行处理,经数字模拟转换运算,把数字矩阵转换为实际的图像最小单位,并按顺序就行排列,便可以形成 CT 图像。CT 系统由射线源、探测器系统、数据采集系统、机械扫描系统、控制系统等组成[9],如图 3-11 所示。

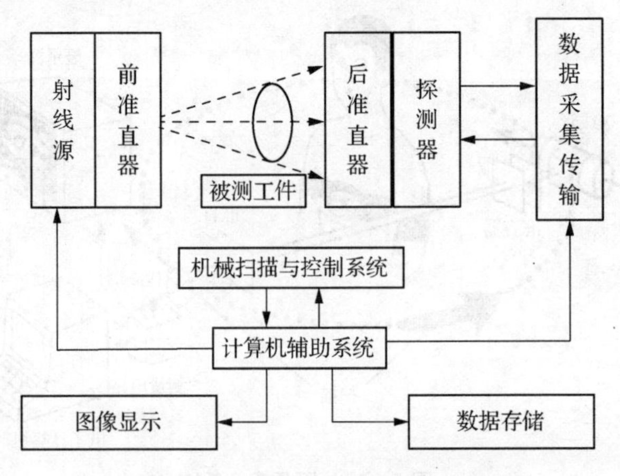

图 3-11 工业 CT 系统结构框图

各个组成结构的主要功能说明如下：

(a) 放射源系统

放射源系统主要由放射源与前准直器组成。其中，放射源主要性能为射线能量、射线强度、输出稳定性等，工业 CT 系统所用的射线源包括 X 射线机、直线加速器、放射性 γ 同位素。X 射线源强度大，可以在短时间内获得高质量的 CT 图像，但由于射线硬化效应易引起伪像；直线加速器焦点大（约为 2 mm），射线强度不够稳定，得到的 CT 图像空间分辨率较 X 射线机差一个线对；放射性 γ 同位素产生的高能射线利于图像的重建，但 CT 扫描时间长。理想的射线源为单一能量下发射高强度的射线光子束，且以极小的聚焦点发射，能量大小保证穿透被检测物，输出稳定。前准直器主要将射线在射出前先预处理为所需要薄片状的射线束，开口高度由断层扫描厚度决定。

(b) 探测系统

探测系统由探测器和后准直器组成。其中，射线源的能量和探测器线性动态范围决定业 CT 系统的穿透能力。探测器主要分为分立探测器和面探测器。分立探测器是较为传统的线性排列的探测器阵列，阵列中各个探测器有明显的独立性，每个探测单元都带有独立的射线转换功能，且多半带有专属的准直器和前端电路；而面探测器各探测单元的射线转换不独立。目前常用的工业 CT 探测器有三种，分别是闪烁体光电倍增管探测器、闪烁体光电二极管探测器和气体电离探测器。

后准直器位于被检测物和探测器之间，且紧靠探测器，作用是将透射后的射线束分割为极细的射线束，并与前准直器配合屏蔽散射的射线。

(c) 数据采集系统

数据采集器就是通过 A/D 转换器将探测器传输过来的电信号转换为二进制数字信号，再将数字信号传送给计算机进行图像重建。

(d) 机械扫描系统

机械扫描系统实际上是一个位置数据采集器，为被检测物多方位测量投影数据的获取提供了便利。CT 扫描数据采集方法已经发展到第 5 代了，常用的两种扫描方式为平移加旋转式（TR），只旋转式（RO）。TR 利用较少的探测器就可以完成对局部目标的精细扫描，成本小；RO 检测一个断面的用时短，但 CT 图像的质量不高，且对于通道间死角扫描有障碍。

(e) 计算机辅助系统

该系统主要完成对机械扫描的控制操作、采集数据的存储以及 CT 图像的重建、显示等工作。由于图像重建过程中运算操作量巨大,为此对计算机的要求为运算速度快、内存容量大。

3.2.2 CT 实际用例

CT 技术应用十分广泛,X 射线断层成像主要用于医学诊断和工业无损检测。医学 CT 和工业 CT 在基本原理和功能组成上是相同的,但因检测对象不同,技术指标及系统结构就有较大差别。前者检测对象是人体,单一而确定,性能指标及设备结构较规范,适于批量生产。工业 CT 检测对象是工业产品,形状、组成、尺寸及重量等千差万别,而且测量要求不一,由此带来技术上的复杂性及结构的多样化,专用性较强。

1. 医用 CT 及应用实例

(1) CT 血管成像

多层螺旋 CT 扫描覆盖范围宽,能显示颅内到颈部、心脏主动脉、直到下肢大部分血管走向,可了解有无血管畸形、狭窄、侧支循环等,甚至可以判断肿瘤或炎变对血管的侵蚀、推移等多种改变,对手术与治疗帮助将不可估量。多层螺旋 CT 扫描速度快,时间分辨率高,血管成像操作简单、方便、安全、无创伤性,可部分或基本取代传统的血管造影,是目前无创伤性血管成像的又一主要手段。血管造影智能跟踪技术,能使注入血管中的造影剂在达到目的脏器(如脑、肾脏、肝脏)区域后与预先设定的阈值相等时启动扫描,从而获得最佳动脉期、静脉期与平衡期图像。能对动脉瘤、动静脉畸形、脑血管狭窄等多种脑血管患者进行多层螺旋 CT 血管造影检查,并应用后处理工作站进行脑血管三维重建,以立体图像显示出病变解剖关系,获得准确清晰图像。CT 血管造影三维重建可全方位显示脑血管,具有微创、安全、可靠、费用低廉等特点,适合于手术计划制定、术前定位及随访,对脑血管疾病手术有重要指导意义[10]。以下图 3-12 为多层螺旋 CT 血管成像[11]为例:MPR、CPR、VR 均清晰直观立体显示 AIH 及穿透性溃疡的部位、范围,以及主动脉管腔的内径和管壁的厚度,对其并发症如心包和胸腔积液也准确显示。

图 3-12A~E 为同一病例多层螺旋 CT 扫描结果[11]。A:轴位平扫示升主动脉壁呈半月形或环形增厚为 14 mm,呈高密度;B:平扫 MPR 显示 AIH 的部

位和累及范围;C:增强 MPR 显示血肿无明显强化,且清晰显示穿透性溃疡影像;D:增强 CPR 可直观全程显示血肿、穿透性溃疡及管壁详细情况及周围心包积液;E:VR 像清楚立体显示穿透性溃疡及管壁详细情况。

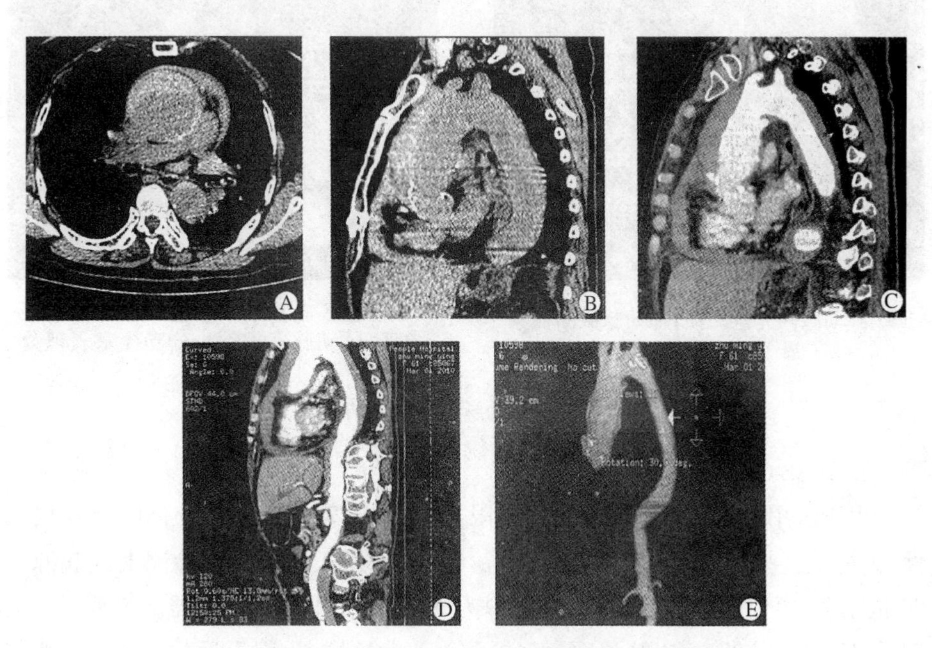

图 3-12　多层螺旋 CT 血管成像

(2) 在肺动脉栓塞方面的应用

肺动脉栓塞为主要来自下肢深静脉的血栓阻塞肺动脉及其分支所致疾病,以肺循环和呼吸功能障碍为主要特征的综合征。64 排螺旋 CT 肺血管造影对于肺栓塞表现和严重性判断具有重要的临床研究价值[12]。使用 64 排螺旋 CT 对可疑肺动脉栓塞患者进行增强造影检查,下图 3-13 显示肺动脉存在血栓,血管内有低密度充盈缺损,部分包围在不透光的血液之内多层螺旋。CT 血管造影能可靠地检出 2-4 级肺动脉的栓子,即使在单层螺旋 CT 利用 5 mm 层厚,CTA 对大块的 APE 诊断敏感性和特异性也达到 100%。CT 阻塞指数可以定量血管阻塞程度,肺动脉阻塞超过 40%说明临床肺动脉阻塞严重,能用来对急性肺栓塞的严重性进行分级,为检测病人治疗提供了一个客观的评估方法。

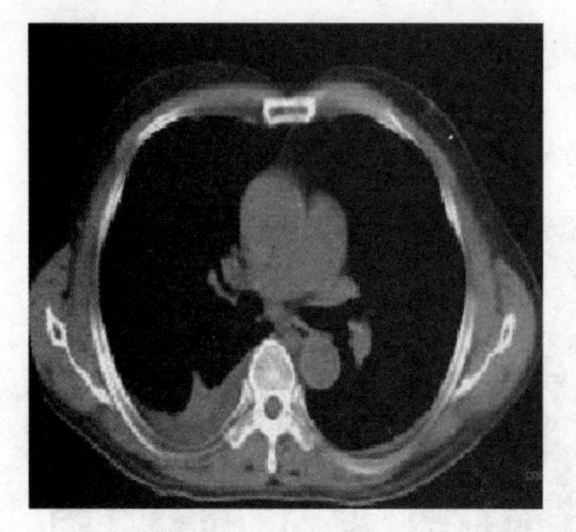

(a) 肺动脉内充盈缺损,肺动脉截断征象

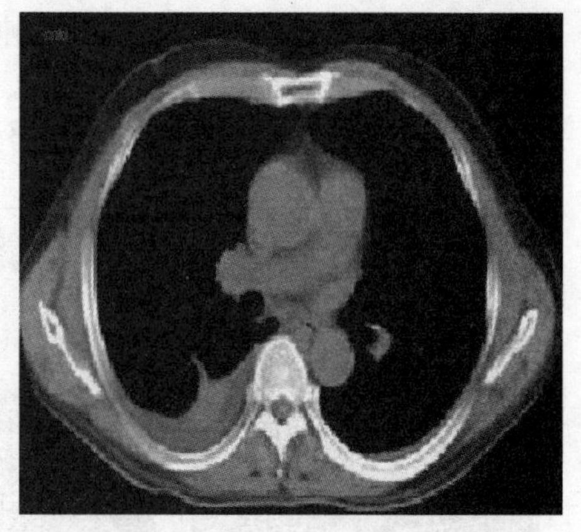

(b)栓塞区血管减少或呈无血管截断征象区,脉动脉多发性小分支栓塞表现为“剪支征”

图 3-13 肺动脉栓塞检测结果[12]

2. 工业 CT 及应用实例

由于医用 CT 射线源穿透能力有限,在检测高密度大体积物体时存在局限性,为解决这些问题,工业 CT 出现了。CT 技术用于工业无损检测大致起源于 20 世纪 70 年代中后期,常用的放射源为 X 射线机和直线加速器。工业 CT 兴起后,广泛应用在航空、航天、军工、国防等产业领域,为航天运载火箭及飞船与太空飞行器的成功发射、航空发动机的研制等提供了的重要技术手段。

工业 CT 优于常规的射线检测技术在以下方面[13]:

- 断层扫描图像可以清晰、准确的展示被检测物的目标细节,且不受遮挡影响;
- 具有突出的密度分辨能力,比常规的 CT 图像高一个数量级,可对目标细节深度定位和定量;
- 数字化图像便于存储、传输、分析和处理。

基于以上技术特点,工业 CT 在无损检测领域有着独特的优越性,广泛应用于复杂构件的缺陷检测、复杂构件内部尺寸的测量及关键结构的分析、构件密度分布表征等方面。

(1) 复杂构件的缺陷检测

在工业 CT 实际检测中,工业 CT 成像的尺寸测量精度比图像的分辨率高,如空间分辨率为 3.0 mm 工业 CT 设备,其尺寸测量精度可达 0.7 mm～0.8 mm

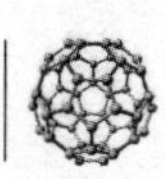

或更高。此外，计算机射线层析成像技术测厚时定位准确，特别适应于内壁或变截面壁厚的测量。在实际 CT 图像上，对于直径 1000 mm 左右的固体火箭发动机，缺陷特征的长度测量精度和平面位置定位精度均优于 0.5 mm，其对推进剂中气孔的检出限制在 ϕ3 mm 左右。图 3-14 是某型号工业 CT 检测全尺寸标样发动机某个断层的工业 CT 检测图像，人为设置的气孔、裂纹试件以及密度分辨率试件和空间分辨率试件。通过工业 CT 检测，确定检测设备对该发动机的缺陷检测灵敏度，验证工业 CT 设备的实际检测能力[14]。

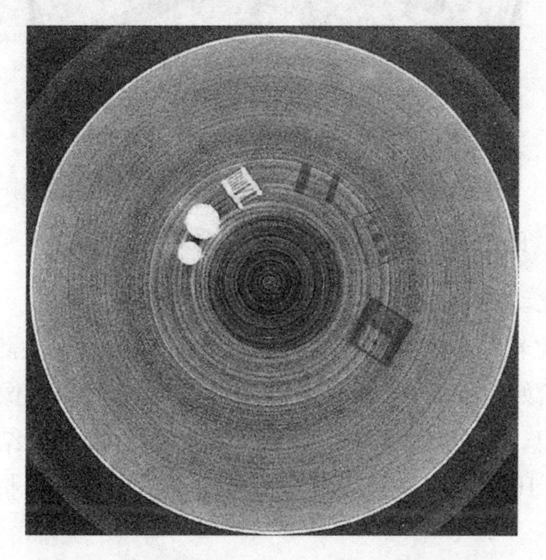

图 3-14 某型号发动机工业 CT 检测图像[14]

图 3-15 是推进剂中气孔的工业 CT 检测图像，工业 CT 检测的缺陷尺寸及其空间位置与挖药解剖的实际情况完全一致，缺陷尺寸测量与空间定位的高灵敏度、高准确度为固体火箭发动机缺陷整修和使用决策提供了科学可靠的依据[14]。

图 3-15　推进剂中气孔的工业 CT 检测图像[14]

(2) 某飞机发动机叶片壁面尺寸误差测量

飞机的构件比较精细，内部构造比较复杂，常规的射线检测满足不了测量的需求。工业 CT 恰好可以解决这一问题，由其得到的三维图像包含构件内部的实际三维空间信息，通过这些三维信息能得到构件内部具体结构形状及尺寸大小等信息。图 3-16 为对某飞机发动机叶片壁面的工业 CT 扫描图像的深度信息提取。

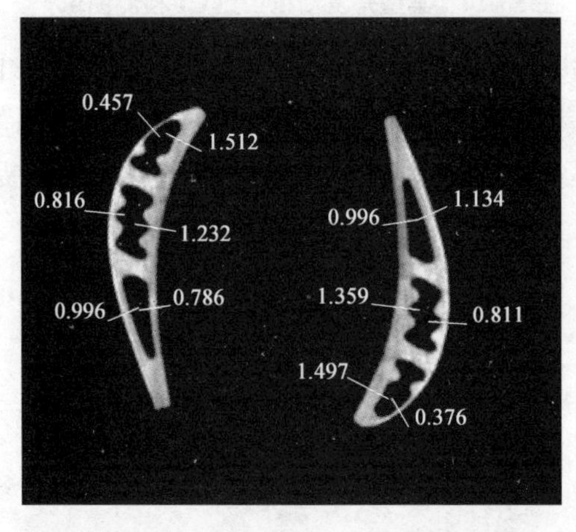

图 3-16　某飞机发动机叶片壁面断层图像[15]

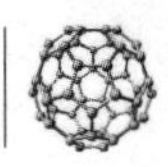

(3) 对弹药密度分布表征检测

先进弹药在安全投放使用前不仅需要对弹底间隙、装药裂纹、缩孔等进行无损检测,还需要对装药密度进行定量测定。传统的射线检测难以实现对弹药密度的检测,而工业 CT 图像提供的密度信息恰好可用于物质密度的测定。图 3-17为是某水雷战斗部 PBX 装药内部质量的工业 CT 切片,图中白色细环密度较大,是金属壳体;浅灰色部分为 PBX 炸药。从图中可以看出装药内部无气孔、缩孔、疏松等缺陷,密度均匀,装填质量较高[16]。

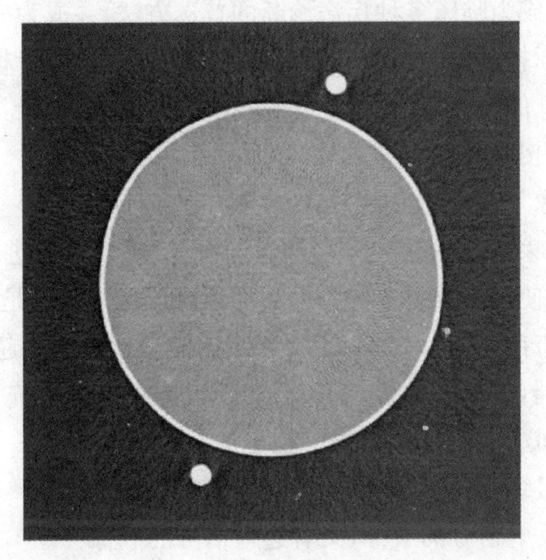

图 3-17　某水雷战斗部 PBX 装药内部质量的工业 CT 切片[16]

由于工业 CT 的检测不受被检测物构件种类、形状结构等因素的限制,且其成像准确直观、分辨率高,尤其在检查复杂的构件方面显示了特有的优势,故其受到广泛的推广。但其也存在以下问题有待解决[17]:

- 工业 CT 检测成本高、效率低;
- 工业 CT 系统是根据构件的体积、内部结构等特性设计的,故针对性强,检测对象比较专一;
- 对目标细节的分辨率与构件的尺寸有关,构件尺寸小时分辨率大,构件尺寸大时分辨率小;
- 对构件装置配件和内部构件精密的检测。

3.2.3 超声断层成像

超声断层成像(Ultrasound Tomography Imaging)是基于超声能量和物体的相互作用,利用换能器获取被测对象的内部结构图像。该技术建立于20世纪50年代,并在70年代得到广泛的运用,80年代介入性超声逐渐普及,体腔探头和术中探头的应用扩大了诊断范围,也提高了诊断水平,90年代的血管内超声、三维成像、新型声学造影剂的应用使超声诊断又上了一个新台阶。其发展速度令人惊叹,目前已成为临床多种疾病诊断的首选方法,并成为一种非常重要的多种参数的系列诊断技术。与传统的B超相比,超声图像具有非侵入式、无辐射、实时性好和成本低的特点,最初用于乳腺癌早期诊断。

1. *超声断层图像成像原理*

超声断层成像与普通的B超成像不同。首先,B超成像一般采用的是线阵或者凸阵,发射一束聚焦的超声波,并对接收到的反射信号进行处理,从而得到图像,所以B超仅使用了反射成像。而超声断层成像采用的是环阵,超声换能器等间距地均匀分布在环阵上,在断层成像的扫描过程中这些超声换能器中的一个充当发射换能器,发射柱面波或者球面波,其余的换能器充当接收换能器,负责接收在扫描期间产生的超声数据。超声波在传播过程中一部分被反射回去,另一部分则穿过组织,到达另一侧的换能器阵列上,所以与B超成像相比,超声断层成像中既有反射信号的成像,又有透射信号的成像[18]。

与超声断层成像相类似的X射线CT的重建,也需要一组环形的探测器阵列,或者完成环形的扫描过程。CT通过发射多组平行的或者扇形的X射线来对待探测的组织进行扫描,并通过滤波反投影等算法对采集到的数据进行处理,完成整个重建过程。但是,超声断层成像与X射线CT又不完全相同,首先,超声波在组织中的传播路径并不总是直线,在不同的组织交接面会发生较强的反射、折射和衍射等现象,这几种现象在X射线的传播中非常微小,几乎可以忽略,而在超声断层成像中则可以用来进行重建,特别是反射现象,利用超声波在不同组织分界面上的强反射特性完全可以用来重建组织图像。由于超声断层成像既可以进行透射重建,也可以进行反射重建,对于接收换能器来说,如果距离发射换能器较近,则接收到的信号主要为超声波反射信号;距离较远,则主要接收的是透射信号。在透射成像中,超声断层成像不仅可以与CT类似利用衰减进行重建,也可以利用渡越时间进行重建。

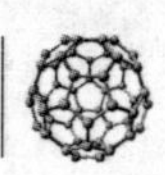

需要一提的是，超声波在空气中衰减较大且在人体组织与空气的界面发生强反射，为此超声检测均需在水下进行。超声断层成像采用环阵，即超声换能器等间距地均匀分布在环阵上，将其中一个超声换能器当作发射换能器，发射柱面波或者球面波，其余的超声换能器均为接收换能器。超声波会在组织交界面发生复杂的作用，包括较强的发射、折射以及衍射等过程，故超声波在传播过程中会有一部分被反射被同侧的接收换能器接收，另一部分透射过组织被另一侧的换能器接收。超声断面成像利用超声波在不同组织分界面上的强反射和透射特性进行图像重建的。超声断层成像原理图如图3-18所示。

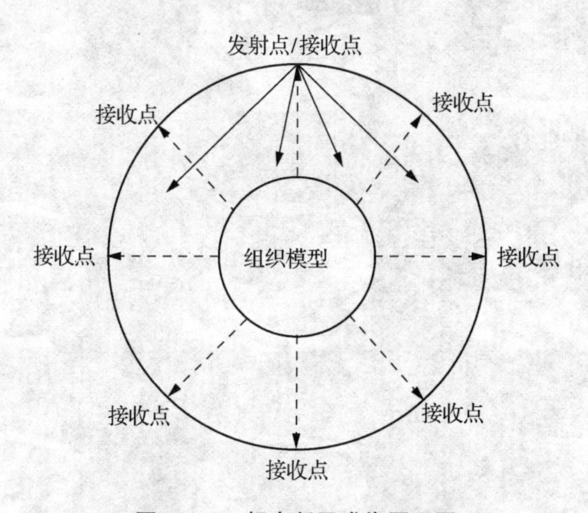

图3-18　超声断层成像原理图

利用超声断层扫描中的反射数据和透射数据进行图像重建时，往往需要对这两种数据分别处理。对于反射数据，主要利用经典的反射断层成像和椭圆反投影两种算法进行处理，利用接收到的超声波在组织分界面上会发生的反射数据可以重建出人体组织边界信息；超声断层中对透射数据处理与CT重建算法类似，都是通过对穿过组织的探测射线的投影数据进行相应重建的过程，透射重建图像能够较好地反映组织内部的声场特征。经典的透射算法主要分为两种，一种是滤波反投影算法，该算法迄今为止仍然为绝大多数的商用CT和MRI成像设备所采用；另一种则是代数重建技术，通过代数迭代求解。

2. 应用实例

(1) 超声心动图对胎儿心脏检测

先天性心脏病(CHD)是最常见的先天性畸形，其发病率约占活产总数的

0.08%～0.10%。由于其病因复杂难以预防及预后较差，因此 CHD 产前诊断尤为重要。实时三维超声的 STIC 技术可以获得胎儿心脏容积信息，全方位了解胎儿心脏内外结构，在诊断胎儿心脏畸形等方面可比二维超声心动技术提供更全面和准确信息。图 3－19 为利用断层超声成像技术连续显示胎儿四腔心、左心室流出道、右心室流出道、三血管气管及主动脉弓气管横切面[19]。

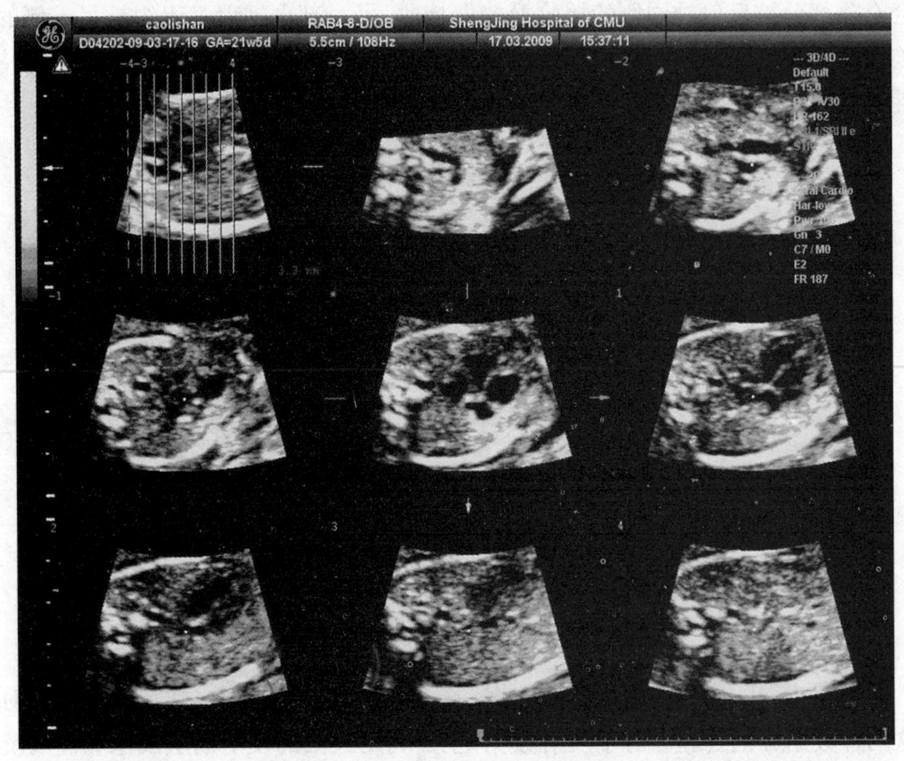

图 3－19　断层超声成像技术显示胎儿心脏结构的各横切面[19]

(2) 三维超声断层成像技术在腮腺局灶性病变鉴别诊断中的应用

腮腺肿瘤是口腔颌面部常见疾病，约占涎腺肿瘤的 80%左右，以良性多见，约 25%为恶性。治疗首选手术切除。术前超声提示诊断良恶性对制定手术方案有重要意义[20]。对 33 例腮腺局灶性病变行二维超声检查及三维超声断层成像技术(TUI)检查，分析其对病灶部位、形态、回声、边缘及与周边结构的显示效果，结果表明术前 33 个病灶中 TUI 正确诊断 32 例，26 例良性均诊断正确，7 例恶性病变中 6 例诊断正确，1 例恶性病变 TUI 误诊为良性，其阳性预测值为 100%(6/6)，阴性预测值为 96.3%(26/27)。诊断结果与手术病理结果比较一致。

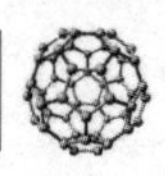

3.2.4　光学相干层析成像

光学相干层析成像简称OCT或光学相干CT，是一种新兴的光学断层扫描成像技术。其在低相干干涉原理基础上建立起来的，通过测量生物组织或材料的背向散射光强度和相位来重构出生物组织或材料内部结构的二维或三维图像。其信号对比度表征生物组织或材料内部光学反射（散射）特性的空间变化。OCT具有非接触、非侵入、成像速度快（实时动态成像）、探测灵敏度高等优点。与传统成像手段相比，具有以下特点[21]：

① 由于采用近红外激光或普通可见光作为成像光源，OCT可对被检测物进行无损、实时成像；

② 和X光、CT、MRT等成像技术比较，OCT的分辨率更高，比传统超声波高1～2个数量级，可对生物组织提供更为精细、准确的测量；

③ OCT成像速度快，便于图像后续的处理和分析；

④ 成像设备体积小，便于携带。

目前，光相干层析成像技术作为一种非侵袭性的诊断工具，OCT图像的轴向分辨率可以达10 μm级的分辨率以上，空间分辨率已达到毫米数量级，且比现在任何一种临床诊断设备的分辨率高达10倍以上，在临床医学中开始发挥其巨大的作用，特别在眼科学、心脏学、皮肤病等学科诊断中具有明显的优势[22]。图3-20小鸡心管OCT成像。

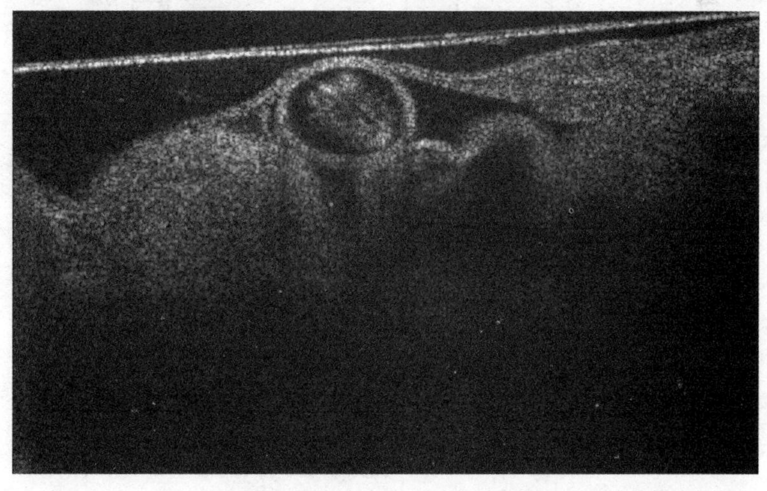

图3-20　小鸡心管OCT成像

1. OCT 成像系统原理

医学检测领域中，为了高效、快速地检测样本的化学成分（医疗药物和组织切片等）成像光谱技术得到了广泛的应用。上个世纪末期，随着宽带光源的实用化，光学弱相干层析成像技术（Optical Coherence Tomography，简称 OCT）得到极大地发展，光学相干断层扫描是基于弱相干干涉学理论发展而来的[23]。它可以对光学散射介质如生物组织等进行扫描，获得的三维图像分辨率可以达到微米级。光学相干断层扫描技术利用了光的干涉原理，通常采用近红外光进行拍照。由于选取的光线波长较长，可以穿过扫描介质的一定深度。目前 OCT 成像技术主要分为时域 OCT 和频域 OCT 两类。

2. 时域光学相干层析成像

时域 OCT 系统（TD－OCT）最核心的一个装置是迈克耳逊（Michelson）干涉仪，如图 3－21 所示，光源发出的低相干、一定宽带的激光，经耦合器光束被分成两部分：一部分称为样品光臂，照射在样品上；一部分被称为参考光臂，通常照在镜子上。照射样品的一束光会在接触样品中后向散射回来，调整参考臂，使得两臂的光程“相等”（光程差在相干长度以内），从样品臂返回的反射光与从参考臂返回的参考光发生干涉，而超出干涉长度的反射光将不会产生干涉，产生的干涉信号被探测器接收，然后经过信号放大、滤波、信号转化，最后输入计算机进行图像显示和处理。

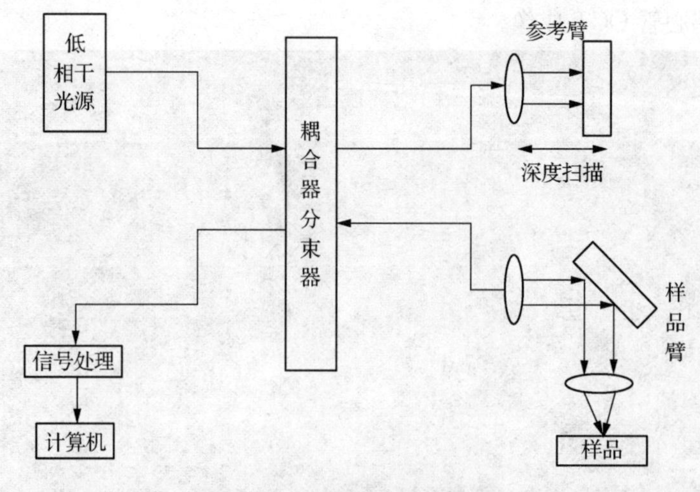

图 3－21　OCT 图像系统示意图

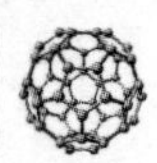

当参考臂的平面镜匀速运动时，等光程点会在样品中移动，这样系统就得到了样品表面一点对应的深度信息，这被称为 A 扫描；如图 3－22 所示，当连续的改变样品光的入射位置，便能获得样品的纵切面扫描图(B 扫描)，与 B 扫描垂直的方向被称为 C 扫描。当在纵切面扫描方向和与其垂直的方向上都改变样品光的入射位置，系统便可以得到样品的三维结构信息[24]。

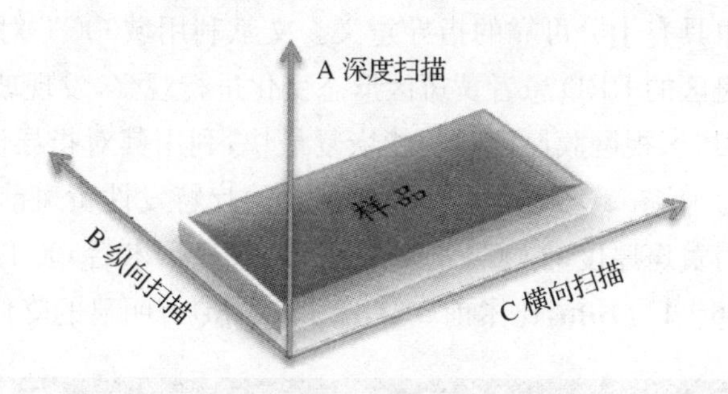

图 3－22　OCT 图像系统扫描示意图

3. 频域光学相干层析成像

频域 OCT(FD－OCT)系统原理与时域 OCT 系统原理近似，宽带光源发出的光波，经分束器，一束经过参考臂的反射镜的反射，另一束经过样品臂的组织后向散射，又再次返回耦合器/分束器，样品光波与参考光波之间的光程差稳定，使得同频率的光波分量之间产生干涉，光谱信息被线阵列探测器接收。干涉光波的光谱信息包含了组织一个纵向深度的图像信息，将光谱信息进行傅里叶逆变换，得到组织一个纵向扫描的结构图像[25]。

频域 OCT 系统是基于傅里叶衍射层析定理的。1969 年，Wolf 构建了光学逆散射的一种模型算法，通过该模型，可以重构弱散射介质包含的结构信息[26]。通过该算法推导，可以根据散射光波的振幅信息和相位分布信息来重构介质的散射势的三维分布。该重构模型算法也称为傅里叶衍射层析定理，阐述了在弱散射条件下介质散射信息的傅里叶变换与介质结构的傅里叶变换之间的联系。

对于时域 OCT 系统来说，为实现层析成像，需要进行横、纵扫描和深度扫描。而频域 OCT 无需深度扫描，通过将样品的后向散射光的光谱信息作傅里叶变换得到纵深的结构信息[27]。如此一来在对频域 OCT 不必移动参考光臂。提高了整个系统的扫描速度，增加了该系统实用性，大大的提高了系统效率，现在的 OCT 技术的医学设备主要都是基于频域 OCT 系统研发而成。

4. 应用实例

(1) 眼部疾病的诊断与术后观测

利用传统的诊断难以实现对眼部疾病的诊断与术后观测，而OCT高分辨率则为眼部细微变化的观察提供了可行性，且其可以对人体进行无损的活体检测。研究表明OCT对视网膜结构的高分辨率成像，对眼科临床上诊断青光眼、斑变质和斑水肿等也具有十分可靠的指导意义。文献利用域OCT对不同手术方式治疗的累及黄斑区的RRD患者黄斑区形态变化进行观察，发现玻璃体切割术治疗RRD术后黄斑区视网膜厚度和功能恢复最快，利用其对指导治疗、评估预后有重要意义[28]。下图3-23为对玻璃体手术治疗特发性黄斑前膜的临床观察中术前和术后对黄斑厚度的OCT检查图像，结果显示术后OCT检查显示黄斑平均厚度为(296±114)μm，比术前((498±132)μm)有明显的降低[29]。

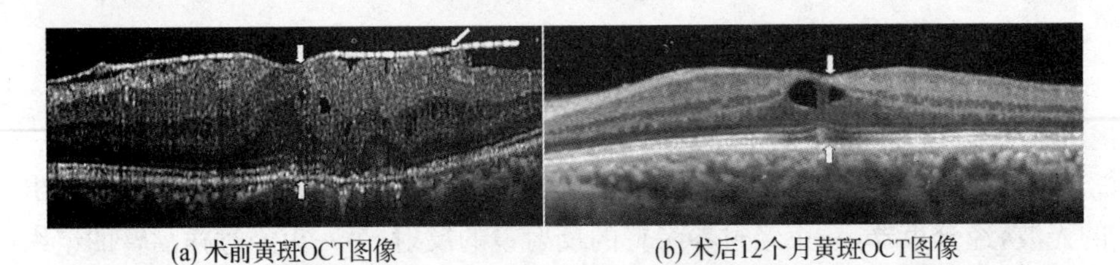

(a) 术前黄斑OCT图像　　(b) 术后12个月黄斑OCT图像

图3-23　黄斑厚度的OCT检查图像[2-9]

(2) 生物组织折射率测量

折射率在工农业生产和科学研究中扮演的角色越来越重要，从眼睛镜片到航空航天零器件的生产、控制、检测都离不开折射率的测量。传统的折射率测量方法无法精确测出生物体复杂组织的折射率。利用频域OCT基于改进的光程匹配法，已实现在1 300 nm波长下测量标准的熔石英和新鲜黄瓜浅表组织的折射率[30]。

(3) 皮肤病理诊断

对于皮肤组织病理学变化的检查，以往需要组织活检，这除了引发医源性感染外，对痛感神经分布发达的皮肤及粘膜活检也给患者带来了明显的疼痛。目前OCT对皮肤结构成像的分辨率可达15～20 μm，这比其它的诊断方法要高出一个数量级。且对皮肤成像的深度为1.5～2.0 mm，对一般皮肤疾病的检查诊断是足够的。由于它的无创伤性和没有任何副作用的特点，以及不仅提供组织结构信息，而且还可以提供组织功能信息，OCT可以检测人体内部诸如：炎症、

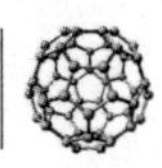

坏死等病理反应，特别在角化过度、角化不全和真皮内空洞形成等皮肤疾病方面显示出极大的优势。

OCT 技术的发展历史比较短，基于其成像快速、实时、精准直观的特点，被广泛地应用在医疗、生物学领域等，且起到了划时代的作用，存在广大的发展研究空间。但 OCT 还存在以下几点有待改善：

① OCT 成像受噪声干扰影响，对后续人工识别、诊断造成较大的困扰。对 OCT 图像降噪和增强方法有待进一步提高；

② OCT 图像自动处理技术远远滞后于 OCT 图像成像技术；

③ 人眼从 OCT 图像上分不清正常组织和病变组织界限，OCT 组织分类的精确度有待提高。

3.3　其他断层成像技术

断层成像技术作为反求工程中常见的主要方法之一，在医学、工业、工程检测等行业领域中的作用越来越重要。近年来，各式各样断层成像技术被人们研究出来并投入生产使用。相关学者对生物电阻抗断层成像技术进行了研究，该技术基本原理是通过给人体施加微弱安全的电激励，在体外测量响应电信号来重建人体内部电阻抗分布或变化的图像[31]；吕良等人研究的自发辐射断层成像技术（CTC），很好的将燃烧诊断中的自发辐射测量与计算机断层成像技术（CT）相结合，结果表明能够对二维预混火焰进行较好的重建，且该方法可以很方便地扩展到对三维火焰结构的研究[32]。当今世界科技日新月异，相信断层成像技术会发展的越来越好，发挥的作用也会愈发重大。

1. 简述断层成像技术的原理。
2. 简述合成断层成像的发展经历，简要说明各阶段的特点。
3. 请简要说明断层成像的原理。
4. 为什么说 X 射线断层成像的出现在医学领域具有划时代的意义。
5. 说明超声断层成像与 X 射线 CT 成像的区别。

6. 简述光学相干层析成像的特点。试说明时域 OCT 系统与频域 OCT 系统的差异。

7. 简述你对断层成像技术的认识,谈谈你知道的断层成像新技术。

参考文献

[1] 李珍照. 国外大坝监测几项新技术. 大坝观测与土工测试, 1997, 21(1): 16-18.

[2] 薛国伟. 医用 CT 图像解析类重建方程的投影帧驱动重建技术研究. 哈尔滨工业大学, 2011:2-4.

[3] 孙朝明, 汤光平, 王增勇等. 二维 CT 图像重建方法分析与试验. 全国射线数字成像与 CT 新技术研讨会论文集, 2012:175-180.

[4]《国防科技工业无损检测人员资格鉴定与认证培训教材》编审委员会. 计算机层析成像检测. 机械工业出版社, 2006:27-31.

[5] 李鹏, 俞凯君. 使用 Radon 变换进行二维 MRI 图像配准. 上海生物医学工程, 2006, 27(4): 229-232.

[6] 王义旭. 工业 CT 探测误差与尺寸测量示值误差的研究. 中国计量学院. 2014:5-8.

[7] 卢闫晔. 基于迭代法和压缩传感原理的计算机断层成像算法研究. 河北: 河北大学, 2011:1-3.

[8] 张朝宗, 郭志平, 张鹏等. 工业 CT 技术和原理. 北京: 科学出版社. 2009: 6-18.

[9] 牟文斌, 张伟宏. 医用 CT 新进展. 现代仪器, 2002(5): 1-4.

[10] 高丽娜, 陈文革. C 技术的应用发展发展及前景. CT 理论与应用研究, 2009, 18(1): 99-102.

[11] 许宏伟. MSCT 对主动脉壁内血肿与穿透性溃疡的应用价值. 西部医学, 2011, 23(3): 550-552.

[12] 王振刚. 64 排螺旋 CT 造影对肺栓塞表现和严重性判断的临床价值. 中国医药科学, 2012, 2(22): 96-97.

[13] 倪培君, 李旭东, 彭建中. 工业 CT 技术. 无损检测, 1996, 18(6): 173-176.

[14] 刘荣臻. 固体火箭发动机工业 CT 检测技术. 战术导弹技术, 2008(5): 92-96.

[15] 百度文库 http://wenku.baidu.com/view/6d277e11cc7931b765ce155b.html

[16] 孙华, 郭志军. PBX 炸药技术特性及在水中兵器上的应用. 装备指挥技术学院学报, 2009, 20(3): 108-111.

[17] 王增勇, 汤光平, 李建文等. 工业 CT 技术进展及应用. 无损检测, 2010, 32(7): 504-508.

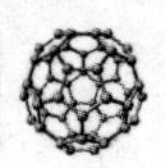

[18] 吴国瑶. 超声断层成像重建方法研究. 哈尔滨工业大学，2011:7-8.

[19] 王丹丹，孙美玉，施展等. 应用空间-时间成像相关技术行胎儿心脏产前筛查的可行性探讨. 中华医学超声杂志(电子版),2009, 6(6): 1007-1015.

[20] 文艳玲，秦威，罗葆明，等. 三维超声断层成像技术在腮腺局灶性病变鉴别诊断中的应用. 中华医学超声杂志(电子版), 2010,7(1): 73-77.

[21] 孙延奎. 光学相干层析医学图像处理及其应用. 光学精密工程，2014, 22(4): 1086-1104.

[22] 刘伟，樊宽章. 光学相干层析成像技术及在医学中的应用. 医疗卫生装备，2002, 23(3): 32-36.

[23] Fercher A F, Mengedoht K, Werner W. Eye-length measurement by interferometry with partially coherent light. Optics letters, 1988, 13(3): 186-188.

[24] Leitgebr, Hitzenberger C K, Fercher A F. Performance of Fourier domain vs. time domain optical coherence tomography . Opt Express, 2003, 11(8): 889-894.

[25] Yunsh, Tearneyg, Boumabe, et al. High-speed spectral-domain optical coherence tomography at 1. 3 μm· wavelength, Opt Express, 2003, 11(26):3598-23604.

[26] Watanabe Y, Itagaki T. Real-time display on Fourier domain optical coherence tomography system using a graphics processing unit. Journal of Biomedical Optics, 2009, 14(6): 060506-060506-3.

[27] 孙非，薛平，高渝松，等. 光学相干层析成像的图像重建. 光学学报，2000, 20(8): 1043-1046.

[28] 刘刚，尤建忠，贾万程，等. 频域OCT检测不同视网膜脱离复位术后黄斑中心凹视网膜厚度变化与视功能的关系. 眼科新进展，2014, 34(1): 82-85.

[29] 刘敏，郭建莲，张华. 玻璃体手术治疗特发性黄斑前膜的临床观察. 山东大学耳鼻喉眼学报，2013, 27(5): 65-67.

[30] 叶青，李福新，刘宇，等. 基于频域OCT的生物组织折射率测量研究. 光电子. 激光，2009, 20(1):126-128.

[31] 徐灿华，董秀珍. 生物电阻抗断层成像技术及其临床研究进展. 高电压技术，2014, 40(12): 3738-3743.

[32] 吕良，谭建国，张冬冬. 基于自发辐射断层成像技术的二维预混火焰重建. 燃烧科学与技术，2015,21(1): 77-83.

第4章　立体视觉三维重建

立体视觉三维重建[1][2]包括以下几个基本步骤：摄像机标定；立体匹配；三维表面模型绘制技术。从成像系统来分类，可以分为双目视觉、单目视觉和多目视觉三维重建。

4.1　摄像机标定

摄像机标定[3]是从摄影测量学中发展出来的。传统的摄影测量学使用数学解析的方法对获得的图像数据进行处理，随着镜头和电子技术的发展，各种摄像机像差表达式陆续提出并得到认同和采用，摄影测量学日趋成熟。廉价且精度较高的摄像器材不断出现，上述的技术发展最终产生了摄像机标定这一个新技术的诞生与发展，以适用于各种工业及日常使用。

总的来说，摄像机标定可以分为传统被动式的摄像机标定方法和摄像机自标定方法两大类。传统的摄像机标定方法按照标定参照物与算法思路可以分成下列几类：① 基于三维立体标定物的摄像机标定；② 基于径向约束的摄像机标定；③ 基于二维平面模板的摄像机标定；④ 其他标定方法。

不依赖于标定参照物，仅利用摄像机在运动过程中周围环境的图像与图像之间的对应关系，对摄像机进行的标定称为摄像机自标定方法。目前已有的自标定技术大致可以分为以下几种：

① 利用绝对二次曲线和极线变换性质解 Kruppa 方程的摄像机自标定方法；② 双平面自标定方法；③ 基于主动视觉的摄像机自标定技术等；④ 其他标定方法。

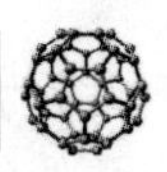

时至今日，传统的摄像机标定技术已经相当成熟，但这并不意味着现有的标定技术已经尽善尽美。如何更进一步改进现有的摄像机标定方法，使其更加灵活、快速、简单、高效和精确，是传统标定技术的重要研究内容和需要继续提高的地方。本节首先简要介绍摄像机的理想成像模型，然后详细介绍摄像机标定的具体流程。

4.1.1　理想成像模型

1. 针孔模型

在计算机视觉中，利用所拍摄的图像来计算出三维空间中被测物体的几何参数，一直是计算机视觉领域的一个重要研究内容。图像是空间物体通过摄像机的光学成像系统在成像平面上的映射，是空间物体在成像平面上的投影。图像上每一个像素的灰度值反映了空间物体表面某点的反射光的强度，而该像素在图像中的位置则与空间物体表面与其所对应的点的几何位置有关。而像素与空间点几何位置间的相互关系，是由摄像机的几何投影模型也就是成像模型所决定的。

在推导成像模型的过程中，不可避免的要涉及到空间直角坐标系，直角坐标系分为右手系和左手系两种。如果把右手的拇指和食指分别指向 x 轴和 y 轴的方向，中指指向 z 轴的方向，满足此种对应关系的就叫做右旋坐标系或右手坐标系；如果左手的三个手指依次指向 x 轴、y 轴和 z 轴，这样的坐标系叫做左手坐标系或者左旋坐标系。本章为简便起见，使用的坐标系均为右手坐标系。

对于仅有一块理想薄凸透镜的成像系统，要成一缩小实像，物距 u、像距 v、焦距 f 必须满足下式：

$$\frac{1}{u}+\frac{1}{v}=\frac{1}{f} \tag{4-1}$$

当 u 远大于 f 时，可以认为 v 与 f 近似相等，若取透镜中心为三维空间坐标系原点，则三维物体成像于透镜焦点所在的像平面上，如图 4-1 所示。

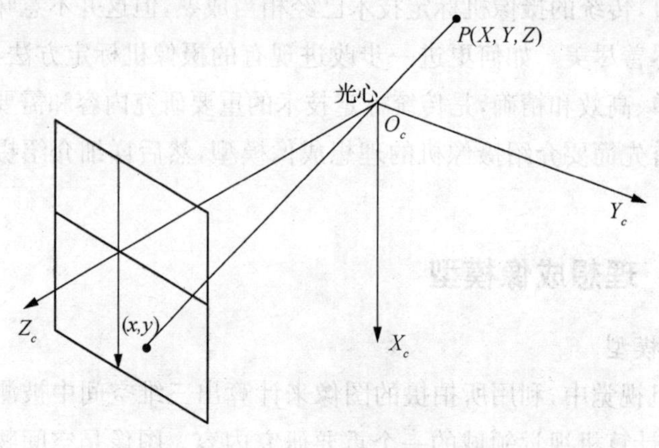

图 4-1　针孔成像

图中(X, Y, Z)为空间点坐标，$(x, y, -f)$为像点坐标，(X_c, Y_c, Z_c)为以透镜中心即光学中心为坐标原点的三维坐标系。成像平面平行于$O_cX_cY_c$平面，距光心距离为f，则有下列关系成立：

$$\begin{cases} x = -\dfrac{f}{Z} \cdot X \\ y = -\dfrac{f}{Z} \cdot Y \end{cases} \tag{4-2}$$

上述成像模型即为光学中的中心投影模型，也称为针孔模型。针孔模型主要由光心投影中心、成像面和光轴组成。模型假设物体表面的部分反射光经过一个针孔而投影到像平面上，也就是就成像过程满足光的直线传播条件，为一个射影变换过程；而相应地，像点位置仅与空间点坐标和透镜焦距相关。由于成像平面位于光心原点的后面，因此称为后投影模型，此时像点与物点的坐标符号相反；为简便起见，在不改变像点与物点的大小比例关系的前提下，可以将成像平面从光心后前移至光心前，如图 4-2 所示。此时空间点坐标与像点坐标之间符号相同，成等比例缩小的关系，此种模型称为前投影模型。本文使用前投影模型，在实际生活中，大部分摄像机都可以用此模型近似模拟其成像过程。

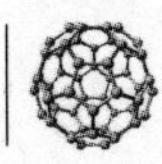

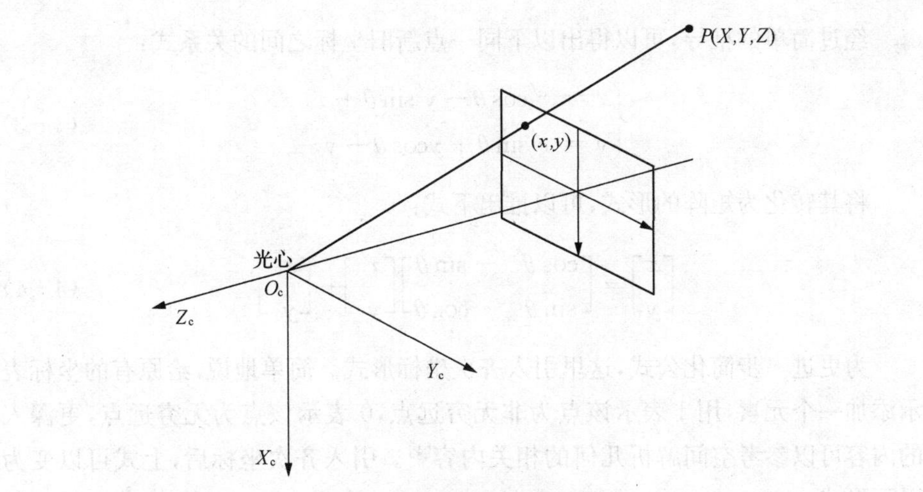

图 4-2　针孔成像前投影模型

2. 坐标变换

在实际使用摄像机的过程中，人们为了方便，常常设置多个坐标系，因此，空间点的成像过程必然涉及到坐标系之间的相互转化。下面将逐步推导坐标变换的公式以及坐标变换的相关特性。

首先考虑相对简单的二维坐标变换，考虑如图 4-3 所示的两个坐标系 Oxy 和 $O'x'y'$，其中 (x_0, y_0) 表示 O' 点在坐标系 Oxy 中的坐标，两坐标系之间的夹角设为 θ。则两坐标系之间的变换可以看作是通过两步完成的：或者是先旋转，再平移；或者是先平移，后旋转。两种方法得到的最终的表达式是一致的，在这里选择第一种。

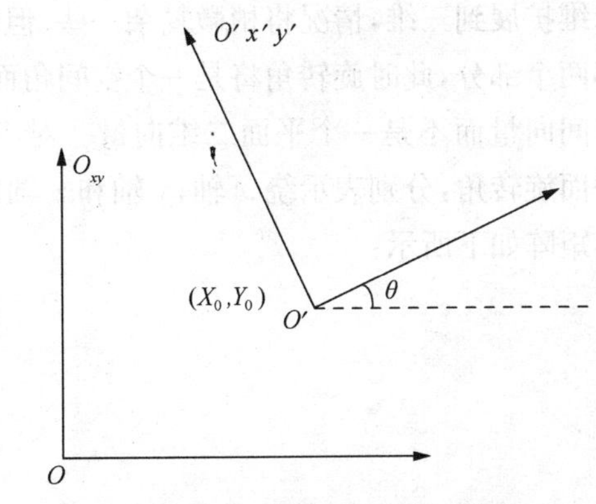

图 4-3　二维坐标变换示意图

经过简单的推导，可以得出以下同一点新旧坐标之间的关系式：

$$\begin{cases} x = x'\cos\theta - y'\sin\theta + x_0 \\ y = x'\sin\theta + y\cos\theta + y_0 \end{cases} \tag{4-3}$$

将其转化为矩阵的形式，可以推出下式：

$$\begin{bmatrix} x \\ y \end{bmatrix} = \begin{bmatrix} \cos\theta & -\sin\theta \\ \sin\theta & \cos\theta \end{bmatrix} \begin{bmatrix} x' \\ y' \end{bmatrix} + \begin{bmatrix} x_0 \\ y_0 \end{bmatrix} \tag{4-4}$$

为更进一步简化公式，这里引入齐次坐标形式。简单地说，给原有的坐标表示添加一个元素，用1表示该点为非无穷远点，0表示该点为无穷远点，更深入的内容可以参考空间解析几何的相关内容[4]。引入齐次坐标后，上式可以变为以下形式：

$$\begin{bmatrix} x \\ y \\ 1 \end{bmatrix} = \begin{bmatrix} \cos\theta & -\sin\theta & x_0 \\ \sin\theta & \cos\theta & y_0 \\ 0 & 0 & 1 \end{bmatrix} \begin{bmatrix} x' \\ y' \\ 1 \end{bmatrix} \tag{4-5}$$

坐标变换矩阵由三个列向量组成，前两个列向量表示旋转，第三个列向量表示平移。可以看出旋转向量满足正交性，用 r_1 表示第一列，用 r_2 表示第二列，则有下式成立：

$$\begin{cases} r_1^2 = r_2^2 = 1 \\ r_1 \cdot r_2 = 0 \end{cases} \tag{4-6}$$

将坐标变换从二维扩展到三维，情况将稍微复杂一些，但依然可以将坐标变换分解为旋转和平移两个部分，此时旋转角将是一个空间角而不是一个平面角，平移量是一个三维空间向量而不是一个平面二维向量。对于旋转的空间角，可以将其分解为三个平面旋转角，分别表示绕 x 轴，y 轴和 z 轴旋转的角度。每一种旋转所对应的变换矩阵如下所示：

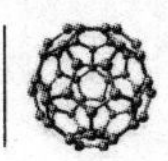

$$
\begin{cases}
Rot(x,\alpha)=\begin{bmatrix}1 & 0 & 0\\ 0 & \cos\alpha & \sin\alpha\\ 0 & -\sin\alpha & \cos\alpha\end{bmatrix}\\
Rot(y,\beta)=\begin{bmatrix}\cos\beta & 0 & -\sin\beta\\ 0 & 1 & 0\\ \sin\beta & 0 & \cos\beta\end{bmatrix}\\
Rot(z,\gamma)=\begin{bmatrix}\cos\gamma & \sin\gamma & 0\\ -\sin\gamma & \cos\gamma & 0\\ 0 & 0 & 1\end{bmatrix}
\end{cases}
\tag{4-7}
$$

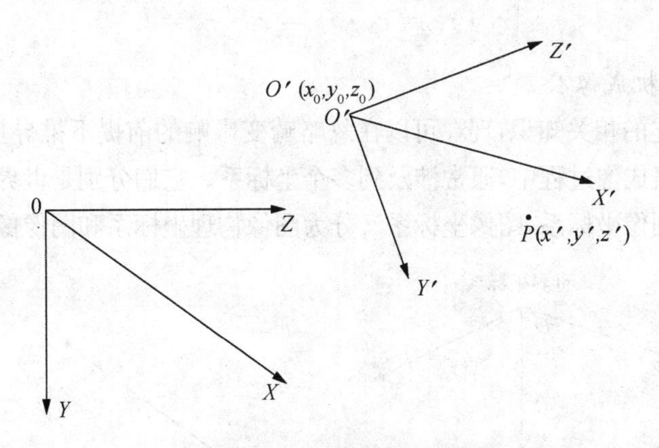

图 4-4　三维坐标变换示意图

这里设新坐标系的原点 O'在旧坐标系中的坐标为(x_0,y_0,z_0)，则可以得出最终的坐标变换的齐次坐标形式：

$$
\begin{bmatrix}x\\ y\\ z\\ 1\end{bmatrix}=\begin{bmatrix}\cos\beta\cos\gamma & \cos\beta\sin\gamma & -\sin\beta & x_0\\ \sin\alpha\sin\beta\cos\gamma-\cos\alpha\sin\gamma & \sin\alpha\sin\beta\sin\gamma+\cos\alpha\cos\gamma & \sin\alpha\cos\beta & y_0\\ \cos\alpha\sin\beta\cos\gamma+\sin\alpha\sin\gamma & \cos\alpha\sin\beta\sin\gamma-\sin\alpha\cos\gamma & \cos\alpha\cos\beta & z_0\\ 0 & 0 & 0 & 1\end{bmatrix}\begin{bmatrix}x'\\ y'\\ z'\\ 1\end{bmatrix}
\tag{4-8}
$$

类似地，旋转向量满足正交性，令 $R=[r_1,r_2,r_3]$表示旋转矩阵，其中 $r_1=$

$(r_{11},r_{21},r_{31})^T$，$r_2=(r_{12},r_{22},r_{32})^T$，$r_3=(r_{13},r_{23},r_{33})^T$，令 $T=(t_1,t_2,t_3)^T$ 表示平移向量，$O=(0,0,0)$，则上述公式可以简化为：

$$\begin{bmatrix} x \\ y \\ z \\ 1 \end{bmatrix} = \begin{bmatrix} R & T \\ O & 1 \end{bmatrix} \begin{bmatrix} x' \\ y' \\ z' \\ 1 \end{bmatrix} \tag{4-9}$$

对于旋转向量，有下式成立：

$$\begin{cases} r_1^2 = r_2^2 = r_3^2 = 1 \\ r_1 \cdot r_2 = r_2 \cdot r_3 = r_1 \cdot r_3 = 0 \end{cases} \tag{4-10}$$

3. 摄像机成像公式

有了前述的相关知识，现在可以在忽略畸变影响的前提下推导摄像机成像公式。在摄像机成像过程中，通常涉及到多个坐标系。它们分别是世界坐标系、摄像机坐标系和图像坐标系，图像坐标系又分为图像物理坐标系和图像像素坐标系。

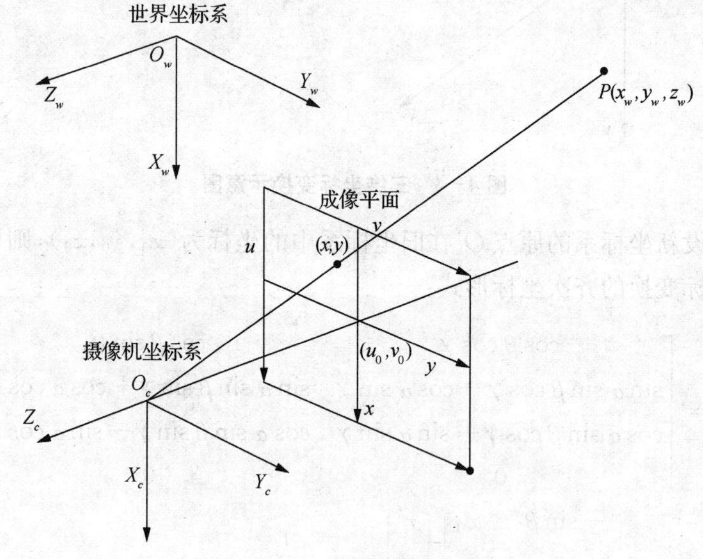

图 4-5　摄像机成像模型

世界坐标系是可由用户任意定义的三维空间坐标系，一般的三维场景都用这个坐标系来表示。在摄像机标定中，世界坐标系常设在标定物的表面或在与标定物有着确定的变换关系的位置，从而标定物上特征点的空间世界坐标仅需

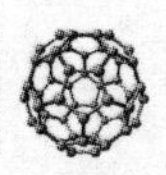

简单的推导即可得到。

摄像机坐标系是以摄像机光心为原点，以垂直于成像平面的摄像机光轴为 Z 轴建立的三维直角坐标系。其中该坐标系的 X 轴和 Y 轴一般与图像物理坐标系的相应 x 轴和 y 轴平行，两轴所在平面平行于成像平面。

图像坐标系分为图像物理坐标系和图像像素坐标系两种。图像物理坐标系的原点为透镜光轴与成像平面的交点，X 与 Y 轴分别平行于摄像机坐标系的 x 与 y 轴，是平面直角坐标系，长度单位为毫米。

图像像素坐标系为固定在图像上的以像素为单位的平面直角坐标系，其原点位于图像左上角，坐标轴平行于图像物理坐标系的 X 和 Y 轴。对于数字图像，图像像素坐标系为直角坐标系。

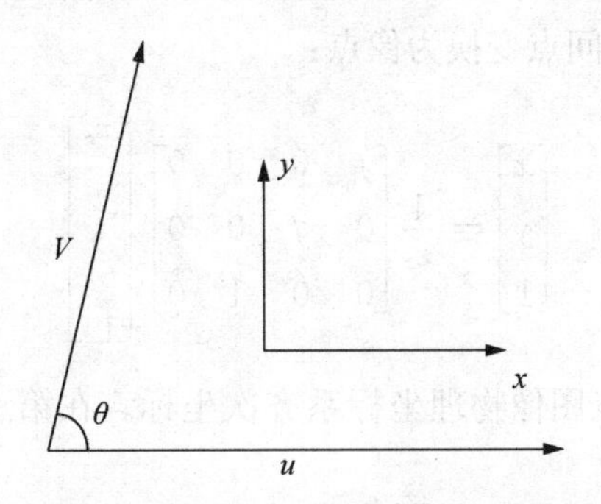

图 4－6　成像平面的不垂直性示意图

摄像机成像可以分为三个阶段，第一个阶段是空间点坐标从世界坐标系变换为摄像机坐标系，第二个阶段为空间点坐标经过镜头的射影变换转化为像点坐标，在这个过程中由于光学系统的畸变误差，会使像点坐标产生一定的畸变，从而会对最终的图像造成一定的畸变。为了校正畸变，对应不同的校正方法，人们提出了许多不同的校正模型。本章对此也做了一定的探讨，并将在后续章节中深入介绍。第三个阶段为图像的形成，通过 CCD 完成。它使用一种高感光度的半导体材料制成，能把光线转变成电荷，通过模数转换器芯片转换成数字信号，数字信号经过压缩以后由相机内部的闪速存储器或内置硬盘卡保存，因而可以轻而易举地把数据传输给计算机，并借助于计算机进行处理，根据需要和想像来修改图像。CCD 由许多感光单位组成，通常以百万像素为单位。当 CCD 表面受到光线照射时，每个感光单位会将电荷反映在组件上，所有的感光单位所产生的信号加在一起，就构成了一幅完整的画面。CCD 每个像素在 x 和 y 方向上分别有着确定的物理尺寸 d_x 和 d_y，表示一个像素为多少毫米，这两个参数近似相等，但由于制造精度的问题，将会有一定差异。同样地，CCD 的坐标轴的夹角接近 90 度，但不是完全垂直。

下面来推导理想情况下的摄像机成像公式，首先是第一个阶段：

$$\begin{bmatrix} x_c \\ y_c \\ z_c \\ 1 \end{bmatrix} = \begin{bmatrix} R & T \\ O & 1 \end{bmatrix} \begin{bmatrix} x_w \\ y_w \\ z_w \\ 1 \end{bmatrix} \tag{4-11}$$

其中，$(x_w, y_w, z_w, 1)^T$ 为空间点的世界坐标系齐次坐标。$(x_c, y_c, z_c, 1)^T$ 为空间点的摄像机坐标系齐次坐标，R 和 T 分别为旋转矩阵和平移向量。

在第二个阶段，空间点变换为像点：

$$\begin{bmatrix} x \\ y \\ 1 \end{bmatrix} = \frac{1}{z_c} \begin{bmatrix} f & 0 & 0 & 0 \\ 0 & f & 0 & 0 \\ 0 & 0 & 1 & 0 \end{bmatrix} \begin{bmatrix} x_c \\ y_c \\ z_c \\ 1 \end{bmatrix} \tag{4-12}$$

其中，$(x, y, 1)^T$ 为像点图像物理坐标系齐次坐标。在第三个阶段，像点坐标将转化为像素坐标：

$$\begin{bmatrix} u \\ v \\ 1 \end{bmatrix} = \begin{bmatrix} 1/d_x & -\cot\theta/d_x & u_0 \\ 0 & 1/(d_y * \sin\theta) & v_0 \\ 0 & 0 & 1 \end{bmatrix} \begin{bmatrix} x \\ y \\ 1 \end{bmatrix} \tag{4-13}$$

其中，$(u, v, 1)^T$ 为像点的图像像素坐标系齐次坐标。(u_0, v_0) 为摄像机光学中心在 CCD 成像平面上的投影位置。

总的来说，理想前提下，摄像机的参数可分为内外两种，用于世界坐标系向摄像机坐标转换的三个旋转角和三个平移量参数为外参数，总共为六个未知量，摄像机的焦距 f，物理尺寸 d_x 和 d_y，主点位置 (u_0, v_0)，纵横坐标轴的夹角 θ，和起来也是六个未知量。但是，将成像第二阶段和第三阶段的公式中的矩阵合并到一起，通过简单的变量替换，可以将六个内参数化为五个内参数。

$$\begin{bmatrix} u \\ v \\ 1 \end{bmatrix} = \begin{bmatrix} f/d_x & -f\cot\theta/d_x & u_0 \\ 0 & f/(d_y * \sin\theta) & v_0 \\ 0 & 0 & 1 \end{bmatrix} \begin{bmatrix} x \\ y \\ 1 \end{bmatrix} \tag{4-14}$$

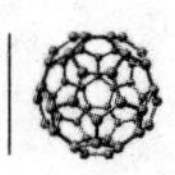

令 $\alpha=f/d_x$，$\beta=f/(d_y * \sin\theta)$，$\gamma=-f\cot\theta/d_x$，则最后的成像公式可变为：

$$\frac{1}{z_c}\begin{bmatrix}u\\v\\1\end{bmatrix}=\begin{bmatrix}\alpha & \gamma & u_0 & 0\\0 & \beta & v_0 & 0\\0 & 0 & 1 & 0\end{bmatrix}\begin{bmatrix}R & T\\O & 1\end{bmatrix}\begin{bmatrix}x_w\\y_w\\z_w\\1\end{bmatrix} \tag{4-15}$$

因此，理想情况下摄像机标定就是要求解这内外总共 11 个未知量。

4.1.2　标定流程

传统摄像机标定是一个系统的工作，包含了一系列前后衔接的环节，本小节在此将按照先后顺序分别给以概述。

1. 特征点的选取

第一步是设置标定物，确定特征点的空间世界坐标。传统的标定物为精心制作的立方体，上面标记若干特征点，这些特征点在世界坐标中的位置可以通过精确测量得到。此种标定物的缺点是高精度的立方体不容易制作，价格昂贵。现在较为常用的标定物一般是一个平面模板，上面绘有若干规则排列的标定标志，如实心圆，正方形方块，十字丝等，特征点即为实心圆圆心，正方形四个顶点，十字丝交汇点等。通过测量，则可以得到这些特征点的精确位置。本节所使用的标定物为平面模板，标定标志为正方形方块，特征点为正方形顶点。

2. 角点检测和定位

第二步是从不同角度位置对标定物拍照，在所得到的图片中精确获取标定点在图像中的位置。在本文所拍摄的图片中，标定点均位于图像中灰度变化较为剧烈的位置。在图像处理中将这种位于灰度变化较为剧烈的位置的像素称之为角点，将找出这些点的方法称为角点检测，将更进一步计算点的精确位置的方法称之为亚像素角点定位。

理论上图像特征是影像灰度曲面的不连续点。在实际影像中，由于点扩散函数的作用，特征表现为在一个微小邻域中灰度的急剧变化。角点是图像特征的一种，它没有明确的数学定义，一般人们将二维图像亮度变化剧烈的点或图像边缘曲线上曲率极大值的点均视为角点。角点在保留图形图像重要特征的同时，还可以有效地减少信息的数据量，在计算机视觉领域有着非常重要的作用。角点检测的算法大致上可以分为两类：一种是直接计算灰度图像的梯度，以灰度分布曲率最大的点为角点；一种是寻找边缘轮廓的转折点。

对于摄像机标定来说，能否高精度地提取拍摄图像上标定靶特征点的位置，以及空间点和像点之间的对应关系，直接关系到最终标定工作的好坏，因此是十分重要的。摄像机的成像平面可以看作是一种将连续的二维模拟信号转变为二维数字信号的模数转换器，其作用是将连续的模拟量通过取样转换成离散的数字量。摄像机的成像面一般以像素为最小单位。例如某CCD成像芯片，其像素间距为5.2微米。摄像机拍摄时，将物理世界中连续的模拟光学图像信号作了离散化处理。因此成像面上每一个像素点只代表其附近的颜色。至于"附近"到什么程度就很难解释了。两个像素之间有5.2微米的距离，在宏观上可以看作是连在一起的。但是在微观上，它们之间还有无限的更小的东西存在。这个更小的细节部分被称之为"亚像素"。理论上"亚像素"应该是存在的，只是硬件上没有细微的传感器把它检测出来。在无噪声的前提下，理论上可以把亚像素近似地计算出来。关于亚像素的计算，人们提出了多种方法，能够达到的精度也各不相同。

3. 畸变校正

当摄像机存在畸变时，可以通过预先对拍摄图片进行畸变校正的方法消除畸变对求取内参数的不良影响，或者在求出内外参数的同时或者之后求取畸变参数，对图像的畸变进行校正。具体实施时间可根据不同目的决定。

张正友的平面模板标定法在摄像机的畸变较小的前提下可以得到较精确的摄像机参数值和较小的重投影误差，但是当摄像机畸变较明显时，求得的摄像机参数将大幅度偏离真实值，同时产生很大的重投影误差。因此，在求解畸变较大的摄像机的参数时，为得到精确的摄像机参数，必须首先对其所拍摄的图像进行畸变校正。

4. 摄像机内外参数的确定

当确定了空间特征点的位置和其对应的角点的亚像素位置之后，就可以通过它们之间的对应关系，求取摄像机的内外参数，使用的标定方法为张正友的平面模板法，可以有效提高标定的精度。

4.2 立体匹配

立体匹配[5-6]的目的是在图像对上寻找到同名的点，并通过某种手段计算出

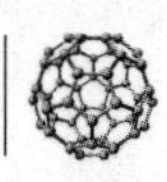

视差。在实现三维立体再现的过程中，立体像对的匹配时最复杂，也是最重要的工作。按照匹配基元的划分，立体匹配可以大致分为基于区域的相关匹配、特征匹配、基于相位的匹配。

4.2.1　区域匹配

基于区域匹配的方法是以基准图的待匹配点为中心创建一个窗口，用邻域像素的灰度值分布来表征该像素。然后在对准图中根据匹配准则约束寻找这样一个像素，以其为中心创建同样的一个窗口，并用其邻域像素的灰度值分布来表征它。然后依据适当的相似性测度，比较两个窗口的灰度分布的相似性，两者间的相似性必须满足一定的阈值条件，从而通过这一方式实现两幅图像的匹配。最终的匹配结果不受特征检测精度的影响，可以获得很高的定位精度和密集的视差表面。但是这种方法过分地依赖于图像灰度统计特性，使得匹配对景物结构、光照反射和成像等都非常敏感，在空间景物表面缺乏足够纹理细节、成像失真较大（如基线长度过大）的场合存在一定的困难，不能获得满意的结果；同时，匹配窗口大小选择没有具体的标准，这使得无法对于计算量有一个确切的估计；该方法的使用对于图像的要求比较高。

4.2.2　特征匹配

基于图像特征的匹配不直接利用灰度值进行匹配，而是利用灰度信息抽象得到的图像特征实现匹配，因此它对图像的要求较低，对图像的光照条件和噪声影响不敏感，具有对外界的变化不敏感、稳定性好、精度高、匹配速度快等优点，获得了较广泛的应用。但是这种方法同样也存在一些不足，特征在图像中的稀疏性决定特征匹配只能得到稀疏的视差场，特征的提取和定位过程直接影响匹配结果精确度，改善办法是将特征匹配的鲁棒性和基于灰度匹配的致密性充分结合，利用对高频噪音不敏感的模型来提取和定位特征。

4.2.3　相位匹配

基于相位的匹配算法是利用多尺度的空间频率分析方法，提取图像不同频段的信息进行匹配，视差精度可到亚像素级，视差场密集。最常用的相位匹配方法有相位相关法和相位差—频率法。由于相位本身反映的是信号的结构信息，因此，对图像的高频噪声有很好的抑制作用。相位匹配适于并行处理，对几何畸变和辐射畸变有很好的抵抗能力，能获得亚像素级精度的致密视差。但是，当局部结构存在的假设不成立时，相位匹配算法因带通输出信号的幅度太低而失去有效性，也就是通常提到的相位奇点问题。此外，相位匹配算法的收敛范围与带通滤波器的波长有关，通常要考虑相位卷绕，随视差范围的增大，其精确性会有所下降。

4.2.4 立体匹配基本约束

立体匹配是立体视觉中最复杂的过程，它的目的是在待匹配图像中寻找匹配点对，利用匹配点对来获取视差，从而为重构三维空间物体结构提供依据，显然在这个过程中，关键点是确定左右图像之间的对应点。

由于空间场景中物体本身存在某些共同性质，同时相机在拍摄过程中，需要满足光度测定学和几何学，因此在进行立体匹配时，图像上像素点之间存在某些约束关系，称为立体匹配的基本约束。在匹配过程中，充分利用这些约束信息，可以为寻找匹配带来方便。常用的基本约束包括极线约束、相似性、唯一性、顺序性和连续性等。本节依次对这些约束信息进行分析。

1. 极线几何

在双目立体视觉系统中，图像是分别从两个相机中获取的，即左图像 I_l 和右图像 I_r，如图 4-7 所示。

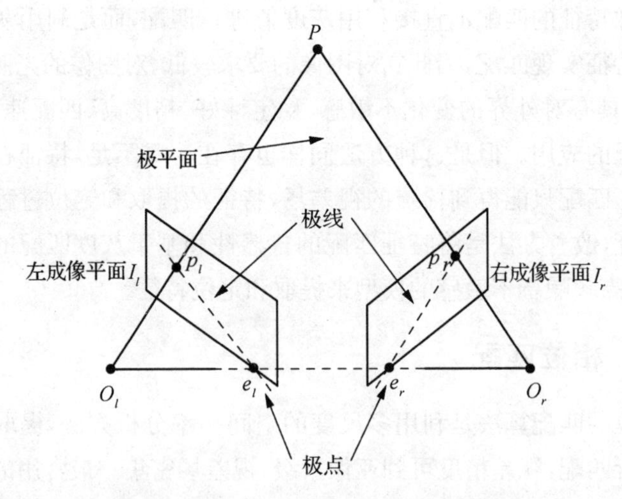

图 4-7 双目立体视觉中的极线几何关系

点 p_l 和 p_r 是空间中同一点 p 分别在两个图像上的投影点，这两点之间是相互对应的。极线几何关系与对应点的寻找有着密切的联系。在极线几何中涉及到以下几个概念：

(1) 基线：左右两摄像机光心点间的连线，图 4-7 中对应为直线 O_lO_r。

(2) 极平面：由空间点 p 和两相机光心点 O_l、O_r 所构成的平面，在图 4-7 中已经指出。

(3) 极点：基线与两相机成像平面的交点，显然极点有两个，图 4-7 中分别是点 e_l 和点 e_r。

(4) 极线：极平面与两相机成像平面的交线，图 4-7 中对应为直线 p_le_l 和 p_re_r。需要说明的是同一图像平面内所有的极线都交于极点。

(5) 极平面簇：由基线和空间任意一点确定的一簇平面，如图 4-8 所示，所有的极平面相交于基线。

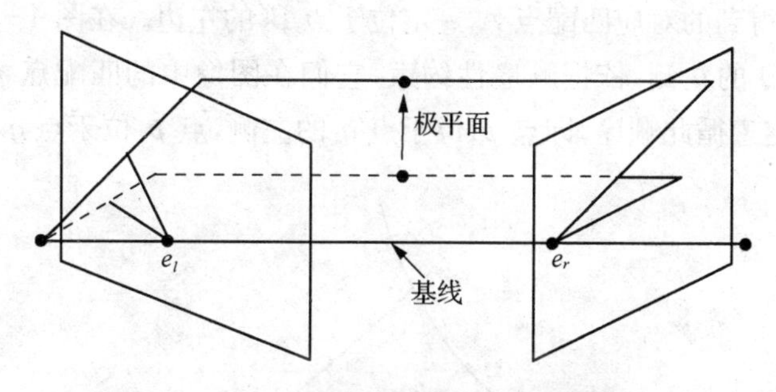

图 4-8　双目立体视觉中的极平面簇

在图 4-8 中，左图像 I_l 中的极线 p_le_l 与右图像 I_r 中的投影点 p_r 相对应，右图像 I_r 中的极线 p_re_r 与左图像 I_l 上的投影点 p_l 相对应。如果已知点 p_l 在图像 I_r 内的位置，则在图像 I_r 内与 p_l 相对应的点必然位于图像 I_r 内的极线上，即对应点 p_r 一定在直线 p_re_r 上，反之仍然成立。这是双目立体视觉的一个重要特点，我们称之为极线约束。

从上面的描述中我们知道，从极线约束中只能确定与点 p_l 相对应的直线，而不能确定其对应点在直线上的具体位置，即极线约束是点与直线的对应，而不是点与点的对应。尽管如此，极线约束给出了寻找对应点的重要约束信息，它将对应点匹配从整幅图像寻找压缩到在一条直线上寻找对应点，即将搜索空间从二维平面降低到一维直线上，因此极大的减小了搜索范围，为对应点匹配提供了指导作用。

2. 相似性约束

空间物体上一点在两幅图像上的投影在某些物理度量上，如几何形状、灰度或灰度梯度变换上等，都具有相似性。本章所讨论的相似性度量法就是在灰度相似的基础上进行的，区域匹配算法也是以该约束条件作为基础的。

3. 唯一性约束

对于空间中任意给定的一个物点(除遮挡情况外)，投影到两幅图像中，那么一幅图像中的某一像素点在另一幅图像中的对应点是唯一的，位置也是固定的。

4. 连续性约束

由于空间物体表面是光滑的，所以匹配得到的视差值的变化是缓慢的。全局匹配算法就是以该约束条件为基础的。

5. 顺序性约束

假定空间场景中存在两物点 A 和 B，且点 A 位于点 B 的左边，那么在匹配过程中，最终得到的对应匹配点 A' 一定位于点 B' 的左边。在图 4－9 中，空间物点 P 位于点 Q 的左侧，依据顺序性约束，它们在图像中的匹配点 $p'(p_1、p_2)$ 和 $q'(q_1、q_2)$ 必定遵循此顺序，即点 p_1 位于点 q_1 的左侧，点 p_2 位于点 q_2 的左侧。

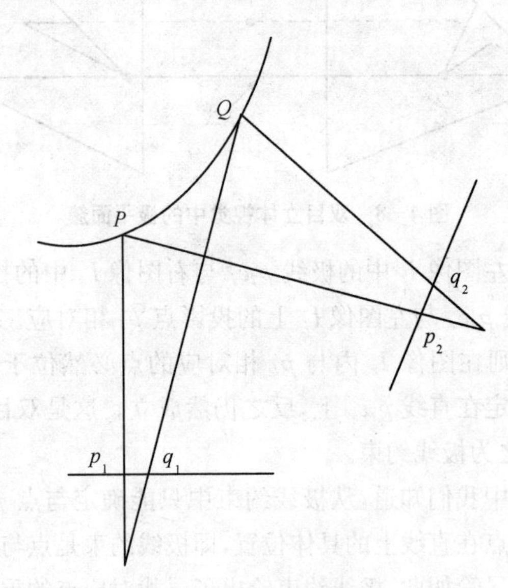

图 4－9 顺序约束

值得注意的是，这种约束存在反例，如图 4－10 所示。

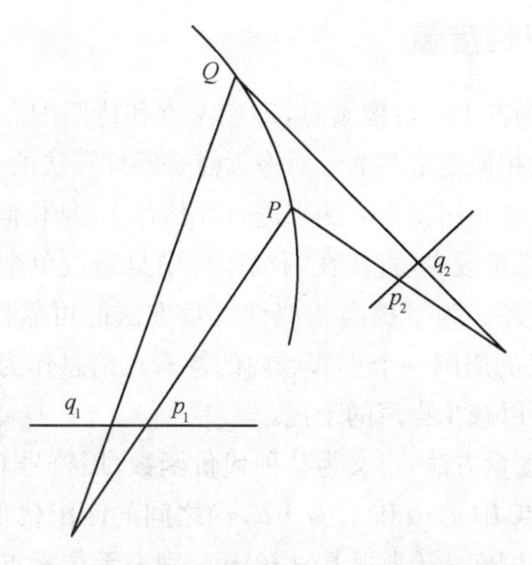

图 4－10　顺序约束反例(相机光心位置不同)

图 4－10 所示的反例是由于相机的光心位置不同所造成的,即相机从不同角度进行拍摄。本文中所讨论的立体匹配是在双目平行视觉系统中进行的,因此该情况不用考虑。另外,也存在反例,即对细小物体不成立,如图 4－11 所示。

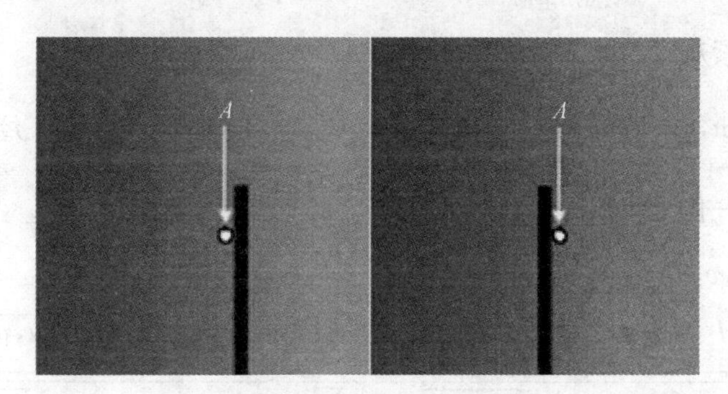

图 4－11　顺序约束反例(细小物体)

在图 4－11 中,对左图而言,细小物点 A 在圆柱体的左边,但在右图中,细小物点 A 在圆柱体的右边。对于这种情况,我们在生活中也是深有体会的。在人眼前方放一个细小物体和一个大圆圈,用一粒芝麻代替细小物体与大圆圈作对比说明。将芝麻放在圆圈的左边且稍微临近,当人眼正视前面画面时,发现芝麻位于圆圈的左边,当人眼(头)平行向右移动时,此时发现芝麻已经进入到圆圈的里面。

4.2.5 相似性度量

通过估计两幅图像中一对像素点，即参考点和待匹配点这二者之间的相似程度(差异)，去寻找相似度最高的一对像素点是匹配算法的实质。因此，在进行相似程度判断时，需要利用度量方法来进行评估，这就是相似性度量。由于单个像素点所包含的信息量较少，直接在两幅图像中只通过单个像素点建立的度量方法，其可靠性比较差。为了提高相似性度量方法的可靠性，一般采用窗口累积，即选择待匹配点的周围一个小邻域内的像素点信息作为支撑，同时，利用窗口的累积效应，还可以减少噪声的干扰。

常用的相似性度量方法，定义为某种代价函数，用符号 $C(u,v,d)$ 表示窗口累积过程中左右两点 $I_l(u,v)$ 和 $I_r(u+d,v)$ 之间的匹配代价，即计算当前视差值下，左右点的不匹配度。d 为视差值，u、v 分别表示像素点在图像坐标系中所对应的行列号。常用的相似性度量方法有：

(1) 像素灰度差的平方和，简称 SSD：

$$C(u,v,d)=\sum_{(i,j)\in W}\left(I_l(u+i,v+j)-I_r(u+i+d,v+j)\right)^2 \tag{4-16}$$

(2) 像素灰度差的绝对值和，简称 SAD：

$$C(u,v,d)=\sum_{(i,j)\in W}\left|I_l(u+i,v+j)-I_r(u+i+d,v+j)\right| \tag{4-17}$$

(3) 归一化交叉相关，简称 NCC：

$$C(u,v,d)=\frac{\sum_{(i,j)\in W}\left(I_l(u+i,v+j)-\overline{I_l(u,v)}\right)\cdot\left(I_r(u+i,v+j)-\overline{I_r(u,v)}\right)}{\sqrt{\sum_{(i,j)\in W}\left(I_l(u+i,v+j)-\overline{I_l(u,v)}\right)^2\cdot\sum_{(i,j)\in W}\left(I_r(u+i,v+j)-\overline{I_r(u,v)}\right)^2}} \tag{4-18}$$

我们对上述三种相似性度量方法进行分析，利用不同的立体图像对所产生的视差图进行对比。为了分析的客观性，在匹配实验过程中，设定窗口尺寸均为 7 * 7，所采用的图像对是 Tsukuba 和 Venue，对应的视差搜索范围分别是 16 和 19。实验仿真结果所得视差图如表 4 - 1 所示。

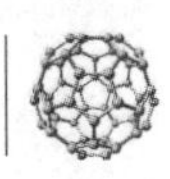

表 4-1　三种相似性度量方法产生的视差图

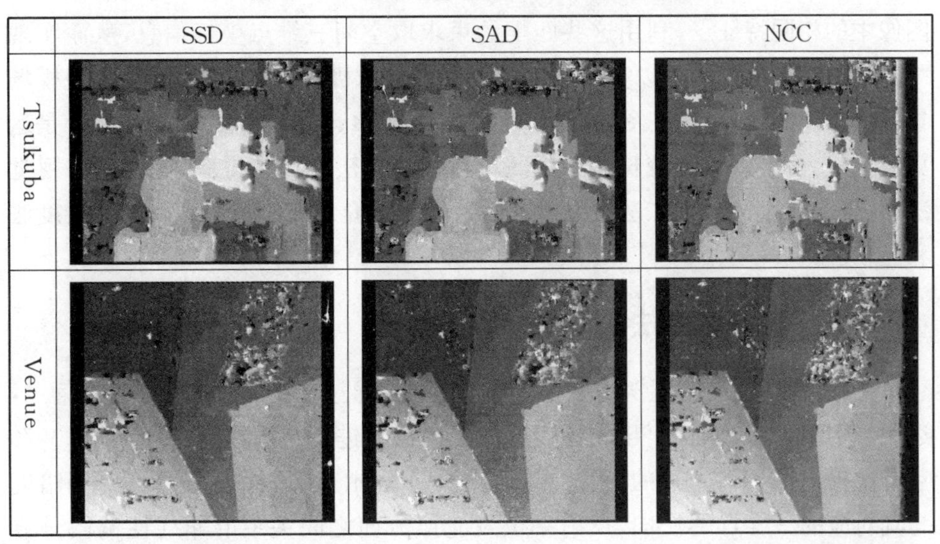

从表 4-1 中所显示的视差图来看，视差图画面可以粗略地显示原始图片的结构轮廓。但视差图的精度较低，存在明显的误匹配点，特别是在弱纹理区域，所得到的视差图不够平滑。同时物体的边界信息比较模糊，如在 Tsukuba 图中，台灯的支架与周围其它物体没有明显区分开。因此，仅仅利用单一的相似性度量法来求解视差并不能满足高精度的要求，还需要结合其它限制条件，来更准确地判断匹配点的方法。

另外，用上述三种度量法所获得的视差图画面，在整体上没有明显的差别。显然单一利用视差图结果来分析不同相似性度量法性能的优劣，不够客观，还需要能够定量的进行分析，即需要分析不同相似性度量函数的计算代价及匹配准确率，这就需要结合匹配评价标准进行分析。

4.3　单目视觉三维重建

单目视觉方法[7-9]是指使用一台摄像机进行三维重建的方法。所使用的图像可以是单视点的单幅或多幅图像，也可以是多视点的多幅图像。前者主要通过图像的二维特征(用 X 表示) 推导出深度信息，这些二维特征包括明暗度、纹理、焦点、轮廓等，因此也被统称为 X 恢复形状法。这一类方法设备结构简单，使用单幅或少数几张图像就可以重建出物体三维模型；不足的是通常要求的条件比较理想化，实际应用情况不是很理想，重建效果也一般。后者通过匹配不同图像中的相同特征点，利用这些匹配约束求取空间三维点坐标信息，从而实现“三维重建”这种方法可以实现重建过程中的摄像机自标定，能够满足大规模场景三维重建的需求，且在图像资源丰富的情况下重建效果比较好；不足之处是运算量比较大，重建时间较长。常用的单目视觉方法有明暗度法、光度立体视觉法、纹理法、轮廓法、调焦法、运动法等，这里重点介绍应用最为广泛的明暗度法和运动法。

4.3.1 明暗度法

明暗度法，即明暗度恢复形状法。这种方法通过分析图像中的明暗度信息，运用反射光照模型，恢复出物体表面的法向信息进行三维重建。Horn 于 1970 年首次提出了 SFS 方法的概念，并给出了一个表示二维图像中各像素点明暗度与其对应的三维点的法向、反射率以及光照方向之间关系的非线性偏微分方程——明暗度方程。

但是这种 SFS 方法是一个欠约束问题，需要其他约束才能进行求解，所以传统的 SFS 方法还要基于三个假设：

① 反射模型为朗伯特模型，即从各个角度观察，同一点的明暗度都相同的；

② 光源为无限远处点光源；

③ 成像关系为正交投影。

在这些假设条件下，物体表面明暗度只由光源入射角的余弦决定，因此可以由明暗度求解物体表面法向。但是基于这三个假设的模型存在两个问题：

① 朗伯特模型是一种理想化的模型，真实物体通常不满足朗伯特模型；

② 正交投影的病态性(解不唯一)问题——不同的表面也可以产生相同的图片，导致重建效果较差。

对问题①，有研究者提出了使用非朗伯特模型的 SFS 方法。对问题②，一种解决方案是添加辅助约束进行求解，但这类方法实用性较差，难以应用于实际图像。另一种方案是使用透视投影替代正交投影的 SFS 方法，即 PSFS 方法。这类方法在真实图像重建方面表现更好，也是目前普遍采用的方法。综合以上两个问题，Vogel 等人提出了使用基于非朗伯特模型的 PSFS 方法对真实图片进行重建，取得了不错的效果。

明暗度法的主要优势在于可以从单幅图像中恢复出比较精确的三维模型，

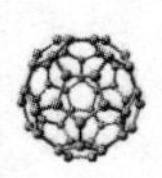

可以应用于除镜面物体之外的几乎所有类型的物体。但是明暗度法重建单纯依赖数学运算，效果不佳，而且由于对光照条件要求比较苛刻，需要精确知道光源的位置及方向等信息，使得明暗度法很难应用在室外场景等光线情况复杂的三维重建上。

4.3.2　运动法

运动法，即基于运动的建模，是通过在多幅未标定图像中检测匹配特征点集，使用数值方法恢复摄像机参数与三维信息的一种方法。

运动法首先在图像中检测需匹配的特征点集，以恢复摄像机之间的位置关系。Harris 等人首先提出了角点的定义；Shi 等人在此基础上进行了改进，提出了一种效果更好的角度提取方法；而目前使用比较广泛的特征点提取和匹配方法是 SIFT 方法；在 SIFT 方法的基础上，又有研究者分别提出了 PCA - SIFT、GLOH、SURF 等运算速度更快的方法。后来提出的算法虽然在速度上较之 SIFT 方法更快，但在稳定性和准确性方法都有所下降。在对运算速度没有太多要求的情况下，SIFT 方法仍然是最佳选择。

Tomasi 首先提出了使用因式分解的方法，实现了射影层次的重建；但是这种方法的重建结果存在严重畸变，无法恢复平行、角度、距离等几何约束。Faugeras 通过引入几何约束实现了仿射度量和欧式层次的重建；但这种方法只适用有几何约束的物体(如建筑物等)，对一般物体重建则需要预先进行摄像机标定。Hartley 使用了 Kurppa 方程结合 SVD 分解，实现了一种在摄像机内参数不改变情况下的自标定方法。

但是上述方法获得的数据精度不高，仍然需要进一步的优化以提高精度。目前最常用的优化方法是集束约束法。集束约束法采用的是 Levenberg-Marquardt 算法，这一算法也是目前解决非线性最小二乘问题最常用的算法。针对集束约束法运算量大，不适于大规模重建的问题，又有研究者分别提出了 SBA 等改进方法，可以应用于超大规模的三维重建。由于只计算出了特征点对应空间点的三维坐标，因此还需要通过插值及网格化等步骤才能最终得到三维模型。

运动法对图像的要求非常低，可以采用视频甚至是随意拍摄的图像序列进行三维重建。同时可以使用图像序列在重建过程中实现摄像机的自标定，省去了预先对摄像机进行标定的步骤。而且由于各种特征点提取和匹配技术的进步,运动法的鲁棒性也极强。运动法的另一个巨大优势是可以对大规模场景进行重建,输入图像数量也可以达到百万级,非常适合自然地形及城市景观等"三维重建"运动法的不足主要是运算量比较大,同时由于重建效果依赖特征点的密集程度,对特征点较少的弱纹理场景的重建效果比较一般。

4.4 双目视觉三维重建

立体视觉法,也称双目视觉方法[10-11],是一种将双目视差信息转换为深度信息的方法。这种方法使用两台摄像机从两个(通常是左右平行对齐的,也可以是上下竖直对齐的)视点观测同一物体,获取在物体不同视角下的感知图像,通过三角测量的方法将匹配点的视差信息转换为深度。这一重建过程与人类视觉的感知过程相似,比较直观和易于理解。一般的双目视觉方法都是利用对极几何将问题变换到欧式几何条件下,然后再使用三角测量的方法估计深度信息。这种方法可以大致分为图像获取、摄像机标定、特征提取与匹配、摄像机校正、立体匹配和三维建模六个步骤。

① 图像获取:使用两台水平或垂直并列的摄像机获取图像,要求两台摄像机的位置关系尽可能满足前向平行对准,有利于降低摄像机校正时的运算量。同时可以对图像做必要的预处理,如去噪、平滑、增强等。

② 摄像机标定:对摄像机进行标定,获得畸变向量,使用数学方法消除径向和切线方向上的镜头畸变,获得无畸变图像。同时获得摄像机内参数等信息,为后面计算本征矩阵做准备。

③ 特征提取与匹配:提取两幅图像中的特征点并对其进行匹配,为下一步获得摄像机位置关系并进行立体校正做准备。这一步匹配的特征点要尽可能保证匹配的准确性,数量只要能满足计算下一步计算基础矩阵的需求即可。

④ 摄像机校正:使用得到的匹配特征计算摄像机的基础矩阵,由摄像机内参数可以进一步求得本征矩阵,这样就获得了两台摄像机的位置关系信息,可以利用对极几何将图像校正为满足极线约束的行对准图像。

⑤ 立体匹配:获得了行对准图像后,匹配特征点的二维搜索变成了沿着极线的一维搜索,不仅节省大量计算,而且可以排除许多虚假匹配的点,以此为基础就可以获得两幅图像中点的稠密立体匹配,并计算出视差图。

⑥ 三维建模:使用三角测量的方法,由视差计算点的深度值,获得稠密的深

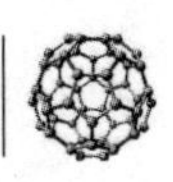

度点云，对点云进行插值和网格化就可以得到物体的三维模型。

由于这种在欧式几何条件下的方法对摄像机的标定和校正的要求比较严格，也有一些双目视觉方法采用了在射影几何条件下，利用空间射线求交的方式来计算空间点的三维坐标。这种方法在摄像机标定和校正方面要求比较宽松，降低了运算量，但由于无法获得较准确的稠密立体匹配，其重建效果不如前面介绍的方法。

双目立体视觉法的优点是方法成熟，能够稳定地获得较好的重建效果，实际应用情况优于其他基于视觉的三维重建方法，也逐渐出现在一部分商业化产品上；不足的是运算量仍然偏大，而且在基线距离较大的情况下重建效果明显降低。

4.5　多目视觉三维重建

双目视觉方法在重建过程中存在的主要问题是：

① 图像中重复或者相似特征的存在易引起假目标的产生；

② 使用外极线约束时，平行于外极线的边缘容易产生模糊；

③ 如果基线距离增大，使得遮挡严重，能重建的空间点减少，同时由于视差范围的增大，导致在较大搜索空间内产生错误匹配的可能性也增大。

针对这些问题，又有学者提出了多目视觉方法[12]。其基本思想是通过增加一台摄像机提供额外约束，以此来避免上面提到的双目视觉方法的几个问题。根据摄机的位置关系，三目视觉可分为直角三角形结构和共线结构两种。

直角三角形结构：三台摄像机的投影中心形成一个等腰直角三角形排列。这种结构的特点是：

① 左右图像的外极线平行于 X 轴，而上、下图像之间的外极线平行于 Y 轴；

② 对于每一点，左、右图像所获得的水平偏移等于上、下图像所获得的垂直偏移。这种方法相当于分别从相互垂直的两个方向上进行双目立体视觉深度估计，避免了边缘与外极线平行时的匹配模糊性。但如何综合两个图像对所得到的深度信息来求得更准确和完整的深度图，到目前为止，还未有一个很完善的方法。

共线结构：三台摄像机的投影中心共线，设为沿着 X 轴方向的左、中、右排序。设 dL、dC、dR 分别为同一空间点在左、中、右三幅图像中沿扫描线的偏移（视差），则搜索区域是一个三维立方体，但考虑到对于任何一点，由 dL、dC 或

dC、dR 所确定的深度相等，即应满足如下约束：$2dC-dR-dL=0$，这就使搜索区域从三维立方体降低到由该约束方程所确定的一个二维空间中。然后可利用两层动态规划法，由全局搜索和局部搜索相结合得到最优匹配。三目视觉方法可以避免双目视觉方法中难以解决的假目标、边缘模糊及误匹配等问题，在很多情况下重建效果优于双目视觉方法。但由于增加了一台摄像机，设备结构更加复杂，成本更高，控制上也难以实现，因此实际应用情况并不理想。

思考题

1. 尝试描述世界坐标系、摄像机坐标系、图像坐标系三者之间的关系。
2. 描述摄像机的标定流程，每一步需要注意哪些问题？
3. 立体匹配的基本方法有哪些，各有什么优缺点？
4. 立体匹配的基本约束有哪些？
5. 简述明暗度法及运动法的特点。
6. 简述明暗度法与运动法的应用领域。

参考文献

[1] 章秀华，白浩玉，李毅．多目立体视觉三维重建系统的设计．武汉工程大学学报，2013，03:70-74.

[2] 蔡钦涛．基于图像的三维重建技术研究．浙江大学，2004.

[3] 鲁琳琳．摄像机定标精度改进方法研究．三峡大学，2010.

[4] 杨文茂，李全英．空间解析几何，2004.

[5] 罗桂娥．双目立体视觉深度感知与三维重建若干问题研究．中南大学，2012.

[6] 刘晓丽．基于区域层次化和多尺度的立体匹配算法研究．三峡大学，2011.

[7] 佟帅，徐晓刚，易成涛等．基于视觉的三维重建技术综述．计算机应用研究，2011，07:2411-2417.

[8] 张涛．基于单目视觉的三维重建．西安电子科技大学，2014.

[9] 王贻术．基于单目视觉的障碍物检测与三维重建．浙江大学，2007.

[10] 蒋文娟．基于双目立体视觉的三维重建．南京航空航天大学，2008.

[11] 王晓华．基于双目视觉的三维重建技术研究．山东科技大学，2004.

[12] 郑恩亮．多目视觉三维人体运动．上海交通大学，2008.

第5章　激光三维扫描系统

多年来，随着计算机技术高速发展，立体摄影测量逐渐发展到数字立体摄影测量技术，这是目前测绘领域获取地面三维数据最成熟、最可靠的技术。但摄影测量的工作流程仍然延续传统的测量模式，如航空摄影—摄影测量—地面测量—制图。随着数字城市的快速发展，传统的测量模式具有生产周期长等缺点，满足不了数字地球对测绘的要求。为更加直接精确、快速地获取地面三维数据，一些测量的新技术、新方法不断涌现出来，如干涉雷达影像获取技术、GPS(Global Positioning System，全球定位系统)技术、激光扫描获取技术等。其中，比较突出的是激光扫描获取技术，该技术能实时、快速、精准地获取目标的三维空间信息，是目前获取地球空间信息的高新技术之一，也是当前研究的热点[1]。

三维激光扫描技术又被称为实景复制技术，由美国的CYRA公司和法国的MENSI公司率先将激光技术发展到三维测量领域，且美国宇航局在2000年的时候成功地将三维激光测量技术运用到产品的设计加工过程中。其主要特点是通过不同视点的从水平到垂直的全自动高精度步进式扫描测量得到点云数据，将这些数据进行配准和融合等操作后，达到获取高精度高分辨率的数字实物模型的目的。该技术以其测量操作简单、应用环境广泛、数据获取迅速等优势，广泛应用在测绘、文物数字化保护、数字娱乐等行业。

三维激光扫描系统是目前国际上最先进的获取地面多目标三维数据的长距离影像的测量技术，它将传统测量系统的点测量扩展到面测量，它可以深入到复杂的现场环境及空间中进行扫描操作，并直接将各种大型、复杂实体的三维数据完整的采集到计算机中，进而快速重构出目标的三维模型及点、线、面、体等各种几何数据，而且它所采集到的三维激光点云数据还可以进行多种后续处理工作。

5.1 测距原理

激光(Laser)的理论源于物理学家爱因斯坦,他指出组成物质的原子内存在不同能级的轨道,当发生位于高能级轨道的粒子受到某种光子激发跳跃到低能级轨道时辐射出激发光子性质相同但强度更高光的现象时,这种辐射出的"更强光"便称为激光。激光以其特有的方向性、单色性、高亮度、相干性均良好的四个特点,且发散角和发光面积都很小,能量能高度集中在特定空间。激光最早应用在测距领域,1962 年应用于测量地球与月球的距离。随着激光技术的出现及发展,促进了激光测量技术的迅猛发展。

激光测距主要有三种方法,即飞行时间法,干涉法,三角法。前者是根据激光飞行时间来直接或间接地计算出所求的距离,后两者通过数学统计或光子计数的方法来计算距离。下面对这三种测量原理进行详细介绍[2][3][4]。

5.1.1 飞行时间法

飞行时间法又可细分为脉冲法和相位法。

1. *脉冲法激光测距原理*

在激光测距技术领域里,脉冲法是较早被应用于距离测量的技术之一。激光脉冲具有发射持续时间短和发散角小两个主要特点,得益于激光脉冲的这两个主要特点,使得激光发出的能量能够在空间和时间上实现更好的集中,而这样就可以使激光脉冲的瞬时功率足够大。基于上述优势,在合作目标予以配合的前提下,脉冲式激光测距技术能够在较大的量程范围内实现有效测量。然而,由于在实际的应用中对合作目标进行有效设置的难度比较大,为了有效地解决这一问题,脉冲式激光测距通常情况下是利用目标物体表面对于激光产生的漫反射从而获得目标物体的反射信号来实现的。就目前而言,在人造地球卫星测距、工程测量、地形测量等诸多领域已经实现了脉冲法激光测距的广泛而有效的应用。脉冲法激光测距利用激光脉冲持续时间短、能量集中、瞬时功率大的特点,在有标靶的情况下,可进行极远范围的测距。而短程范围的测距仅仅利用目标物体表面对激光产生的漫反射也能实现,但此时测量的精度不高。

脉冲法激光测距就是通过测量在待测距离 L 上光子飞行时间 t 来计算距离 L:

$$L = \frac{ct}{2} \tag{5-1}$$

式中 L 表示待测的距离，c 表示的是光速，t 表示激光的飞行时间。

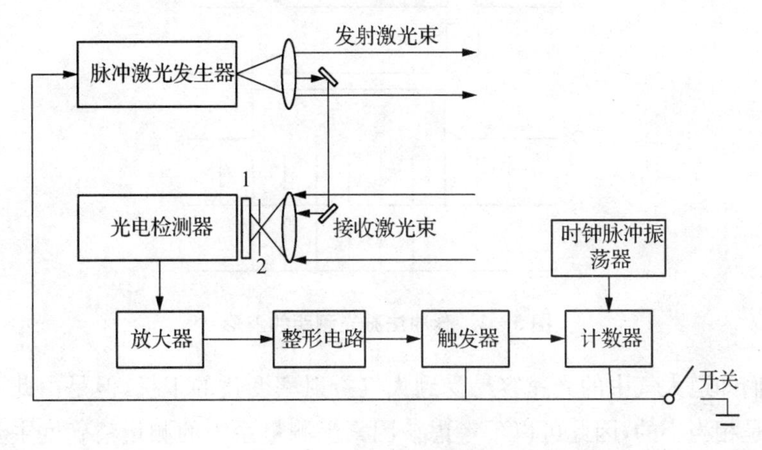

图 5-1　脉冲激光测距系统

如图 5-1 所示，一个典型的脉冲激光测距系统由脉冲激光发射系统、光电接收系统、门控电路、时钟脉冲振荡器以及计数显示电路共五部分组成。其中 1 和 2 分别为干涉滤光片，小孔光阑，它们的作用为减少背景光以及杂散光影响，降低输出信号的背景噪声。脉冲激光发生器对准测量目标发送光脉冲，其中一小部分光子进入接收通道 1，经光电转换及放大滤波整流后，作为参考信号使触发器翻转，控制晶体振荡器开始对时钟脉冲进行计数。其余功率的光子，飞行距离 L 遇到目标障碍物后发生反射，返回到激光探测器接收端。同样地，经过光电转换及放大滤波整流后，作为回波信号使触发器翻转无效产生终止信号，即完成整个测量过程。根据计数器的输出以及上式得到待测距离为：

$$L = \frac{cN}{2f_0} \tag{5-2}$$

式中，N 为计数器计到的脉冲个数，f_0 为计数脉冲的频率。

图 5-2 为脉冲法激光测距的有关波形。其中 A 表示起始的测量信号，B 表示回波信号和参考信号，C 表示 B 经过整形后得到的信号，D 表示门控信号，E 表示参考时钟的脉冲，F 表示计数器计数脉冲。

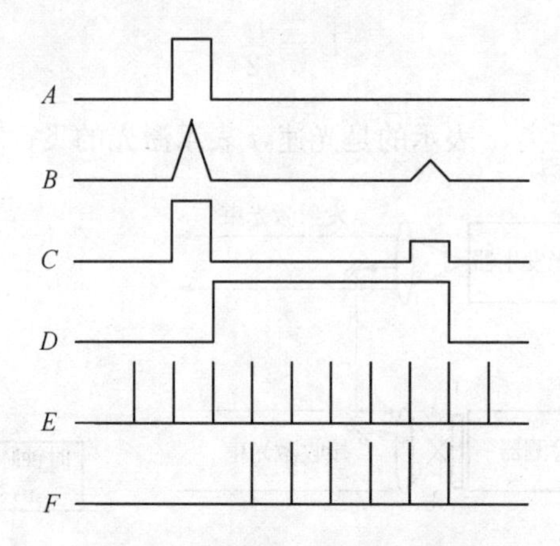

图5-2　脉冲法激光测距的波形

我们知道大气中的光速容易受到大气折射率变化的干扰，但是由此而引起的误差是相当小的，因此可以不考虑该因素。测量系统的测量精确度主要依赖于接收通道的带宽、激光脉冲的上升沿、探测器的信噪比（峰值信号电流与噪声电流均方根值之比）和时间间隔测量精确度、使用的光学系统、计数器频率的上限、被测物体及电路对脉冲信号的展宽等。

脉冲法激光测距系统主要研究的问题是怎样准确地判断出激光脉冲的起止点及准确地测量出激光的飞行时间。在脉冲的起止点判定时，有很多可以造成误差的因素：脉冲的上升沿的宽度、起止点的时刻鉴别单元带宽、信号的幅度、接收脉冲的衰变、输入的噪声引起的时间抖动、鉴别的类型等等。若要求测量精度达到厘米量级，则参考时钟脉冲的频率应该取在 1.5 GHz 以上，相应的时刻鉴别的误差则一定要控制在皮秒量级，这是很难实现的。

通过上面的分析我们可以知道：脉冲法在高精度测量方面很难满足要求。

2. 相位法激光测距原理

相位法激光测距技术，是采用无线电波段频率的激光，对激光束进行幅度调制并测定正弦调制光往返所产生的相位差 φ，再根据调制光的波长 λ、频率 f、光速 c，激光飞行时间 t，最终计算出待测距离 D：

$$D=\frac{c}{2}\times t=\frac{c}{2}\times\frac{\varphi}{2\pi f}=\frac{\lambda}{2}\times\frac{\varphi}{2\pi}\tag{5-3}$$

为了方便理解，如图 5-3 所示，假设测距仪的激光发射点位于 A 点，激光接

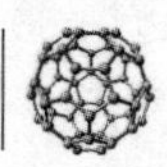

收点位于 A' 点(实际测距仪的发射系统与接收系统在一起内部),即 $AB=A'B$,反射器位于 B 点,则待测距离 $AA'=2D$。

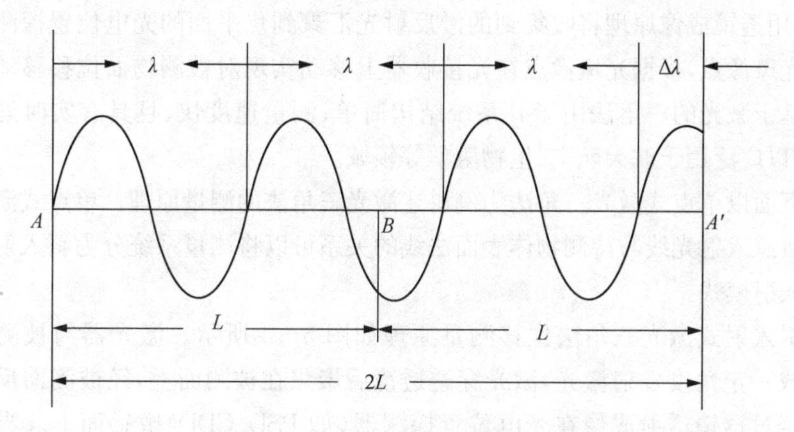

图 5－3　光波经距离 2L 的相位变换

与在 A 点起始发射的调制波相比,在 A' 点接收到的调制波的相位差为 $\varphi=2m\pi+\Delta\varphi=2\pi(m+\Delta m)$,$m$ 为相位 φ 中包含 2π 的整数倍,Δm 表示相位数。由上式可得到:

$$L=\frac{\lambda}{2}\times\frac{2\pi(m+\Delta m)}{2\pi}=\frac{\lambda}{2}(m+\Delta m) \tag{5-4}$$

令 $L_s=\frac{\lambda}{2}$ 为半波长度,作为量度距离的光尺则:

$$L=L_s(m+\Delta m) \tag{5-5}$$

在相位测量技术中只能测出不足 2π 的相位余数 Δm,而不能测出 m。即当待测距离小于半波长度 L_s 时(此时 $m=0$),可测定距离;即当待测距离大于半波长度 L_s 时,仅仅使用单一的光尺是无法测定距离。

为了实现高精度的长距离测量,常用的手段是同时利用几把半波长度 L_s 不同的光尺,最短的光尺用来保证测量精度,最长的光尺用来保证测距的量程。该测量技术精度高,一般可以达到毫米级。

5.1.2　三角测量法

伴随着一系列光电探测器(如 PSD 和 CCD)和半导体激光器应用技术的发展,激光三角测量法逐渐受到了人们的重视:广泛地应用到精密检测、微小位移、物体外形轮廓等技术中。三个测量点分别为物面、接收系统和激光光源，他们组成一个三角形路径。它将激光束投射到被测物面形成的漫反射光斑作为传感信号，利用透镜成像原理将收集到的漫反射光汇聚到焦平面的光电位置探测器上形成光斑像点，根据光斑像点在光接收器上移动实现对被测物面位移移动的测量。基于激光的三角法由于其系统结构简单、测量速度快、且具有实时处理能力，所以广泛用于航天航空、生物医学等领域。

下面以单点式激光三角法为例讲述激光三角法的测量原理。单点式激光三角法按照入射光线与待测物体表面法线的关系可以将测量系统分为斜入射模式和直入射模式。

斜入射式激光三角法位移测量原理如图 5－4 所示。激光器与被测面的法线成一定角度发射激光，激光穿透透镜后聚焦在被测面上，经被测面反射的光线经过透镜透射成像在光电位置探测器（如 PSD、CDD）敏感面上。当物体发生移动或者表面发生变化时，光电位置探测器上形成光斑像点也会随之发生变化。

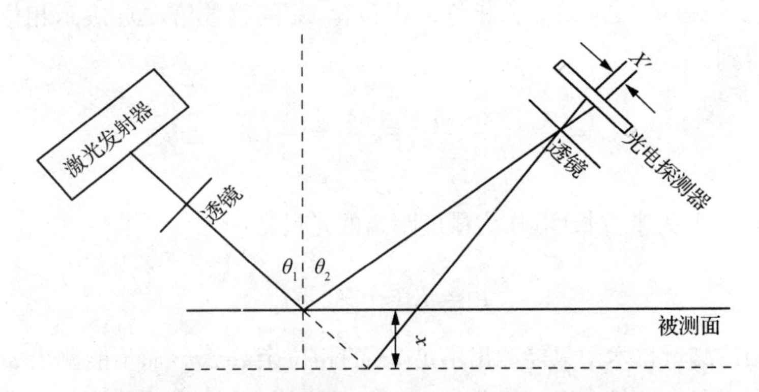

图 5－4　斜入射式激光三角法位移测量原理图

当光电位置探测器上的光斑像点发生位移为 x' 的移动时，利用下式计算得到待测表面沿法线方向移动的距离为：

$$x = \frac{ax'\cos\theta_1}{b\sin(\theta_1+\theta_2) - x'\cos(\theta_1+\theta_2)} \tag{5-6}$$

直入射式激光三角法位移测量原理如下图 5－5 所示。

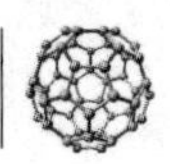

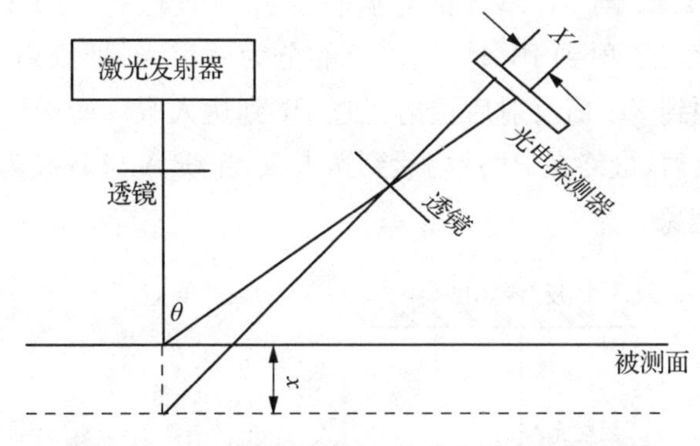

图 5-5　直入射式激光三角法位移测量原理图

此时若光斑在探测器光敏面上发生 x'的移动时，利用下式计算得到待测表面沿法线方向移动的距离为：

$$x=\frac{ax'}{b\sin\theta-x'\cos\theta} \tag{5-7}$$

三角法被广泛地应用于中近距离测量，主要测量物体的厚度、宽度、表面轮廓、位移等。由于三角法测距的原理很简单，很容易构造，因此被广泛应用于实时动态测量中。在近距离测距时，由于激光所具有很好的方向性、高亮度和单色性的特点，并且在接收装置具有很高的灵敏度的情况下，很容易确定出散射光斑的位置；但当在远距离测量时，由于距离远，激光在穿过大气层时被衰减了大部分，导致接收装置接收到的光强很微弱，很难判断信号光斑的中心，会造成很大的测量误差。

5.1.3　干涉法

激光干涉仪是一种依据"增量法"来测长的仪器，通过移动被测目标并对相干光进行测量，经计数完成距离增量的测量。将目标反射镜与被测物捆绑在一起，参考反射镜不动，当目标反射镜随被测物一起移动时，两束光束光程差即发生变化，干涉条纹也随之发生变化。若被测物体移动一段距离时干涉条纹发生明亮交替一次变化，则此时记下变化的周期就确定了被测长度。

以迈克尔逊干涉仪为例，如图 5-6 所示，M1 和 M2 为两个精密磨光的平面反射镜，M2 为固定不变的。P1 和 P2 为材质相同，厚薄完全相同的平行玻璃板。P1 的靠激光发射器面镀有半透明的银膜，能使照射到该表面的激光一半反射一半透射。P1、P2与M1、M2都与水平面成45度倾斜。P1称为分光板，P2为补偿板。当激光照射到P1时，被均等的分为两束光，即反射光A和透射光B。反射光A照到M1后反射后透射经过P1到达人眼。而透射光B穿过P2，照到M2后被反射，最终在P1反射后到达人眼，光线A与B成为相干光束在人眼中发生干涉现象。

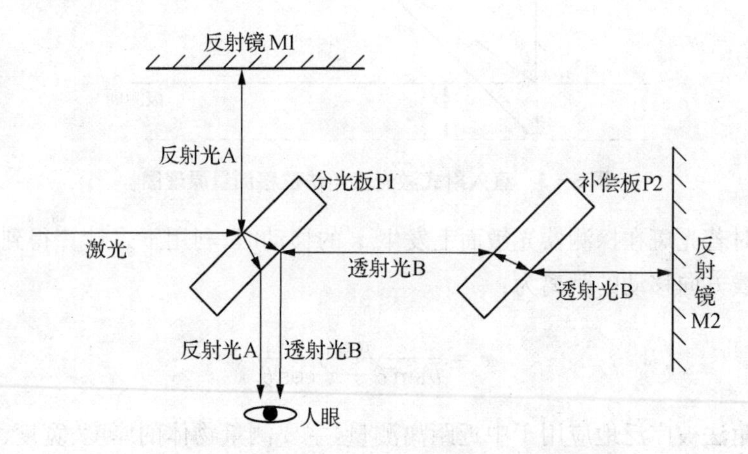

图5-6　激光干涉测距法的基本原理示意图

设表示干涉光的波长λ，根据干涉信号显示的明暗变化的次数K可以计算出测量镜的位移L：

$$L = K\frac{\lambda}{2} \tag{5-8}$$

如果光束A和光束B的路程差通过$N\lambda$来表示(N表示零或正整数)，那么实际上这两束光组合而成的合光束的振幅即为分别两个振幅相加所得的值，此时光的强度是最大的。如果光束A和光束B的路程差是$\lambda/2$或其奇数倍时，两个分振幅相互抵消即为零，这是产生光的强度最小的时候。激光束产生的是明暗相间的干涉条纹，它经过光电探测器接收后，被转换成的电信号经过处理后通过计数器进行计数，得出位移量的测量值。激光干涉法具有很高的精度。

通过K值可以得出被测物体的距离。干涉法主要用与测量形状的变化或微小距离等。当测量距离较远时，由于不同反射面会产生不同的干涉条纹，采用光学倍增法仍然具有较大误差，当测量和参考的两束光经过分束镜组合后，其中一部分通过与光电探测器作用产生干涉信号，剩余的光会随原来出射时的路径

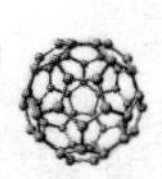

回到发射光源部分，干扰发射光源的正常工作。除此之外，对于长距离测量来说，干涉仪会受到导轨精度或外界振动等因素的影响，引起测量反射镜的位置和方向的偏移，产生测距误差。

干涉法测距的精度极高，但是在应用时对周围环境的要求严格，仪器两臂(M1 与 M2)的光强一定要保持稳定的状态，且抗干扰能力不强，体积大，使用不便，价格很高。在激光干涉测距技术中，距离测量范围较小，主要是用于近距离且要求高精度测量的场合。在实际应用中，必须保证光束的不间断性，这样实现起来就会受到很大的束缚。

5.2　激光扫描技术与目标表面架构形成

激光扫描仪的观测值主要为激光束的水平与竖直方向角度、激光点与激光扫描仪的距离、激光点的反射强度。另外，大部分的激光扫描仪还内置了高分辨率数码照相机，用于获取目标对象表面的纹理信息。其中，前两者观测值用于计算扫描点的三维坐标。激光点的强度值可以用于生成目标对象的灰度图像，对从点云数据中提取矢量化信息起辅助作用。激光扫描仪中的数码相机获取的彩色图像中包含了目标对象的真彩色纹理，当使用计算机系统对目标对象进行 3D 可视化展示时需要用到这类信息。

目前，大多数激光扫描仪所采用的工作方式是脉冲激光测距的方法，采用无接触式高速激光测量，以点云形式获取扫描物体表面阵列式几何图形的三维数据。基于地面的激光扫描仪主要包括激光测距系统和激光扫描系统，整套设备大小类似于全站仪，一般架设于三角架上进行扫描工作。激光测距系统采用非接触方式，利用激光束从发射到接收的时间差或者相位差来精确、高速地测量扫描点与扫描仪的距离。激光扫描系统通过匀速旋转的反射镜引导激光束以等角速度的方式发射，并测量激光束的水平方向与竖直方向的角度。两系统相结合，即可计算出每一个扫描点的空间三维坐标。

其获取扫描目标点云坐标原理为：根据内部精密的测量系统获取发射出去的激光光束的水平方向角度 α 和垂直方向角度 θ；由脉冲激光发射到反射被接收的时间计算得到扫描点到仪器的距离值 S；从获取扫描反射接收的激光强度，对扫描点进行颜色灰度的匹配如图 5－7。对于激光扫描仪而言，采样的是系统局部坐标，扫描仪的内部为坐标原点，一般 X、Y 轴在局部坐标系的水平面上，Y 轴常为扫描仪描方向,Z 轴为垂向方向。由此,可得扫描目标点 P 的坐标(X_s,Y_s,Z_s)的计算公式:

$$
\begin{aligned}
X_s &= S\cos\theta\cos\alpha \\
Y_s &= S\cos\theta\sin\alpha \\
Z_s &= S\sin\theta
\end{aligned}
\tag{5-9}
$$

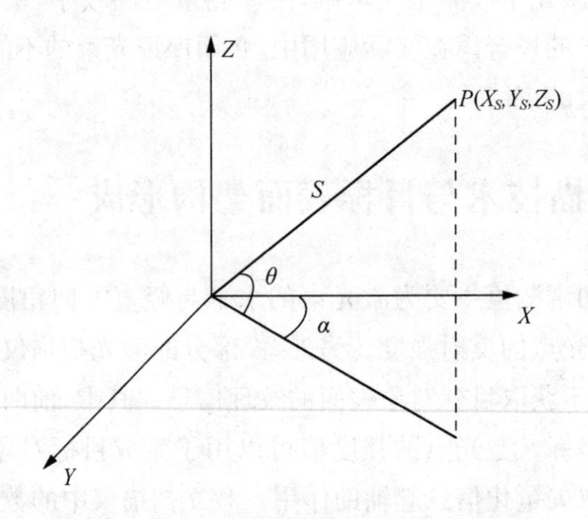

图 5-7 测量点坐标计算

激光扫描测量系统的点云数据是对现实世界物体形状最自然的表示方法之一,但是它只能表示物体的几何信息,不能表示物体的拓扑和纹理等信息。要想将原始有限的三维点云转换为完整的三维几何形体,必须要经过三维重建,必须结合相关的外设对目标表面进行构造。通常有两种方法:一种方法充分利用扫描数据的组成结构,按照近似蜂窝的网格构造办法,生成三维表面模型。该种方法生成的三维表面模型简单,利用周围六个点的平均值作为中心点,可得到较为光滑的物体表面模型。另一种方法通过提取点云中的轮廓线,利用轮廓线进行几何模型的构造。在目前无法完全自动实现基于激光扫描数据的三维模型之前,通过提取轮廓线,由线到面生成三维几何模型的方法不失为一种较好的三维重建方法。

三维激光扫描技术利用激光的独特优异性具有如下一些特点:

(1) 非接触测量

采用非接触扫描目标的方式进行测量,对扫描目标物体不需进行任何表面处理,直接采集物体表面的三维数据,所采集的数据完全真实可靠。

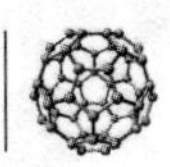

(2) 数据采样率高

采样点速率可达到数千点/秒,甚至可以达到数十万点/秒。

(3) 主动发射扫描光源

在扫描过程中,可以实现不受扫描环境时间和空间的约束。

(4) 高分辨率、高精度

快速、高精度获取大面积的目标空间信息,高密度的三维数据采集,高分辨率。

(5) 数字化采集,兼容性好

三维激光扫描技术所采集的数据是直接获取数字信号,具有全数字特征,易于后期处理及输出。用户界面友好的后处理软件能够与其它常用软件进行数据交换及共享。

(6) 可与外置数码相机、GPS 系统配合使用

这些功能大大扩展了三维激光扫描技术的使用范围,对信息的获取更加全面、准确。外置数码相机的使用,增强了彩色信息的采集,使扫描获取的目标信息更加全面。GPS 定位系统的应用,使得三维激光扫描技术的应用范围更加广泛,与工程的结合更加紧密,近一步提高了测量数据的准确性。

(7) 结构紧凑、防护能力强适合野外使用

目前常用的扫描设备一般具有体积小、重量轻、防水、防潮的优点,对使用条件要求不高,环境适应能力强,适于野外使用。

5.3　激光扫描测量平台

按照激光传感器搭载的平台不同,可以将激光扫描测量系统分为车载、机载和地面激光扫描测量系统,其中地面系统又可以细分为地面固定系统和移动系统。

5.3.1　机载型激光扫描系统

机载激光扫描系统以飞机为载体,对全球定位系统 GPS、激光测距仪、惯性导航系统三个基本的数据采集工具以及控制单元系统等设备进行集成,从而获取地面的三维空间信息[5]。某机载激光扫描系统对地探测的示意图如图 5－8 所示。

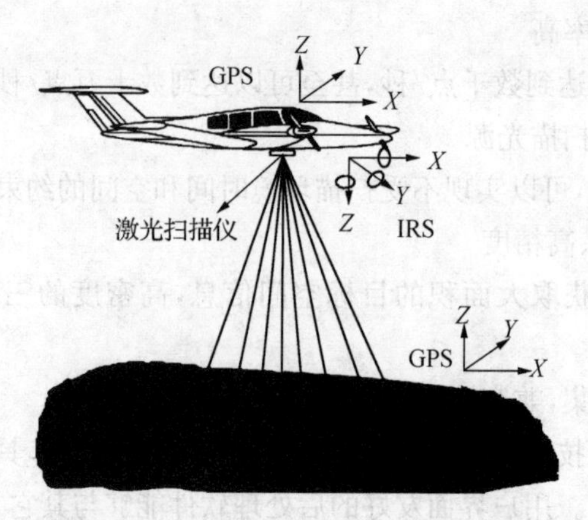

图5-8 机载激光扫描系统对地探测

激光测距仪用于测量地面目标反射点与激光发射点之间的距离;惯性导航系统根据惯性测量单元测量激光发射瞬间激光的空间姿态参数;GPS接收机用来确定激光发射点的空间位置;其中GPS接收机和惯性测量单元的联合又被称为导航系统,或者POS系统。机载激光扫描系统首先向地面发射激光脉冲并对脉冲的往返时间进行测量,然后对每个激光脉冲返回到传感器的时间进行处理,从而计算出地面到传感器之间的距离,同时还可以获取反射率、激光脉冲回波次数等信息。机载激光扫描系统获取的数据是一系列离散的、空间分布不规则的三维点,被形象的称为"点云"。点云数据能够充分的表现出被扫描区域的地物特征。

机载激光扫描系统具有如下优点:是一种主动传感器,不需借助其它光源就能够获取地物目标的空间三维信息,不易受太阳角和阴影的影响,而且数据采集速度快精度高、处理成本低,同时能够全天候作业以及进行海岸测量。由于机载激光扫描数据的独特特性,使机载激光扫描系统在摄影测量与遥感及测绘等领域都具有越来越广阔的发展前景和应用需求。机载激光扫描系统的应用领域主要有:

(1) 地形测绘。主要是数字高程模型(DEM)的生产,尤其是城区DEM的获取与更新,这也是机载激光扫描系统的主要应用领域。机载激光扫描系统能够直接获取高精度的数字表面模型(DSM),通过对DSM数据滤波并内插即可获得DEM数据;

(2) 森林地区测绘。利用机载激光扫描系统能够记录多次反射回波的特

性，可以获取森林地区的 DEM、木材的存储量以及植被的垂直分布结构等信息，为林业部门获取传统方法较难获取的精确数据；

(3) 海岸地区测绘。主要包括海岸带测绘、浅海水深测量以及海岸侵蚀的动态监测等。很多因素都会对机载激光扫描系统的测深能力造成影响，目前的测深范围为 50 米到 90 米，这就足够满足近海岸的测量。机载激光扫描系统能够较大提高海岸地区的测绘效率，为海洋部门带来极大的方便；

(4) 带状目标地形图测绘。由于激光扫描系统利用波长很窄的激光作为测量媒介，且激光具有很强的准直性，因此激光扫描系统对带状地区地形图的测绘就具有极大的优势，尤其是对激光具有很强反射率的带状区域。主要可以应用于道路、电力线路、海岸 4 线、河道以及输气管道等带状区域的测绘；

(5) 城市三维建模。城市三维建模是数字城市的重要组成部分，已被广泛应用于城市规划和设计、建筑设计以及无线通讯等领域。高密度的机载激光扫描数据在城市三维建模等领域具有非常广泛的应用前景，有望彻底解决传统的利用摄影测量手段建立城市三维模型遇到的瓶颈问题。

5.3.2　车载激光扫描系统

车载激光扫描系统即为一个地面移动系统，以汽车为平台，用三维激光扫描仪和 CCD 相机获取物体表面三维坐标和影像信息，POS 测定系统的姿态参数阵[6][7]。车载激光扫描测量依托于我国稠密的公路网，能够覆盖绝大多数区域，作业灵活，并可以精确、快速、大面积地获取城市建筑物、道路等交通设施等目标的表面信息。当前，在以地形修测为主的地形图修测和道路及其两旁地物的城市三维空间信息的采集、更新、三维重建等领域的应用中，已经逐渐开始使用方便灵活的车载激光扫描测量系统作为数据获取方式。

该系统主要是基于组合导航系统、激光扫描仪、CCD 相机三类传感器的硬件集成和软件集成，如图 5-9 所示。利用动态差分 GPS 测定传感器系统中心点的测量原点大地坐标；同时 IMU 准确测量传感器系统的实时姿态，即其航向角、俯仰角和翻滚角；三维激光扫描仪对道路两旁地物进行逐点测量，得到量测点相对于测量中心的角度和距离；线阵 CCD 相机同步采集对应的影像数据；所有传感器都固定在车内自动升降稳定平台上，保证了传感器与平台的运动或姿态都完全同步，各传感器之间的坐标关系可以确定，并通过同步控制系统得到记录数据的各个时刻，来实现时间同步，达到硬件集成的要求；各传感器数据数据处理后融合为最终的彩色点云数据，达到软件集成的要求。

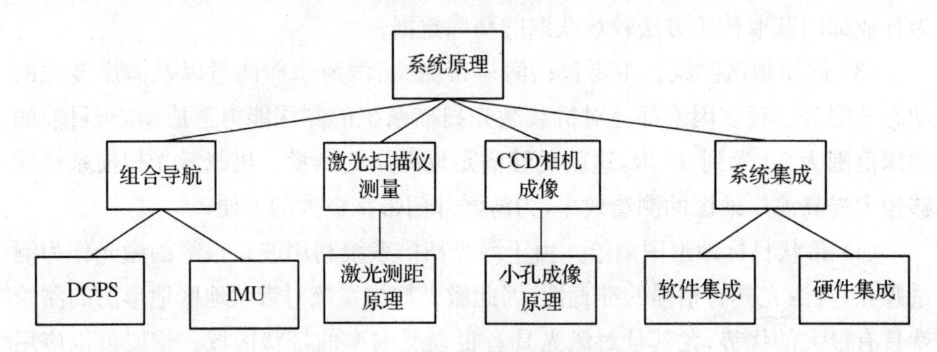

图 5-9　车载激光扫描系统原理

车载激光扫描系统相比于卫星激光扫描系统、机载激光扫描系统和地面固定激光扫描系统，由于其传感器搭载平台的不同，其数据应用于三维场景重建方面具有以下优势：

(1) 载体灵活性，易于数据的快速获取与更新，可以为数字城市提供丰富的各类地物三维数据；

(2) 激光传感器获取距离更短，相比与基于卫星和基于机载的激光系统，它能够获取更详尽的三维信息，而且是可量测的；

(3) 应用领域也更广，例如精确的数据还可以用来做道路、桥梁等工程中的监测，以及 GPS 数据可以用来制作导航数据等；

(4) 多传感器的硬件集成提高了数据获取和数据处理的效率，缩短了生产周期。

5.3.3　地面激光扫描系统

地面激光扫描技术是近几年来刚刚发展起来并正在逐步走向成熟的一项新技术[8]。该技术首先通过架设于地面的激光扫描仪，采用高速激光测量技术，以高精度、高密度离散点的形式，测量目标对象表面的三维形态信息，然后对观测数据进行处理，提取目标对象的矢量化三维空间形态信息。

地面激光扫描仪(Terrestrial Laser Scanner，TLS)经过近几年的发展，取得了长足的进步，具有很多其它技术手段所不具备的特点：

(1) 小型化且方便快捷。其大小与全站仪接近，作业时只要有架设扫描仪的空间，即可完成点云数据采集工作；

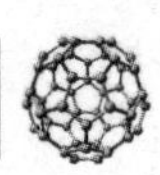

(2) 数据采集速度快。常规地面扫描仪的扫描点采集速度可达每秒钟数千点以上,某些型号的扫描仪的采集速度更可高达每秒数十万点;

(3) 扫描精度高,一般可达毫米级;

(4) 无需可见光照明。TLS 依靠主动发射激光束的方法进行点云数据测量,可以实现全天候作业;

(5) 特别适合于对复杂对象进行细节测量。

正是由于 TLS 具备了上述这些优良的特性,该技术在城市三维建模、文物保护、逆向工程、地形测量、建筑物变形监测、竣工测量等诸多领域具有很好的潜在应用价值。相信随着相关软硬件技术的发展,特别是激光扫描数据后处理软件系统的开发完善,该技术在可预见的将来必将像全站仪和 GPS 一样在测绘领域不可或缺。基于地面三维激光扫描仪对建筑物的一个扫描结果如图 5 - 10 所示。

图 5 - 10 建筑物三维激光扫描结果

5.4 常用激光扫描仪介绍

三维激光扫描仪利用激光测距的原理可获取目标表面精确的点云数据信息。以下简要介绍一下其中有代表性的 RIEGL VZ - 400 型号和 Maptek I -

Site8810 型号的激光扫描仪。

5.4.1 RIEGL VZ－400 三维激光扫描系统

RIEGL VZ－400 三维激光扫描系统每秒可发射 30 万个激光脉冲，提供高达 1.8″的角分辨率。高精度的激光测距技术结合 RIEGL 独创的多回波接收和实时波形数字化分析技术极大地提高了仪器的数据获取能力。与传统的一次发射仅能接收一个回波脉冲的技术相比，它可探测到多重目标细节，并过滤植被和行人车辆对扫描过程的干扰。基于 RIEGL 独特的旋转多棱镜快速扫描技术，能够生成完全线性、均匀的激光点云。即使在恶劣的环境下可能完成高难度的扫描任务并进行多重波的分析。RIEGL VZ－400 的扫描距离最长可达 600 米，测量精度为±5 mm。RIEGL VZ－400 的扫描范围比较大，垂直方向的视角可达 100 度，水平方向可达 360 度。其扫描速度比较快，线扫描速度为 3 线/秒～120 线/秒，面扫描速度为 0°/秒～60°/秒。它的重量约为 9.6 kg。图 5－11 为 RIEGL VZ－400 的外观。RIEGL VZ－400 的操作可通过与 PC 机或笔记本连接后与 RISCANPRO 软件包配合使用。

图 5－11　RIEGL VZ－400 的外观图

5.4.2 Maptek I－Site8810 三维激光扫描系统

Maptek I－Site8810 为长测程激光扫描仪。可测量超过 2 000 米远的距离，测量 1 400 米的距离时反射率需达到 80％。测量精度为±8 mm，水平、垂直扫描范围分别为 80 度、360 度。该型号能够迅速扫描大型堆体，在保证精度的条

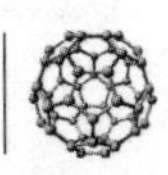

件下数小时就可获取堆体的体积信息。其整套系统的各级控制操作均是独立的,有效的避免了错误操作的发生。该系统可直接架设在现场车辆的顶部进行数据采集。在车辆移动的过程中,扫描仪顶端架设测量型 GPS,数据通过 GPS 的蓝牙端口直接发送至平板控制器,有效的减少了外业坐标输入所耗费的时间。扫描数据可通过 WIFI 高速存储到平板控制器极大地改善了测量人员野外作业的环境。图 5－12 为该型号的外观图。

图 5－12　Maptek I－Site8810 外观图

5.5　3D CaMega 光学三维扫描系统实例

下面以一个具体的三维扫描及建模为例具体说明三维扫描系统的过程及结果。

5.5.1　3D CaMega 光学三维扫描系统介绍

3D CaMega 三维光学扫描将可见光光栅条纹图像投影到待测物体表面,通过摄影镜头,拍摄物体不同部位光栅图像,由 CCD 将拍摄到的条纹图像输入到计算机中,三维图像反求软件根据条纹按照曲率变化的形状利用相位法和三角法等精确的计算出物体表面每一点的空间坐标(X,Y,Z)。

3D CaMega 三维光学扫描技术具有优于激光三维扫描等技术的特点,是目前世界主流的三维扫描技术之一，其特点如下：

(1) 所见即所测

3D CaMega就像人的眼睛一样，只要能够看到被测物体表面就可以提取到它的图像、进行计算处理，可获得其视长内可见物体表面的点云数据。

(2) 完美的原始数据

3D CaMega可以在采集三维型面数据的同时自动提取被测物体的轮廓、边界、特征线数据，自动屏蔽周边的无关物体，可在二维图像中进行编辑，任意取舍数据，为点云数据后处理创造完美的数据条件。

(3) 可靠的安全性

采用对人体无害的白光(而不是激光)技术，可以安全地对人体进行三维数据采集。

(4) 轻便快捷

3D CaMega单机机身仅有几公斤重，轻量小巧，可配合笔记本电脑组成便携式的测量系统，可以随时随地进行测量。

三维扫描仪器，通过以下几个步骤，可以使我们的工作更加有效，数据更加准确，具体步骤见图5-13。

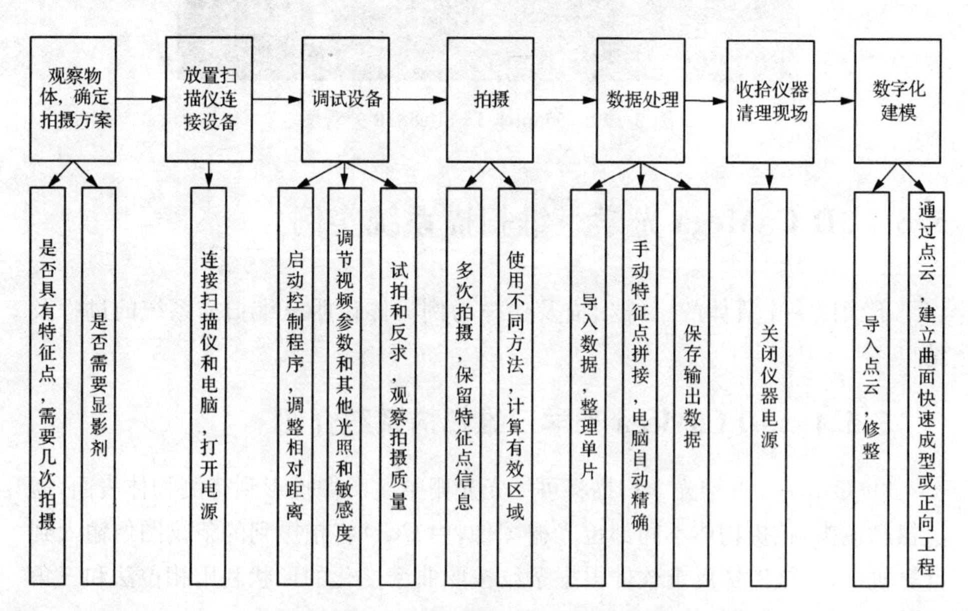

图5-13 CF控制程序主框架

5.5.2　扫描系统构建

整套设备由四部分组成：一台电脑，两台相机，一台专用光栅投影，转台（及控制盒）。

1. 设备组装及连线

此阶段为第一步骤，总共有几个要点：

(1) 电脑与其它相应设备进行连接。两台相机以 USB 接口接入电脑，转台控制盒以 USB 接口接入电脑（控制盒另一端接上转台），两个 24 伏电源，一个接 cf 扫描头，另一个接控制盒。

(2) 如是第一次使用，会弹出相应硬件驱动安装的提示，根据提示安装驱动。

2. CF 控制程序界面介绍

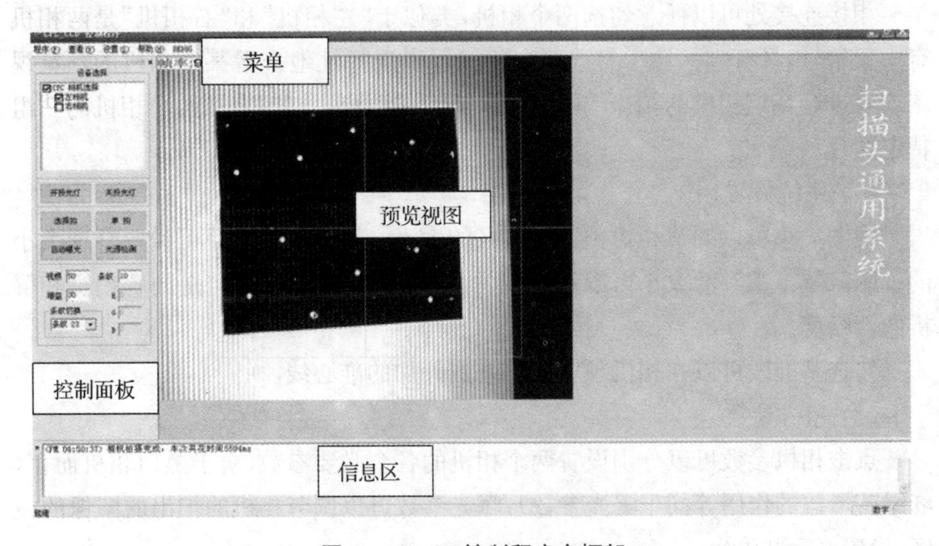

图 5－14　CF 控制程序主框架

CF 控制程序主界面主要分为四大区域，上边是菜单，左边是控制面板，中间是预览视图区，下边是信息区，如图 5－14 所示。控制面板主要分为系统控制面板和转台控制面板，如图 5－15、5－16 所示。

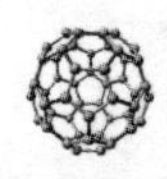

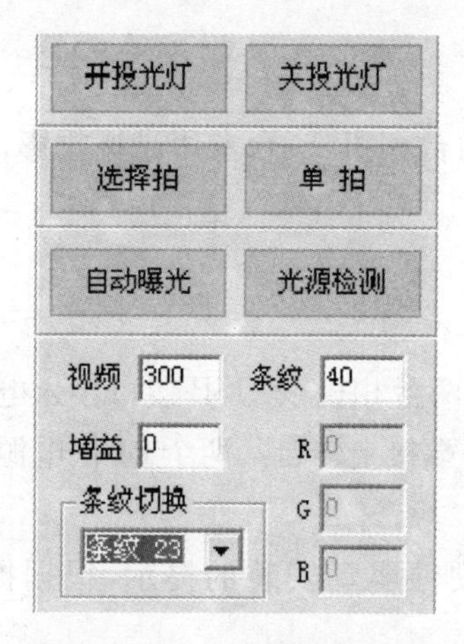

图 5-15　系统控制面板

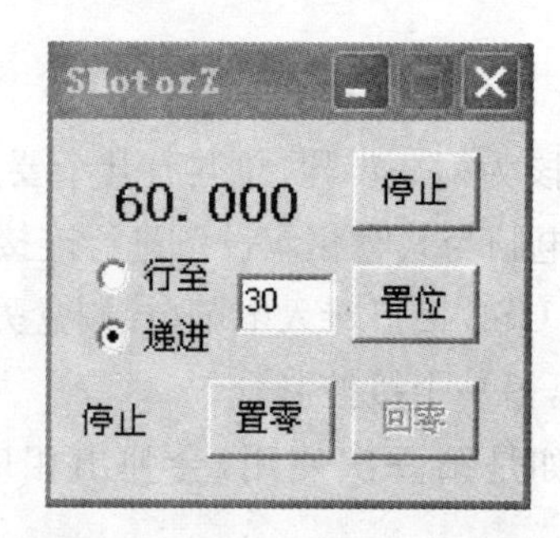

图 5-16　转台控制面板

相接连接处可以任意勾选两个相机，类似于“左相机”和“右相机”是两相机有内置编号，具有唯一性。勾选两个相机可以选择性地查看某个相机的预览视图或者进行特定相机的拍摄单幅照片。连续拍照可以同时获取两个相机的一组特定照片。

(1) 系统设置

视图大小可以调节相机预览视图区的大小。视显示器大小可设置合理大小的视图区域。视频的大小可以调解视觉的清晰度，条纹和增益是调解拍摄和解析的清晰度。

勾选基准线可以在相机预览视图看到外加的准心线。

(2) 相机参数

点击相机参数可以分别设置两个相机的各个必要参数(对于黑白相机而言，红绿蓝增益的作用等同于曝光参数)；曝光参数可以调节相机的拍出的图像的亮度，设置好后即可生效。

(3) 光源检测

投影灰度的理论值与实际灰度值有差异性，而且相机采集得到的灰度就更会加大这种差异。于是，我们可以在这里做光源补偿以使投影灰度与相信采集到的灰度保持一致，如图 5-17 所示。

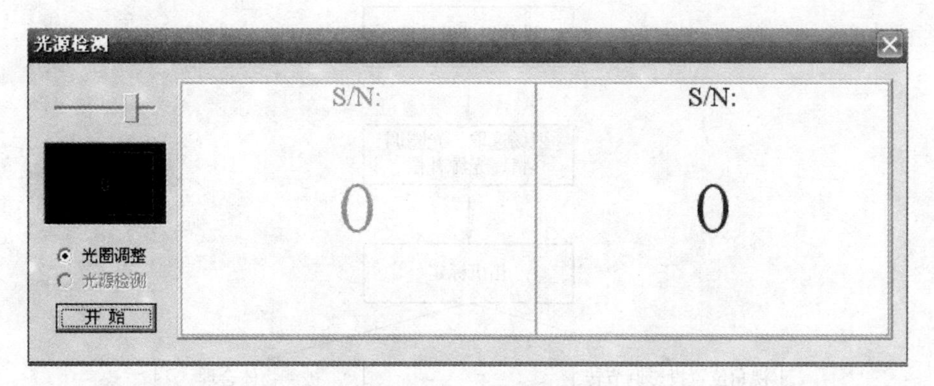

图 5－17　光源检测

相机一定要调清晰，投影条纹也要调清晰，如图 5－18 所示。

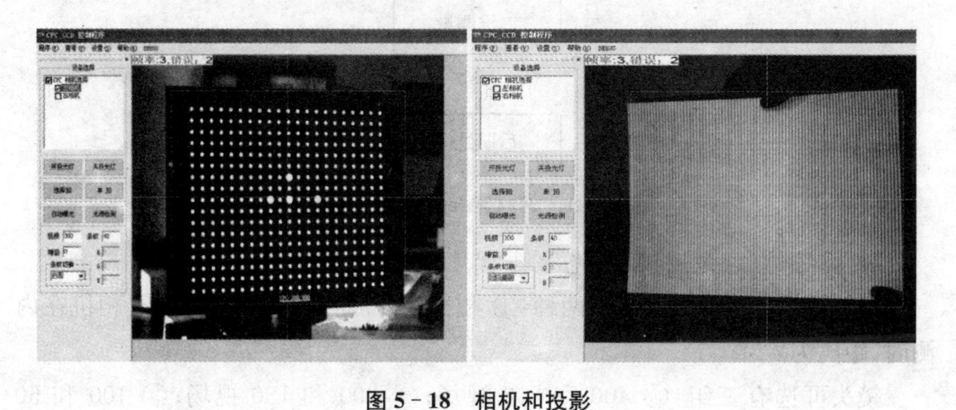

图 5－18　相机和投影

3. 使用流程

3D CaMega 的使用流程如图 5－19 所示。

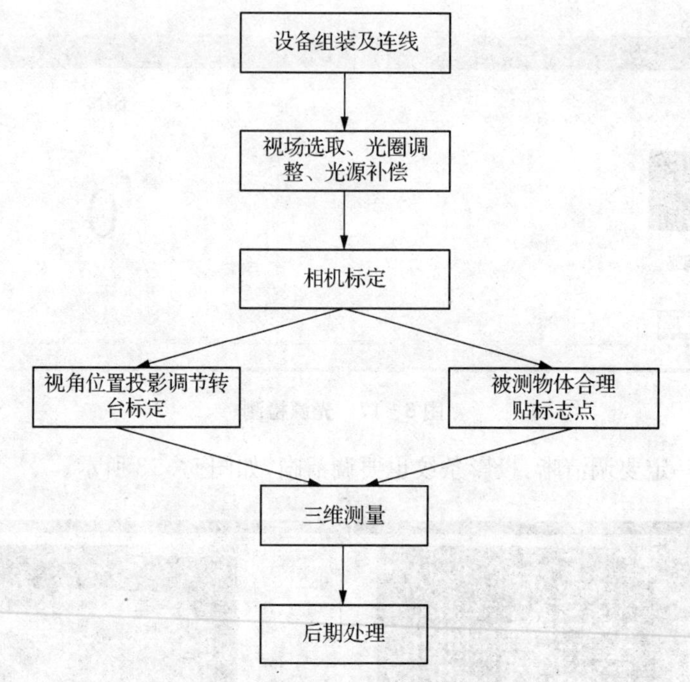

图5-19 3D CaMega使用流程图

4. 视场选取、光圈调整、光源补偿、投影条纹调整

根据视场范围标定距离有两种:① 相机在外侧时,距离为780;② 相机在内测时,距离为420。

镜头可选有三组:① 400和200视场;② 300和150视场;③ 100和50视场。

具体参数如下面表格:

表5-1 投影镜头参数

视场	投影镜头型号	相机镜头型号	焦距	平板标定快配置	转台标定快配置
400 * 320	16 mm	12 mm * 2(加滤色片,加1毫米垫圈)	780 mm	直径:4 mm;点间距:12 mm	250×150(4 mm黑底白点12个点CF400专用)
200 * 160	16 mm	12 mm * 2(加滤色片,加1毫米垫圈)	420 mm	直径:2 mm;点间距:5.625 mm	100×85(2 mm黑底白点12个点CF400专用)

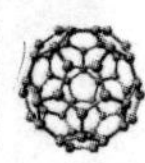

（续表）

视场	投影镜头型号	相机镜头型号	焦距	平板标定快配置	转台标定快配置
300 * 240	16 mm	16 mm * 2（加滤色片，加 1 毫米垫圈）	780 mm	直径：4 mm；点间距：12 mm	250 × 150（4 mm 黑底白点 12 个点 CF400 专用）
150 * 120	16 mm	16 mm * 2（加滤色片，加 1 毫米垫圈）	420 mm	直径：2 mm；点间距：5.625 mm	100×85（2 mm 黑底白点 12 个点 CF400 专用）
100 * 80	50 mm	50 mm * 2（加滤色片）	780 mm	直径：1.25 mm；点间距：3.75 mm	54×40（1.25 mm 黑底白点 12 个点 CF100 专用）
50 * 40	50 mm	50 mm * 2（加滤色片，加 5 毫米垫圈）	420 mm	直径：0.625 mm；点间距：1.875 mm	30×20（0.625 mm 黑底白点 12 个点 CF50 专用）

注：投影镜头型号、相机镜头型号均为 computar。

在条件允许的情况下找一面石灰白墙，或者一块白板。根据视场大小让投影仪投出清晰图形，调整相机角度，让相机中线与投影中线重合，最重要的是尽量让相机视图内全部都在投影投放范围内。

投影调整：先把条纹切换到 23 或其他小一些的条纹，调整过程后面光圈为大小，前面光圈为清晰度，调整到条纹明暗特别清晰为好，如图 5 - 20、5 - 21 所示。

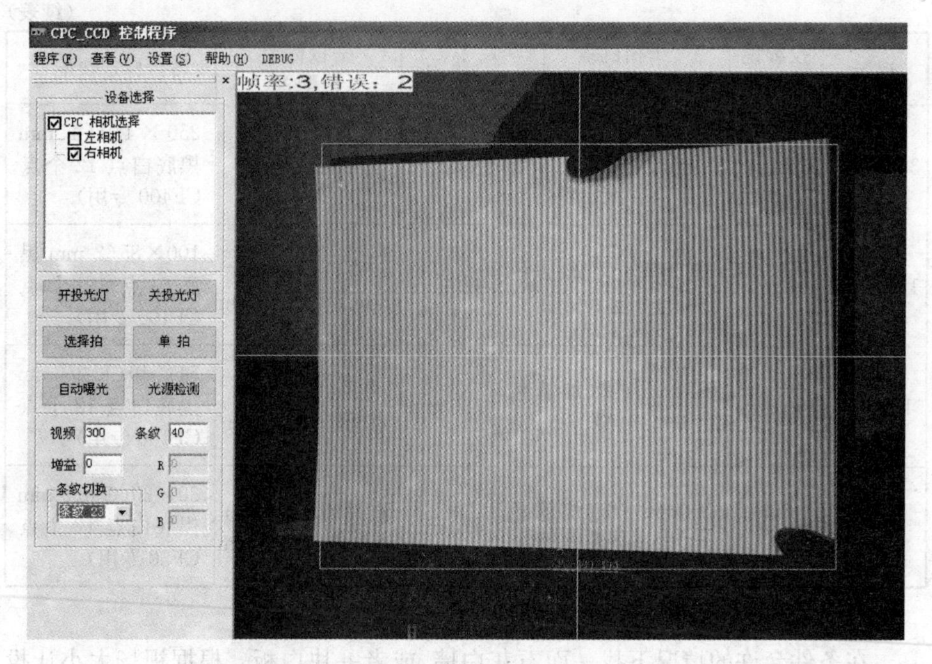

图 5-20 投影条纹

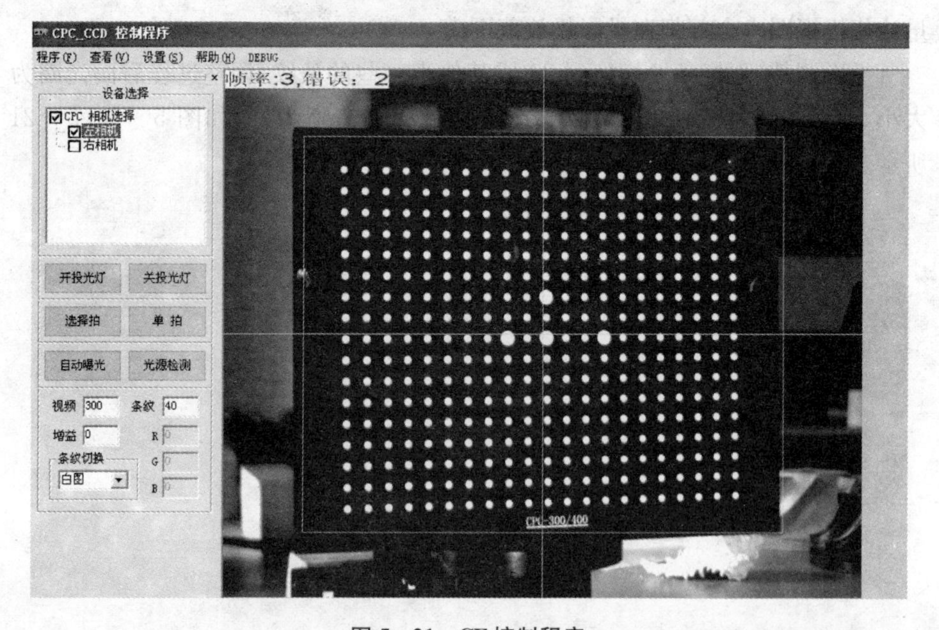

图 5-21 CF 控制程序

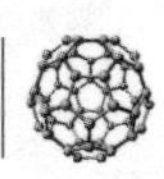

视场视角调好后调整光圈(当视场改变较大的时候,有必要调整下光圈,其它时候大可不必调整)。打开 CF 控制软件,先把条纹切换成白图,点击“光源检测”弹出如图 5－22 所示对话框。

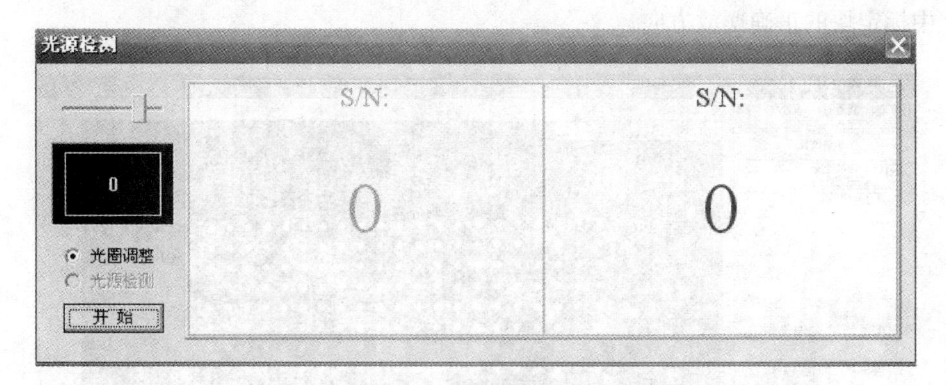

图 5－22　光源检测对话框

左上角的滑动块可调节相机的采集区域大小,滑动块下方矩形颜色为当前投影灰度,数值为其量化表示,黄色矩形框表示滑动块标示的采集区域。

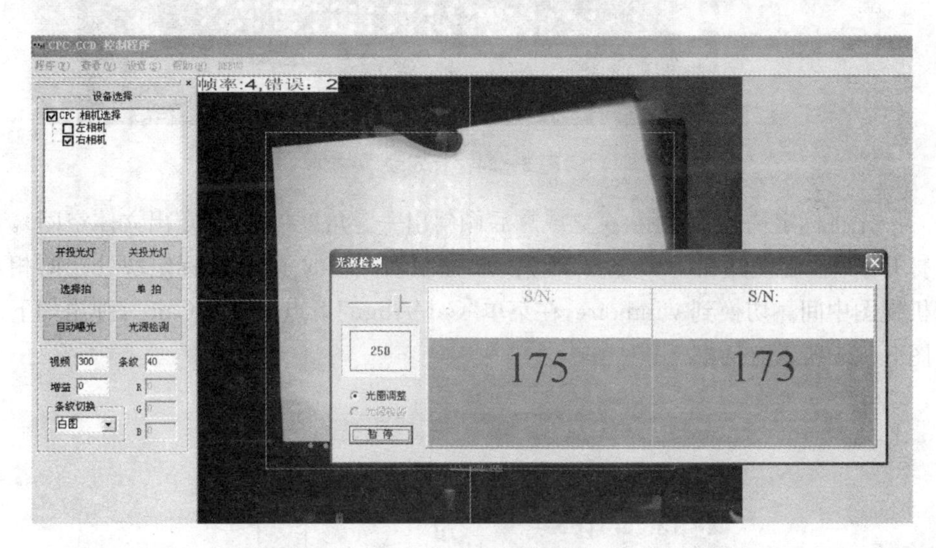

图 5－23　光圈调整

选择“光圈调整”点击“开始”右边显示出当前两个相机采集到的灰度,数值为量化表示,蓝色部分为图形化表示,这时“开始”变为“暂停”,如图 5－23 所示。

在投影灰度为 250 的情况下,调整两相机光圈至采集灰度值为 100～200 之间，两相机调整到基本一致。待相机光圈调整完成后，点击“暂停”。

5. 相机标定

根据你所选择的视场，选择适当的标定块。如图 5－24 所示，注意标定过程中标定块的正确摆放方向。

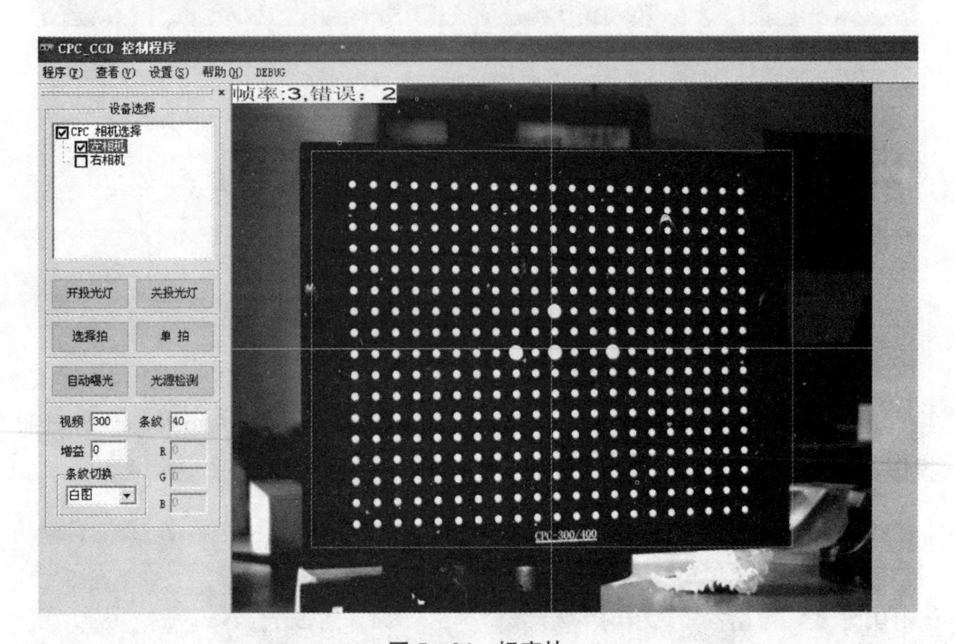

图 5－24 标定块

先将标定块放置稳定，直立或靠后倾斜出一定角度（便于标定出立体空间）。打开 CF 控制软件和 winmoire，观察 CF 控制软件里的预览，让标定块处于两相机视图中间。切换到 winmoire，在菜单“Cal/Align”下点击“LR Cal5”，弹出如下图 5－25 所示对话框。

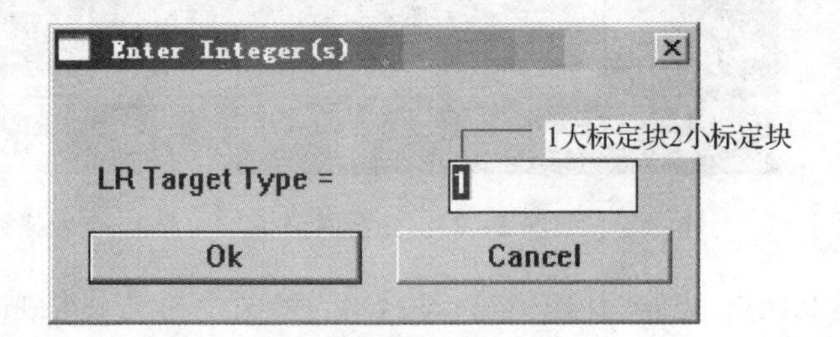

图 5－25 LR Cal5 对话框

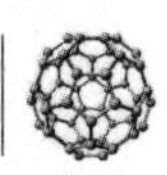

点击“Ok”，出现如下图对话框。手工移动相机标定块，先左偏 10 度左右，点击 OK；右偏 10 度左右拍摄，点击 OK。然后点击 NO，相机标定就可以了。待右上角出现正确的标定结果即完成标定，如下图 5-26 所示。

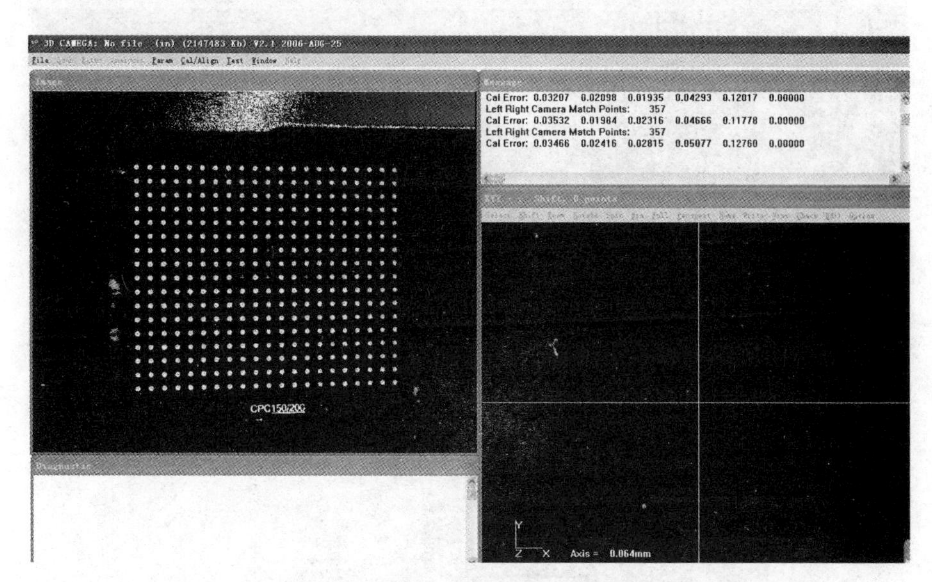

图 5-26　已经被识别的标定版以及标定板被识别的结果

5.5.3　三维测量前的准备工作

三维测量过程中很少能一次性获取整个物体的三维数据，这时就要对物体进行多角度多方位的测量。在得到多个测量结果后，可以将多个测量结果拼接成一个整体。拼接可以分为手动拼接和自动拼接。手动拼接相对简单一些，但操作繁多，且精度难以保证。自动拼接则能做到将多个测量结果精确定位。

自动拼接又分为转台拼接和标志点拼接。根据拍摄物体特征，选择不同的拼接方法，随之做不同的准备工作。两方法可灵活选择或者配合使用。

1. 转台标定

根据选取的视场大小，选择合适的转台标定板置于转台上，将 CF 的转台位置置零，如图 5-27 所示。在 winmoire 中选择菜单“Param”下的“Machine Param”将“Machine Type”取值为 5。再选择菜单“Cal/Align”下的“Camera Table Align”，弹出如下图 5-28 所示对话框，点击“CalcParam”即可自动完成标定过程。待得出正确标定结果(如图 5-29、5-30)后即完成转台标定,但这时候注意务必避免破坏两相机与转台这三者的相对位置关系。

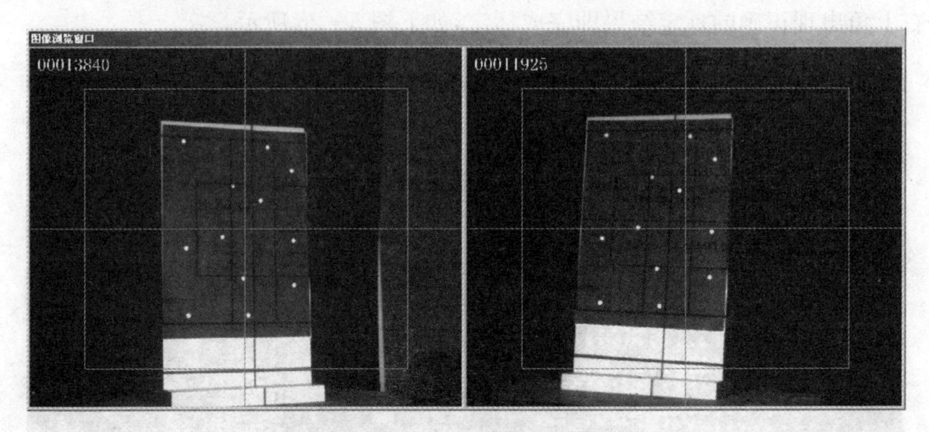

图 5-27　标定块

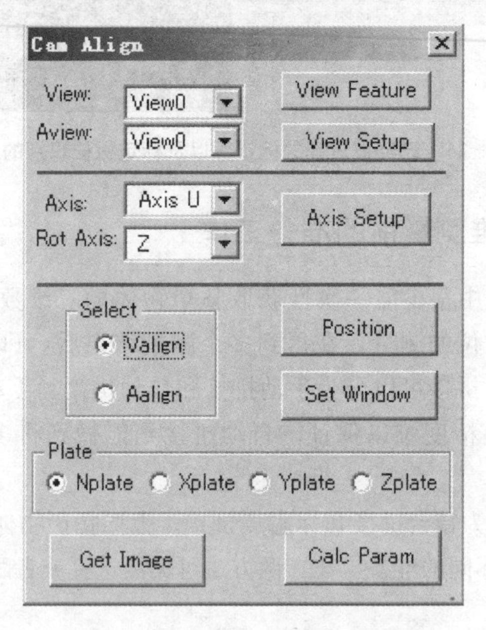

图 5-28　Cal Align

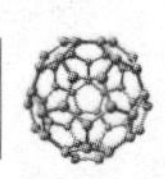

图 5 - 29　被识别的转台标定块

Message

Left Reference Points: 12
Right Reference Points: 12
Local Reference Points: 12
Position 3: 12 points
Final Alignment Points: 12

图 5 - 30　正确识别的结果

5.5.4　三维图像获取和后处理

1. winmoire 软件

winmoire 主要功能是对采集的二维图像进行显示、编辑处理，并反求出三维点云数据，并能对三维数据进行可视化和简单的计算。

(1) 菜单说明

如图 5 - 31 所示，反求程序模块分成四大区域：左上为二维图像浏览处理区、左下为信息诊断区、右上为消息区、右下为三维浏览区。程序的菜单主要分成两大块：主菜单和三维浏览菜单。

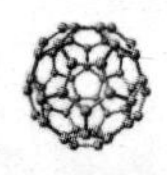

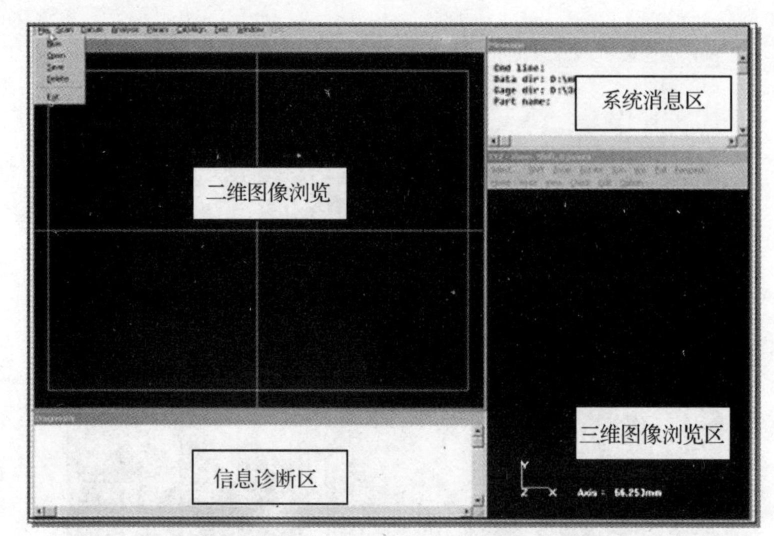

图 5-31　反求程序界面

【主菜单】是系统的主要控制菜单。

如图 5-32 所示，主要有如下子菜单：【File】、【Scan】、【Datum】、【Analysis】、【Param】、【Cal/Align】、【Test】、【Window】。

图 5-32　反求程序主菜单

2. 实例操作：对被测物体进行扫描

实例操作包括了整个三维数据反求和点云处理的最基本操作和流程，关于三维点云后处理工具 Geomagic studio 的详细功能介绍和高阶操作实例，请参见第六章。

(1) 观察被测物体，选择测量方案

① 观察被测物体。估计其大小，必要的时候可以使用测量类器材进行测量，如果被测物体小于扫描仪可扫描的范围，确定一次扫描一组的方案，反之，可设定多组多次测量方案，通过改变扫描仪和被测物体的相对位置来完成测量

② 观察被测物体的色泽，细节形状，如果有透明、长丝状以及大块黑斑的部分，不能测量，需要使用辅助方式进行拍摄，如在物体表面喷涂显影剂等，如图 5-33所示。

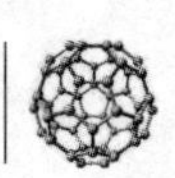

图 5-33　显影剂的使用

③ 观察被测物是否有特殊形状，能否获取足够的特征点，如果不能获得足够的特征点，就需要在其表面上贴上标记点作为特征点，贴标记点应分布均匀且尽量避免有三个点在一条直线上，如图 5-34 所示。

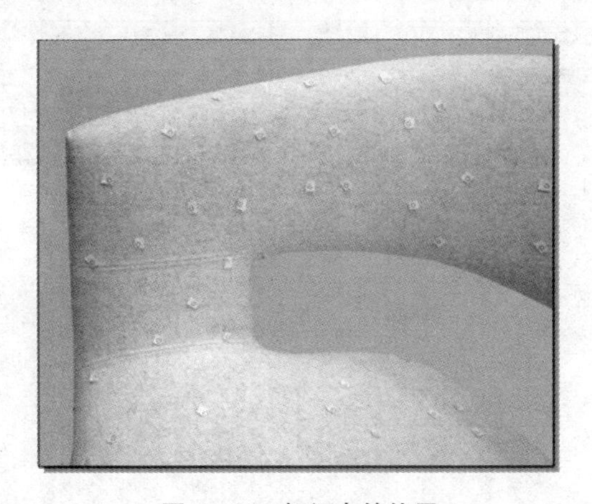

图 5-34　标记点的使用

(2) 开始扫描

准备工作做好后，就可以打开 winmoire，进行试拍扫描了。

在菜单 File-new 下，新建一个文件，输入文件名并确定(文件名只支持英文和数字)。如图 5-35 所示，点击 OK 后会弹出扫描控制面板，若没有弹出可以通过图 5 - 36 在 Scan 里面点击 Image Gage 调出扫描控制框如图 5 - 37 所示。

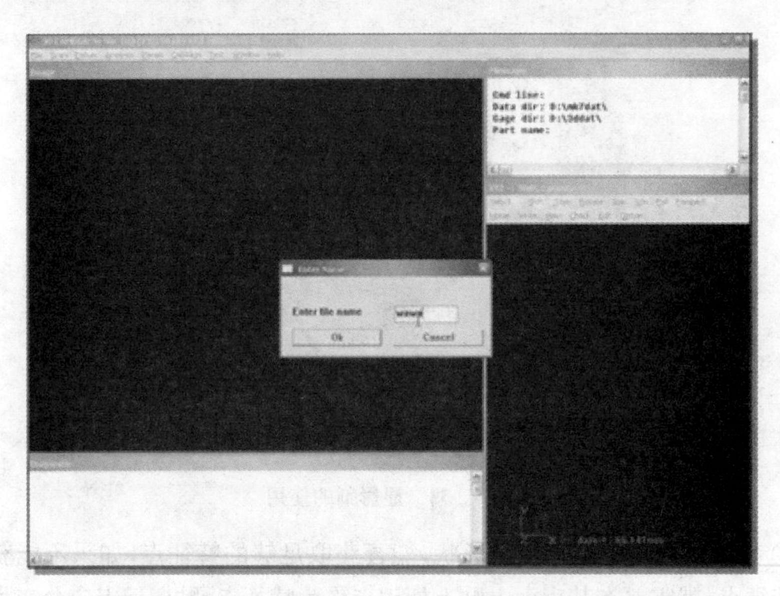

图 5 - 35　新建文件并给新建文件命名

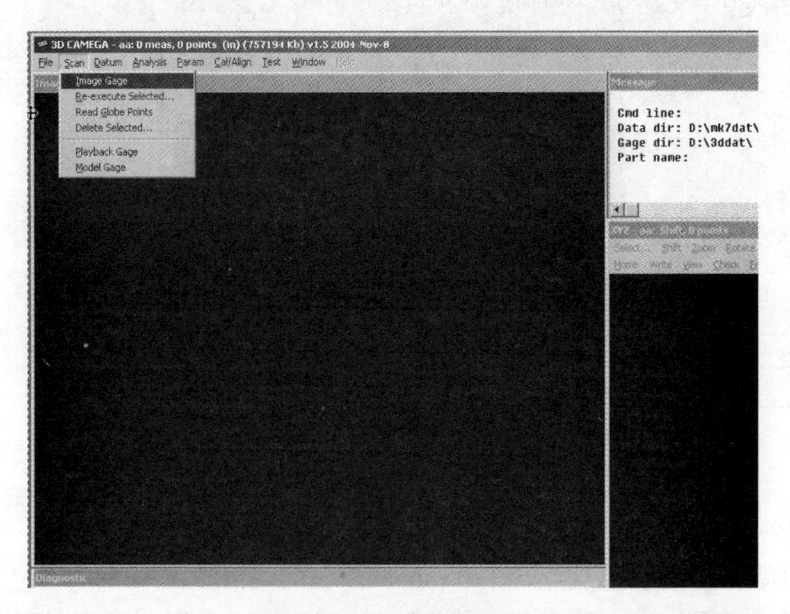

图 5 - 36　启动扫描窗口

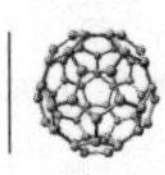

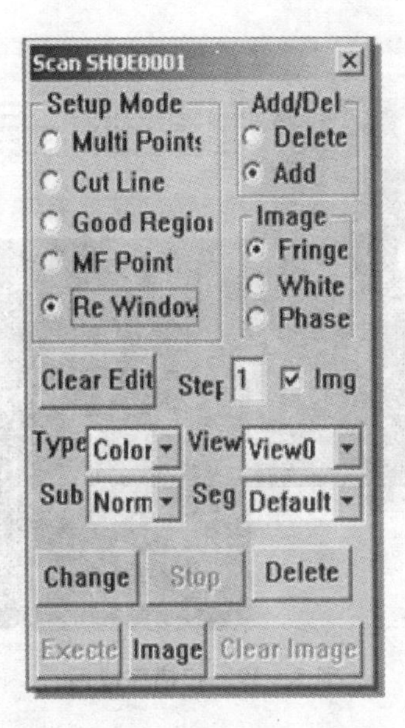

图 5 - 37　Image Gage 对话框

调整好需要的参数后，点击 image 按钮进行拍摄，如图 5 - 38 所示。设备自动扫描数据，扫描完后，会在二维图像区出现相位数据图，然后点击 execte 生成三维点云数据，如图 5 - 39 所示。

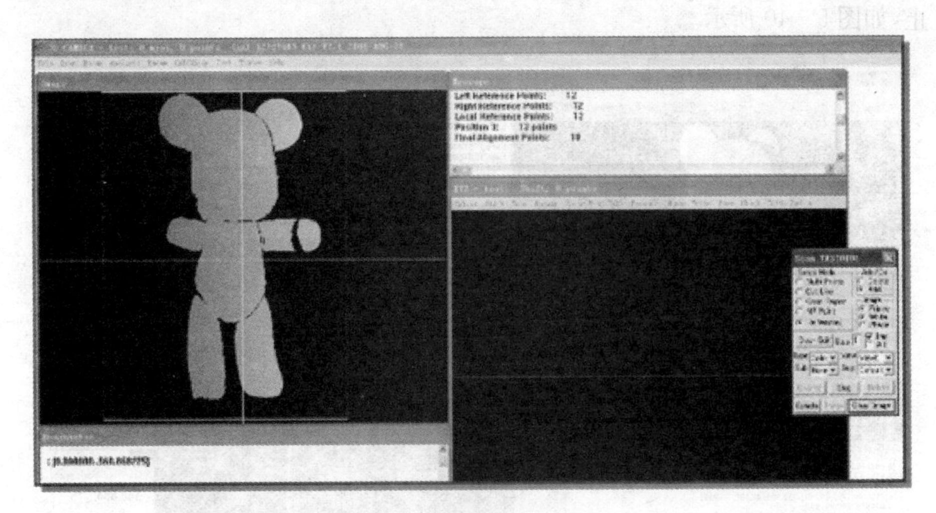

图 5 - 38　拍摄过程中

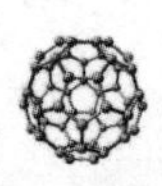

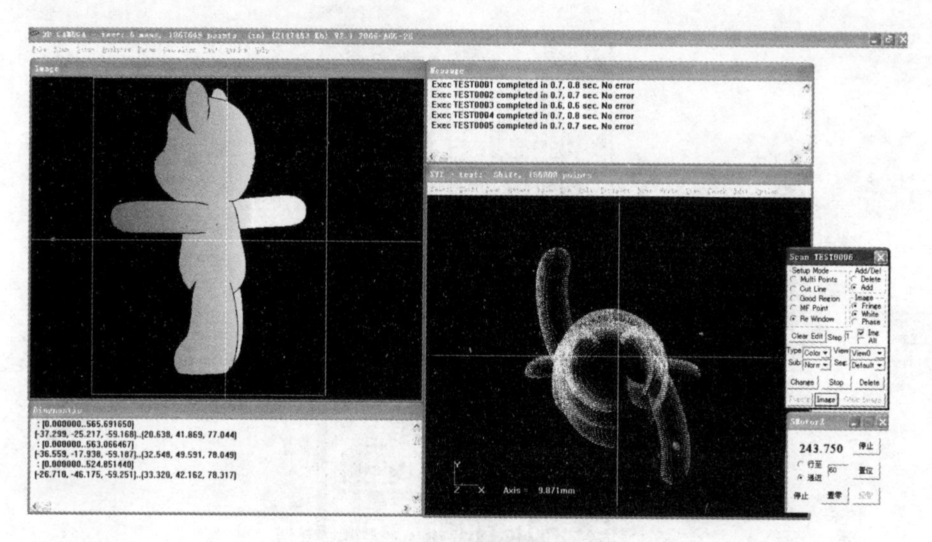

图 5－39　扫描完成后

通过反求获得点云数据之后，观察获得的数据是否是需要的，如果是，请转入下一幅三维图象的拍摄，如果不是，执行删除操作。

① 如果是用转台拼接，那么在控制软件中，让转台自动旋转一个角度后停止，然后重复扫描第一片数据的步骤。以此类推，直到把整个物体扫描完全为止，如图 5－40 所示。

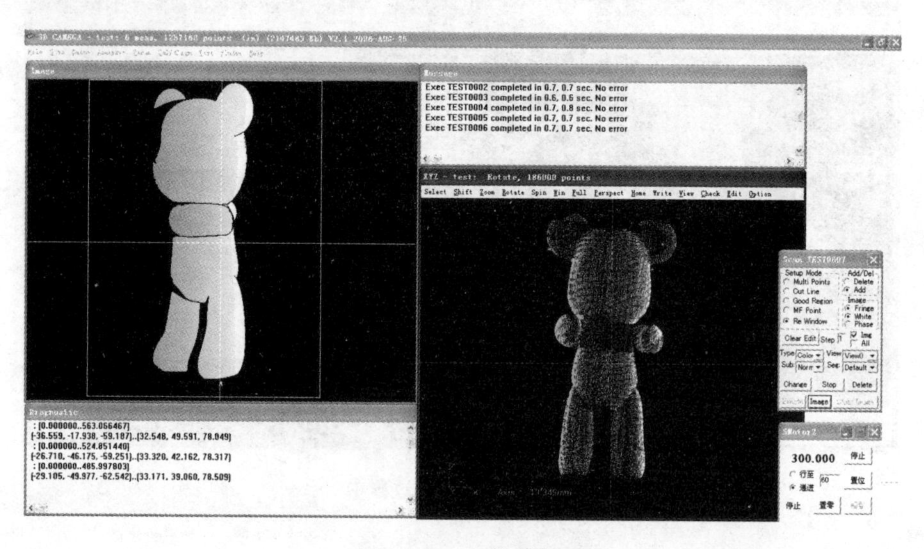

图 5－40　扫描数据

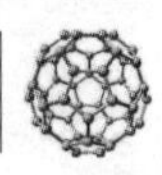

② 如果是用标志点拼接，那么用手将物体旋转一个角度后，再接着扫描第二片数据，扫完后数据会自动拼接上，若没有拼接上则删掉，然后重新扫描，直到拼接上为止，以此类推，直到整个物体全部扫描完为止。

(3) 数据保存

扫描完的点云数据自动以 *.OUT，*.XYZ 的格式保存在开始建立的文件夹内，保存下来的数据可以由 Geomagic studio 软件直接导入，以便做后期的数据处理。

若后期处理不想在 Geomagic studio 中处理，也可以通过 winmoire 软件，直接保存成 *.asc 格式的，供第三方软件直接导入使用，如图 5-41 所示。

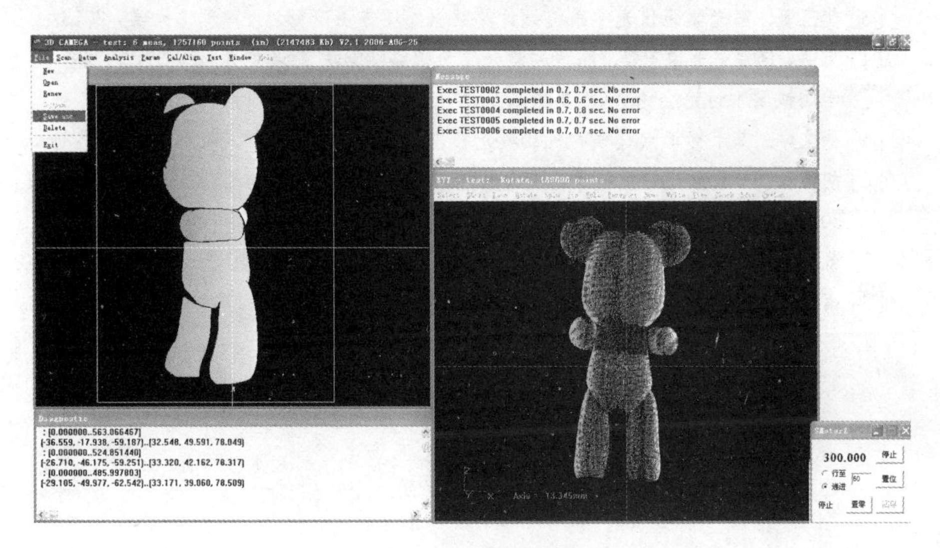

图 5-41　数据保存

本章对基于激光扫描的 3D 反求数据获取技术进行了介绍，并且配以实例进行了演示。至此，我们对本书涉及的 3D 打印反求工程涉及的四类点云数据获取技术都进行了说明。在第 6 章中，我们将具体介绍两种点云数据处理技术。

思考题

1. 简述三维激光扫描技术的原理。
2. 简述三种主要激光测距方法的原理，并分别指出其特性。
3. 当对目标对象进行激光扫描时主要需要获取哪几种信息，结合本章内容,试说明获取扫描对象点云坐标的原理。

4. 简述利用获取的目标信息实现目标表面的架构的基本流程。

5. 简述本章提到的几种激光扫描测量系统的特点。

6. 熟悉本节介绍的三维扫描系统操作过程,进行实际操作练习。

参考文献

[1] 戴彬. 基于车载激光扫描数据的三维重建研究. 北京: 首都师范大学, 2011:1-3.

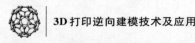

[2] 孙长库,叶声华.激光测量技术,天津大学出版社,2001.

[3] 樊玉赢. 激光测距仪光学系统设计及数据处理方法研究. 天津理工大学, 2013.

[4] 何凯, 陈星, 王建新等. 高精度激光三角位移测量系统误差分析. 第十四届全国光学测试学术讨论会论文(摘要集), 光学与光电技术, 2013,11(3):62-66.

[5] 徐文学. 基于标记点过程的机载激光扫描点云建筑物提取. 武汉大学, 2013:3-5.

[6] 胡雨佳. 车载激光扫描技术研究与应用现状. 中小企业管理与科技, 2014(3): 301-302.

[7] 戴彬. 基于车载激光扫描数据的三维重建研究. 北京: 首都师范大学, 2011:7-10.

[8] 蔡润彬. 地面激光扫描数据后处理若干关键技术研究. 上海: 同济大学, 2008:1-3.

第6章 三维点云数据处理

点云是坐标系中的数据点的集合。在三维坐标系统中，这些点通常由X、Y和Z定义，代表着目标的外部表面。点云通常由3D扫描设备产生，这些设备测量目标表面的大规模点，从而得到点云数据文件，这些点云就表示设备所测量过的目标上的点。因此，3D扫描点云的过程可以用于很多场合，如创建3D CAD模型、精确测量、可视化、动画以及渲染等定制化服务。

本章在对点云数据进行基本的介绍之后，重点介绍了两种点云数据的处理方法：一种是基于现有软件Geomagic的点云处理方法；另一种是基于开源点云数据处理库PCL的、可编程的点云数据处理方法。并且在介绍这两种方法时，都辅以相应的实例，从而增加了可操作性。

6.1 点云数据介绍

点云可以直接用于工业测量、基于工业CT的检测。工件的点云可以重排从而得到CAD模型，用于检测工件的异同。这些异同可以通过添加颜色等信息的方式显示工件与CAD模型之间的差异，几何三维坐标以及公差等信息也可以从点云数据中直接获取。点云也可以作为医学成像中的体数据，已经有较为成熟的实用于点云数据处理的采样与压缩方法[1]。在地理信息系统中，点云通常是创建数字高程模型的数据源[2]，点云也常用于生产城市环境的3D模型[3]。

尽管点云可以被直接渲染或者用于测量[4]，但在3D应用中，通常不会直接使用点云，通常会通过表面重构的过程，采用NURBS表面模型化、CAD模型化等方式转化为多边形网格或者三角网格模型。有很多技术实现点云到3D模型的转化。有些技术，比如Delaunay三角网格化、alpha shapes、滚球法（ball pivoting）等在现有点云的顶点上构建三角网格。也有些方法将点云转化为体距离场,通过移动立方体算法(marching cubes)隐式的构建表面模型[5]。

6.1.1 表面扫描点云

三维表面点云数据采集有多种方法,可分为接触式数据采集和非接触式数据采集两大类。接触式有基于力变形原理的触发式数据采集、连续式数据采集、磁场法等;非接触式有激光三角形法、激光测距法、结构光方法及图像分析法等。

(1) 触发式数据采集:最早用于长度量检测,其原理简单。当采样侧头的探针刚好接触到样件的表面时,探针尖的受力产生微小的形变触发采样开关,数据采集系统记下探针尖的坐标,随着探针的移动,即可采集样件表面轮廓的所有坐标数据。

(2) 连续式数据采集:采用模拟量开关采样头,其原理是利用悬挂在三维弹簧系中的探针位置偏移所产生的电流或电容变化,进行机电模拟量的转换。当采样头的探针沿着样件表面以某一切向速度移动时,就发出对应各坐标位置偏移量的电流或电压信号。

(3) 磁场法:该方法是将被测物体置于被磁场包围的工作台上,手持触针在物体表面上运动,通过触针上的传感器感知磁场的变化来检测触针位置,实现对样件表面的数字化。

(4) 激光三角形法:是反求工程中运用最广泛的方法。基本原理为:激光二极管所发出的激光,经过透镜聚焦投射到样件表面,被表面反射或漫射,反射或漫射的激光通过收集透镜聚焦,形成位置测量器上的小光点。采样头与模型之间的距离,可以根据反射光点的位置计算。

(5) 激光测距法:利用光束的飞行时间来测量被监测点与参考平面的距离。主要有调幅连续波、调频连续波等工作方式,由于激光的单向性好,多采用激光能量源,精度很高。

(6) 结构光方法:将一定模式的光照射到被采样件的表面,拍摄得到反射光的图像,通过对比不同模式之间的差别来获取样件表面点的位置。

(7) 图像分析法:与结构光方法的区别在于它不采用投影模板,而是通过匹配确定物体从一点在两幅图像中的位置,由视差计算距离。由于匹配精度的影响,图像分析法对形状的描述主要是利用形状上的特征点、边界线与特征描述物体的形状,故比较难精确描述复杂曲面的三维形状。

6.1.2 CT扫描点云

计算机断层成像技术(Computed Tomography,CT)是一种先进的无损检测

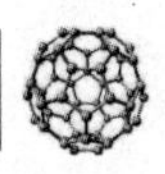

技术，由于其具有对内部结构的透视能力，能非接触、不破坏地实现对物体内部结构与形状的测量分析，并且具有检测速度快、分辨率高等优点，被国际无损检测界称为最佳无损检测手段。在工业中的产品密度分布测量、结构分析、尺寸测量、缺陷检测方面，CT 技术有着得天独厚的优势，目前已广泛应用于航天、航空、军事、核能、石油、电子、机械、新材料研究、海关及考古等多种领域。

计算机断层图像技术是对样件经过 CT 层析扫描后，获得一系列断层图像切片和数据，这些切片和数据提供了样件截面轮廓及其内部结构的完整信息，不仅可以进行样件的形状、结构和功能分析，还可以提取样件的截面，并由样件系列截面数据重建样件的三维几何模型。CT 扫描重建的三维模型能够再现原始工件的内外部特征结构。

二十世纪七十年代末，美国率先开展 CT 研究，到九十年代已经研发出第五代 CT 设备。美、德等发达国家一直处在 CT 技术研发的前沿。我国从二十世纪八十年代末期才开始着力开展 CT 技术的研发。1993 年，重庆大学 ICT 研究中心研制出我国第一台实用 CT 样机。随后，中国工程物理研究院应用电子学研究所研制出的我国首套高精度 CT，已完全达到国际先进水平。重庆大学 ICT 研究中心、中国工程物理研究院、清华大学等科研机构在 CT 领域不断探索研究，我国的 CT 技术，无论在设备的硬件研发还是在图像处理的软件研究方面，都在逐步缩短同国外同行的差距。

6.2　Geomagic Studio 软件介绍

计算机技术、机械制造技术和通讯技术的发展，三维激光扫描应用领域渗透到国民经济的各个方面，扫描成本也逐渐下降，如何对三维扫描仪扫描获得的点云数据进行处理已成为热点问题之一。随着逆向工程及其理论研究的深入发展，在国际与国内市场出现了不少有关逆向工程的软件系统。国际市场主要有美国 Raindrop（雨滴）公司开发的 Geomagic Studio 软件，美国 EDS 公司的 Imageware 软件，韩国 INUS 公司的 Rapidform 软件，以及英国 DelCAM 公司的 CopyCAD 软件。国内有关逆向工程的研究开发也取得了一定的成果，如浙江大学的 Re-soft 软件。就三维点云处理功能而言，Geomagic Studio 软件是常用的拥有强大的处理扫描仪扫描点云数据软件之一。

6.2.1 Geomagic Studio 软件简介及特点

Geomagic Studio 能够根据三维扫描仪扫描物体所得的点云数据创建出良好的多边形模型或网格模型，并将网格化的模型转换 NURBS 曲面。Geomagic Studio 软件是应用最为广泛的逆向工程软件，是目前处理三维点云数据功能最强大的软件之一。本章节将以扫描仪扫描获得的三维点云数据为例，使用 Geomagic Studio 软件对散乱的三维点云数据进行处理。

Geomagic Studio 软件主要特点是支持多种扫描仪点输入文件格式的读取和转换、预处理海量点云数据、智能化构造 NURBS 曲面、曲面分析等。该软件采用点云数据采样精简算法，相较于其他同类处理软件，该软件对点云数据操作时进行图形拓扑运算速度快、显示快，而且软件界面设计更加人性化。使用该软件可以简化三位点云数据处理的过程，缩短企业产品的设计周期并确保产品的质量。目前该软件已经广泛应用于医疗设备仪器、汽车、航空航天和消费产品的开发与设计。

6.2.2 Geomagic Studio 软件工作界面

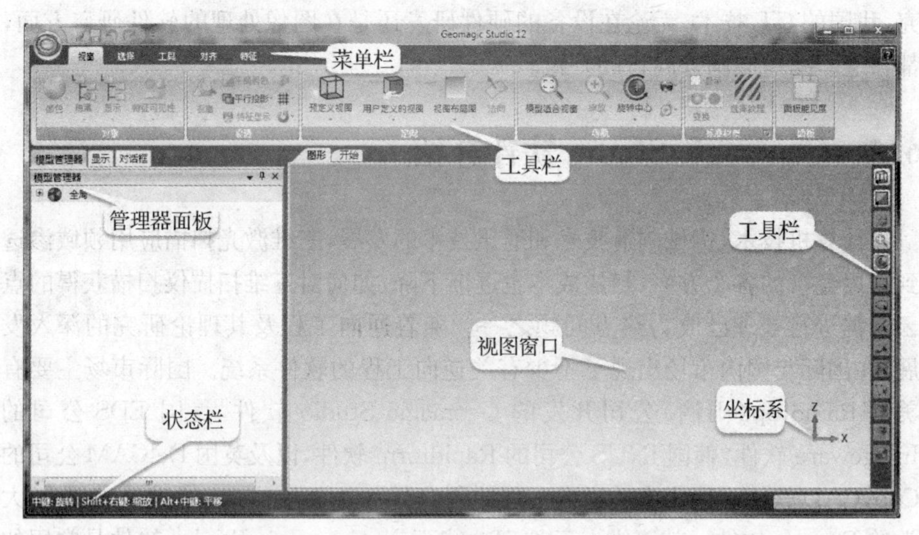

图 6-1 Geomagic Studio 12 用户界面

从图 6-1Geomagic Studio 12 用户界面中可以看出，Geomagic studio 12 的基本应用界面大体分为菜单栏、工具栏、管理器面板、视窗窗口、状态及进度条、

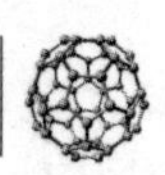

坐标系等几部分。

- 菜单栏:提供处理过程中所涉及的命令接口;
- 工具栏:提供常用命令的快捷按钮;
- 管理器面板:包含了管理器的按钮,允许控制用户界面的不同项目;
- 视窗窗口:显示模型导航器被选中的工作对象,在视窗里可做选取工作;
- 状态栏:提供给用户系统正在进行的信息或者用户可以执行的信息;
- 坐标系:显示模型相对于世界坐标系坐标的当前坐标。

6.2.3　Geomagic Studio 软件工作流程

本章介绍 Geomagic Studio 使用的目标是将三维扫描仪扫描的散乱的三维点云数据,经过一系列处理,转化为三维多边形网格数字模型,并以 STL 文件格式输出,其大致处理流程如图 6-2 所示。

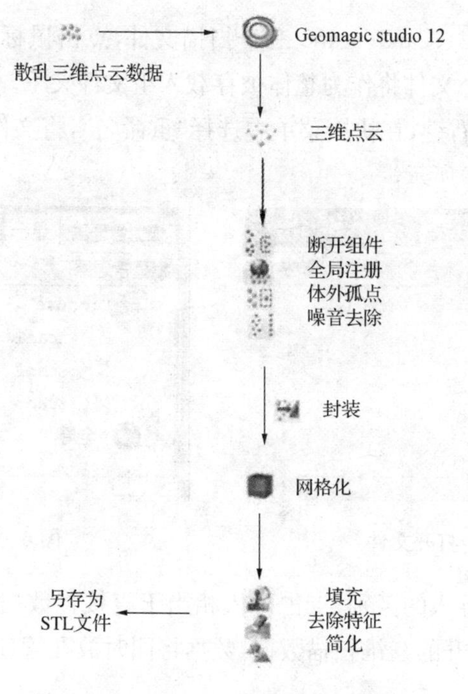

图 6-2　Geomagic Studio 12 工作流程

6.3 Geomagic Studio 基本操作

6.3.1 三维扫描数据读取

打开文件并创建组：

(1) 启动 Geomagic studio 12 软件，单击打开图标 或者使用快捷键 Ctrl+O打开文件。

(2) 从目标文件夹里选择 scan1、scan2、scan3 三个扫描文件，也可以直接将数据文件拖动到视窗中。使用打开命令，当前数据将覆盖之前三维扫描数据。

(3) 选择打开按钮，三个扫描文件将被存载入到三维显示框中，如图 6-3 所示。

(4) 选中 scan1、scan2、scan3 三个扫描文件，点击鼠标右键，在快捷菜单中选择“创建组”，三个文件将作为整体被存载入组文件夹下。

(5) 点击鼠标右键，在快捷菜单中选择“重命名”，将文件名修改为“mouse”，处理结果如图 6-4 所示。

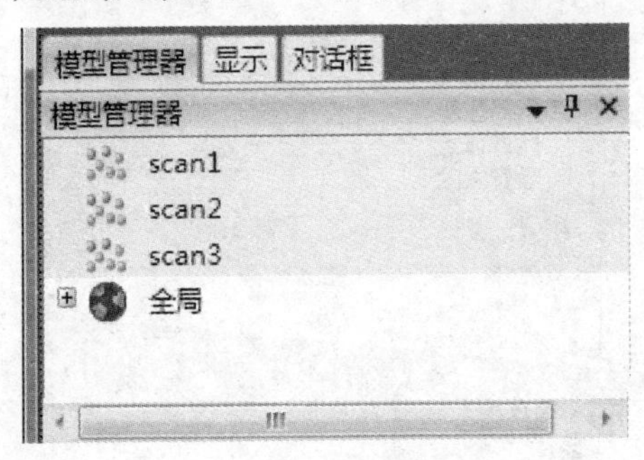

图 6-3 打开文件

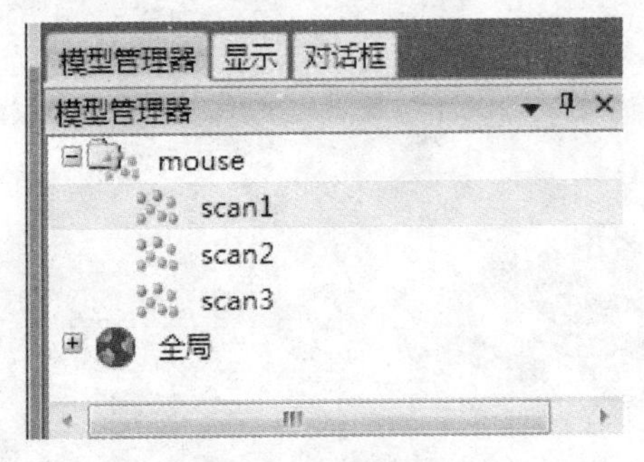

图 6-4 创建组

注意：打开与导入的区别，点击导入相当于直接将数据拖到管理器面板，导入不会覆盖之前打开的三维扫描数据，数据将同时放在管理器面板中。

6.3.2 三维扫描数据视图控制

三维扫描数据旋转、缩放和平移。

(1) 旋转：点击旋转图标、或者将鼠标放置视窗中，按住鼠标滚轮进行多方

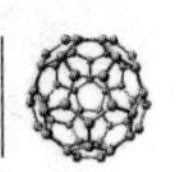

位的滑动进行三维扫描数据的旋转。

(2) 缩放：点击放大或缩小图标、或者将鼠标放置视窗中，滚动鼠标滚轮进行三维扫描数据的放大或缩小。

(3) 平移：将鼠标放在视窗中，按住鼠标中键和 ALT 键进行三维扫描数据的平移。

(4) 当三维扫描数据不能全部显示在视窗时右键点击视窗，选择模型适合视窗。

(5) 观察三维扫描数据模型各个方向视图，点击工具栏的视图按钮，得到数据的等测视图，如图 6－5 所示。

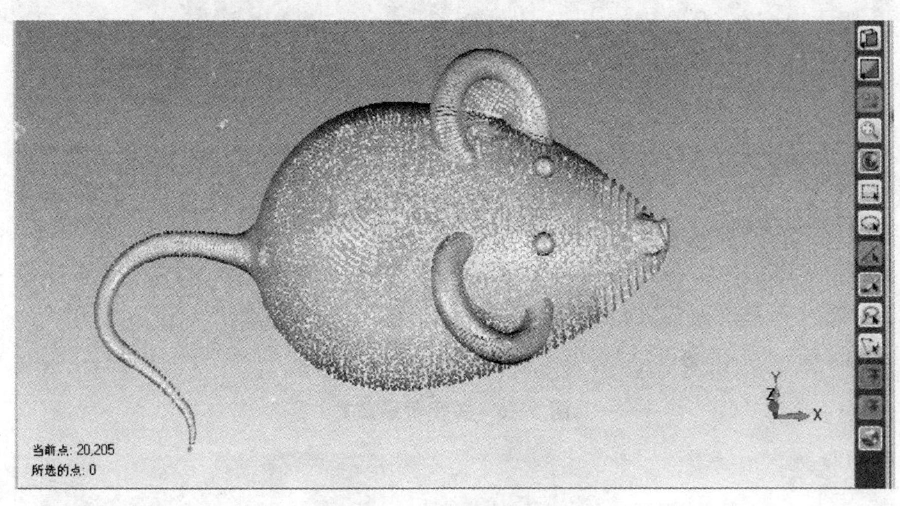

图 6－5　模型等测视图

6.3.3　三维扫描数据选择方式

Geomagic Studio 软件能够提供多种选择工具对三维数据进行操作，列举如下：

- 矩形选择工具
- 圆形选择工具
- 直线选择工具
- 漆刷选择工具
- 套索选择工具

● 自定义区域选择工具

常用的是前四种选择工具。

图标是背景模式图标，点击图标关闭背景模式，使用选择矩形选择工具选择模型，会发现只有单面被选中，如图 6-6 所示。再次点击图标打开选择背景模式，使用选择矩形选择工具选择模型，会发现模型的正面与背面同时被选中，如图 6-7 所示。

图 6-6　关闭背景模式

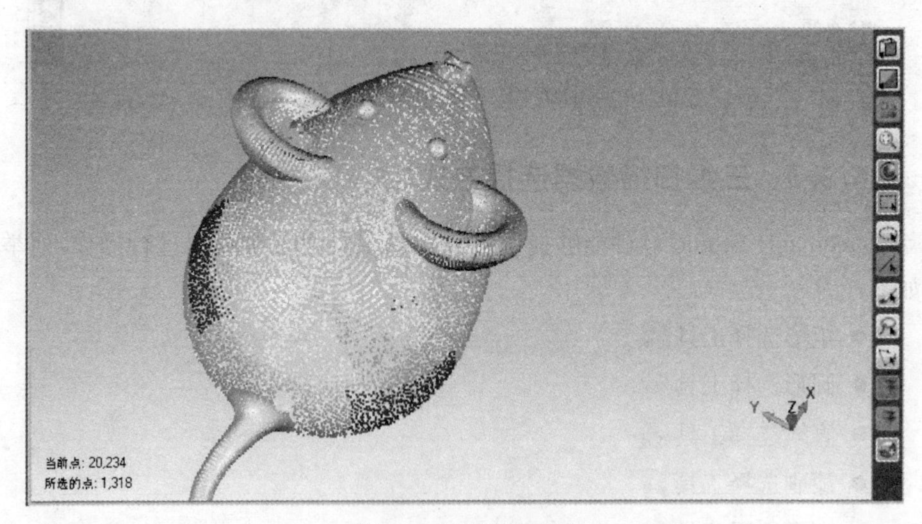

图 6-7　打开背景模式

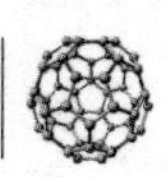

6.4 Geomagic Studio 点云数据处理

6.4.1 单视角三维扫描数据编辑

1. 断开组件连接

鼠标左键单击工具栏断开组件连接图标，弹出选择非连接选项的对话框。在“分隔”选择“低”，然后点击确定，退出对话框后按 Delete 键删除选中的非连接点云。断开组件连接命令能够代替我们手动选择非连接点云，自动探测所有非连接点云，使结果更加精确。

2. 手动删除杂点

当需要删除单个文件的杂点，按 F2 键显示单个点云；按 F5 键显示全部点云。点击工具栏删除命令图标，进入矩形工具的选择状态，如图 6-8 所示。改变模型的视图，在视图窗口点击要删除的点云，按住鼠标左键进行拖动框选。选中的点云会变成红色，按 Delete 键可以进行删除，如图 6-9 所示。同样也可使用套索选择工具、直线选择工具、画笔选择工具等选择不需要的点云，按 Delete 键进行删除。

图 6-8 原始三维点云

图6-9　删除杂点之后三维点云

3. 体外孤点

体外孤点命令表示选择任何超出指定移动限制范围的三维点云。点击工具栏体外孤点图标 ，弹出体外孤点对话框，将敏感性设置为100，点击应用后确定，范围外的体外孤点将呈红色选中状态，如图6-10所示。按Delete删除选中的红色点云，图6-11是删除体外孤点之后的效果图。体外孤点功能非常保守，可重复使用三次以达到最佳效果。

图6-10　选中体外孤点

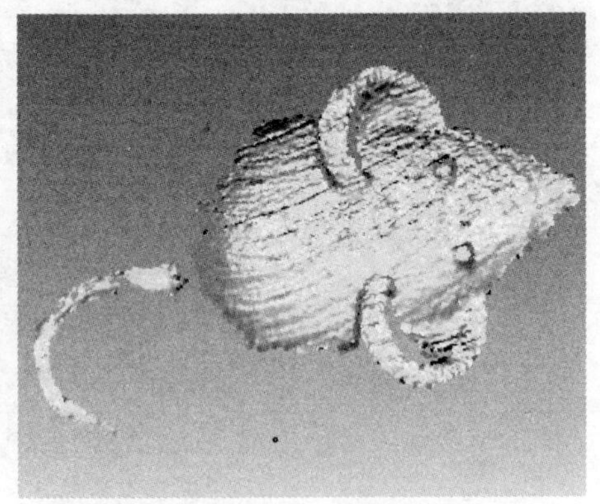

图6-11　删除体外孤点

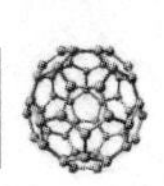

4. 减少噪音

造成噪音点的原因可能是扫描设备轻微震动、扫描仪量规不精确，物体表面较差、光线变化等。为了获得精确的三维点云数据，需要减少噪音。点击减少噪音图标 ，进入减少噪音对话框，如图 6 - 12 所示。选择自由曲面形状，偏差限制设置值为 0.1 毫米，体外孤点对话框选择删除，勾选包括孤立点，点击应用按钮后点击确定按钮。执行该操作软件将自动发现并删除无联系的点或体外点、噪声点。减少噪音命令有助于减少在扫描中的噪音点，更好更精确地表示物体真实的形状。

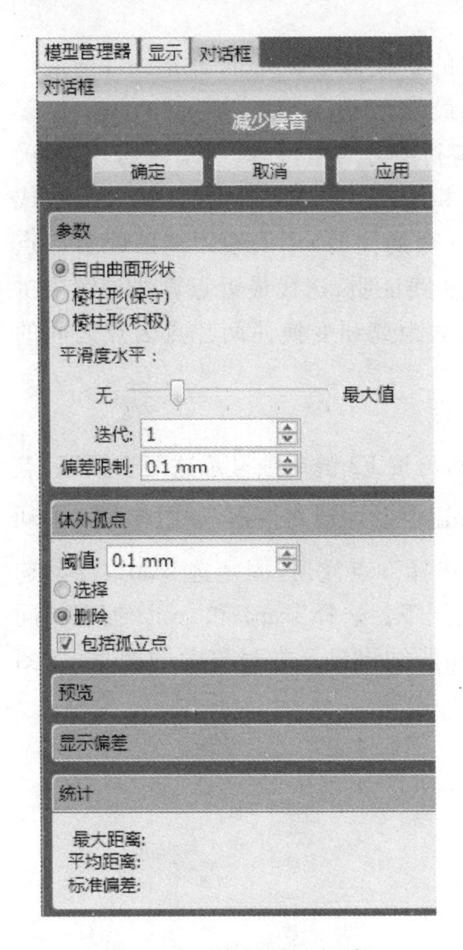

图 6 - 12　减少噪音对话框

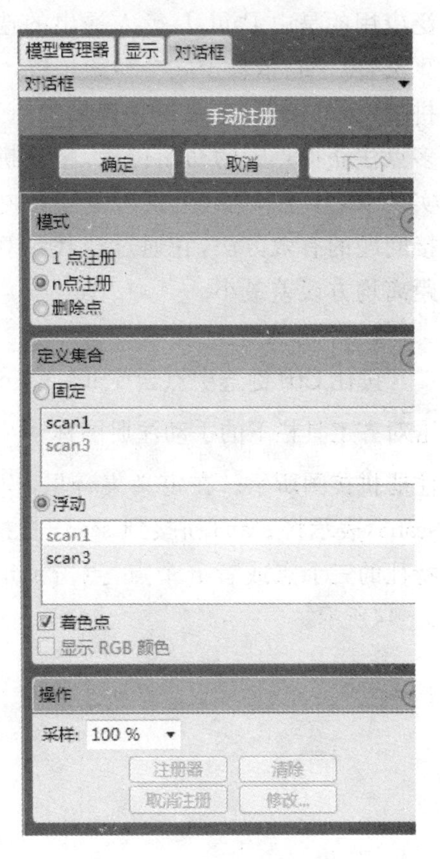

图 6 - 13　手动注册对话框

6.4.2 多视角三维扫描数据拼接

由于扫描技术不能一次性全部获得整个模型的点云数据，需要多次多角度扫描才能获得。在扫描的同时，通常每个扫描点云数据之间都有不同视图下相同的区域，而点云拼接就是根据重复区域的相同表面特征将点云拼接起来，即通过点云的刚性变换使它们合为同一片点云数据，这有效解决了不能一次性扫描的问题。点云数据拼接的好坏，直接影响了后续的曲面重建，在逆向工程中起着承上启下的作用。

近十年来，国内外学者对点云模型的拼接做了大量的研究。目前最广泛应用的是由 Paul. J. 等人提出的迭代最近点（Iterative Closest Point, ICP）算法，由于它依赖于一个初始位置，可将拼接分为粗拼接（手动注册）和精确拼接（全局注册）。对于大规模的点云，粗拼接（手动注册）一般用三点法或多点法获得点云的初始位置，精确拼接（全局注册）用最短距离匹配对应点实现 ICP 算法，迭代至误差范围之内。实践证明，迭代最近点算法是解决拼接问题的有效方法，它通过迭代计算点的距离和变换使两片点云点之间的距离均方误差最小。

1. 手动注册

按住 Ctrl 键选中点云 scan1 和 scan3，再按 F2 键单独显示这两个数据，点击对齐工具栏下的手动注册图标，弹出手动注册对话框，如图 6-14 手动注册拼接图所示。在定义集合里，模式选择 n 点注册，固定选 scan1；浮动选 scan3，表示将 scan3 拼接到 scan1 扫描数据下。选择 scan1 和 scan3 拥有相同特征的三个点或者 n 个点，点击确定，注册结果显示在最下角的图里，如图 6-14所示。

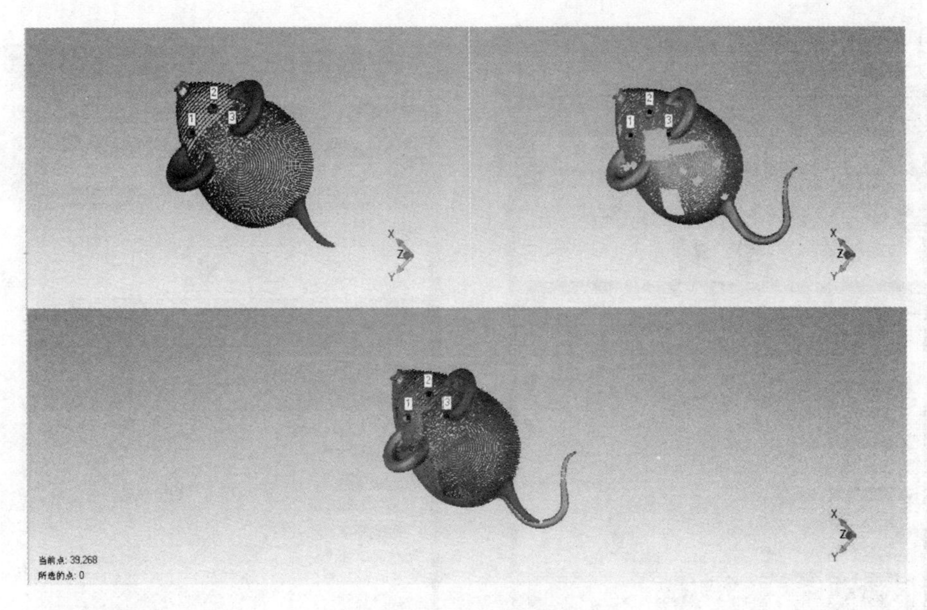

图 6 - 14　手动注册拼接图

2. 全局注册

按 F5 键选中全部点云，点击对齐工具栏下的全局注册图标 ，打开全局注册对话框，点击应用后点击确定，如图 6 - 15 所示的全局注册对话框。全局注册操作完毕，软件将会自动计算出迭代的平均距离、标准偏差、最大偏差对，结果如图 6 - 16 所示。全局注册命令经过多次迭代，可以适当地对手动注册粗略对齐的扫描数据进行调整，使全局注册操作后的模型与原数据间的误差最小。

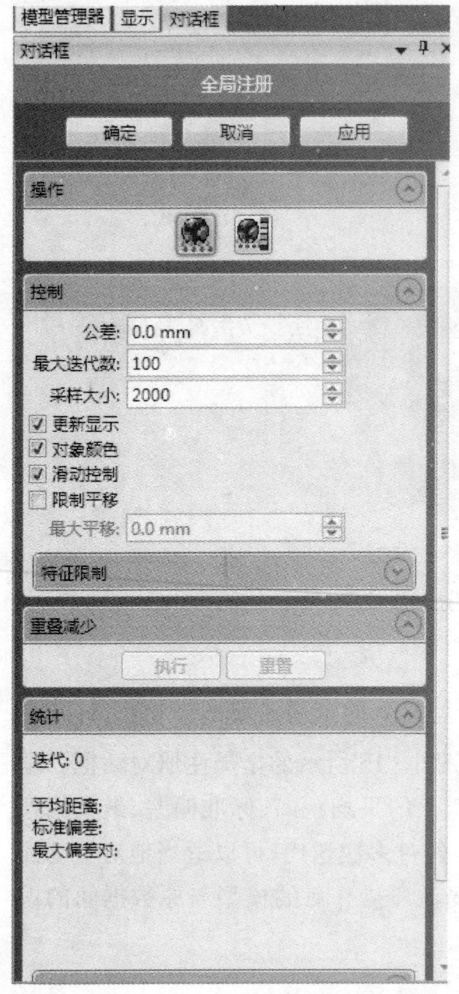

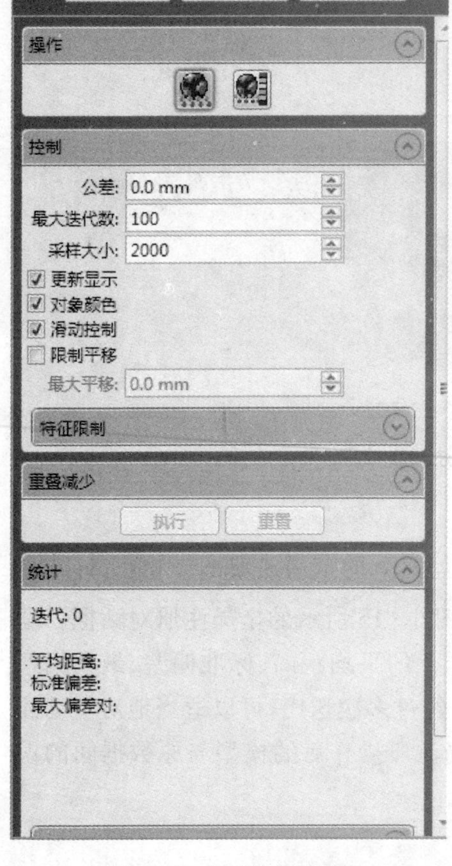

图 6-15　全局注册对话框

图 6-16　全局注册完毕

6.4.3　三维点云数据封装

点击数据封装图标 ，进入封装对话框，如图 6-17 所示。点击保持原始数据，删除小组件，点击确定。该封装命令由软件自动计算将点云转换成三角网格面。封装后可将模型放大，手动点选一个三角面进行观察。

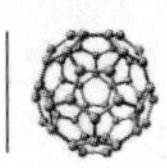

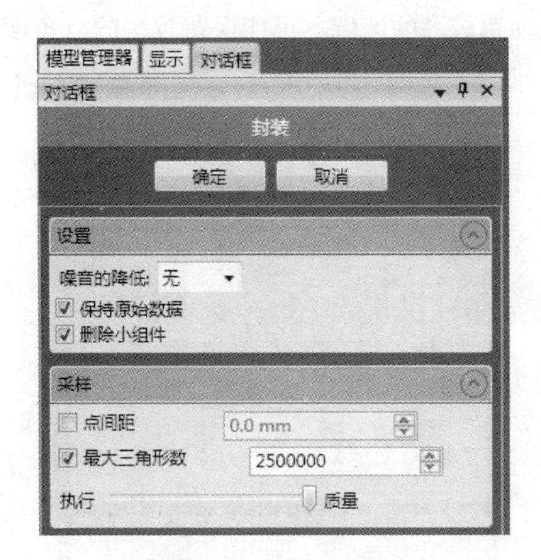

图 6-17　封装对话框

6.5　Geomagic Studio 网格化数据处理

6.5.1　简化三角网格

由于三维扫描会产生大量的空间点云数据，点云生成的三角面网格的数量会非常庞大，为了精简数据量，需要对模型三维点云数据进行简化。点击多边形工具栏下的简化多边形图标 ，弹出简化多边形对话框，如图 6-18 所示。将“减少到百分比”设为 50 后，勾选”固定边界”，点击应用后确定。简化之前效果图如图 6-19 所示，简化之后效果图如图 6-20 所示。对比两图可发现，三维模型点云数量减少一半。

注意设置：减少模式可以按三角形数量变化(三角形数量计数)，也可以根据公差大小进行简化。目标三角形计数显示的是当前状态下所选择的三角形数量；减少到百分比的值则用于直接设定简化模型的百分比；固定边界表示简化时尽量保持原有的多边形边界。根据公差大小进行简化模型时，需设置最大公差和较小三角形限制。最大公差作用是指定顶点或位置移动的最大距离；较小三角形作用是限制用于指定简化后的三角形数量。

高级设置：用于设置简化时的优先参数，一是曲率优先，二是网格优先。曲率优先选项表示在曲率较高的区域尽可能保留较多的三角面，网格优先选项则要求简化模型时尽量均匀分布三角网格。

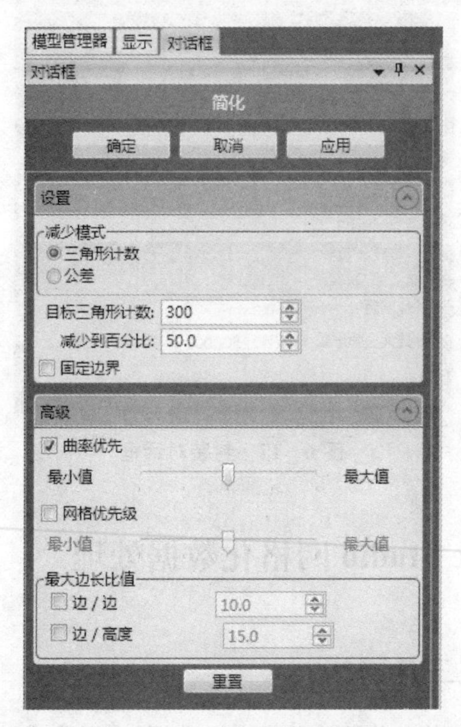

图 6 - 18　简化网格对话框

图 6 - 19　选中待简化网格

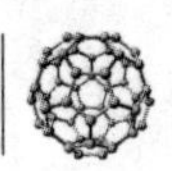

图 6 - 20　网格简化之后效果图

6.5.2　松弛

如果三角网格化模型表面粗糙，所生成的模型表面质量较差，如图 6 - 21 所示，需要对模型进行松弛处理。点击多边形工具栏下的松弛图标 ，弹出松弛对话框。强度依据需要调节，勾选“固定边界”，点击应用后确定，结果如图 6 - 22 所示。

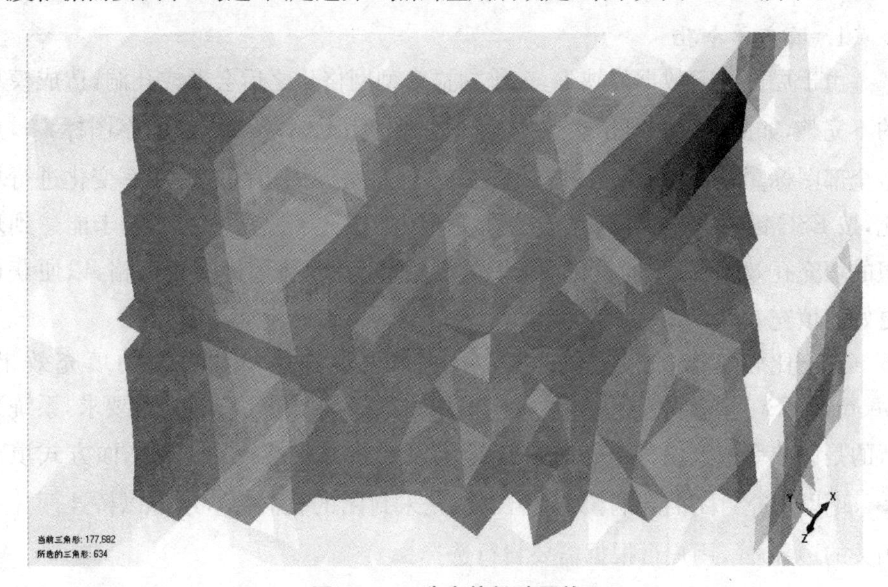

图 6 - 21　选中待松弛网格

图 6-22　网格松弛之后

6.5.3　填充孔

1. 填充单个孔

由于局部点云数据的缺失，三维扫描模型网格化之后会形成孔洞，造成模型的不完整，如图 6-23 所示。点击工具栏填充孔图标，点击曲率图标，点击全部图标，单击孔边缘进行填充。软件将空洞周边区域的曲率变化进行填充，按 ESC 键退出命令，孔填充之后效果图如图 6-24 所示。如若未能达到理想的填充孔效果，可按撤销键予以撤销，或者删除周边三角网格，以便获得更好的填充效果。

对于比较复杂的模型，文中所示的方法也许达不到预期的填充效果，Geomagic Studio 软件提供多种方式供用户选择。如果用户有特殊要求，系统默认的是以曲率方式填充，软件还提供以切线方式填充，以平面方式填充，可以填充封闭的孔洞；也可以填充未封闭的孔洞；还可以桥连两片不相关的边界，用户可根据需要自行选择。

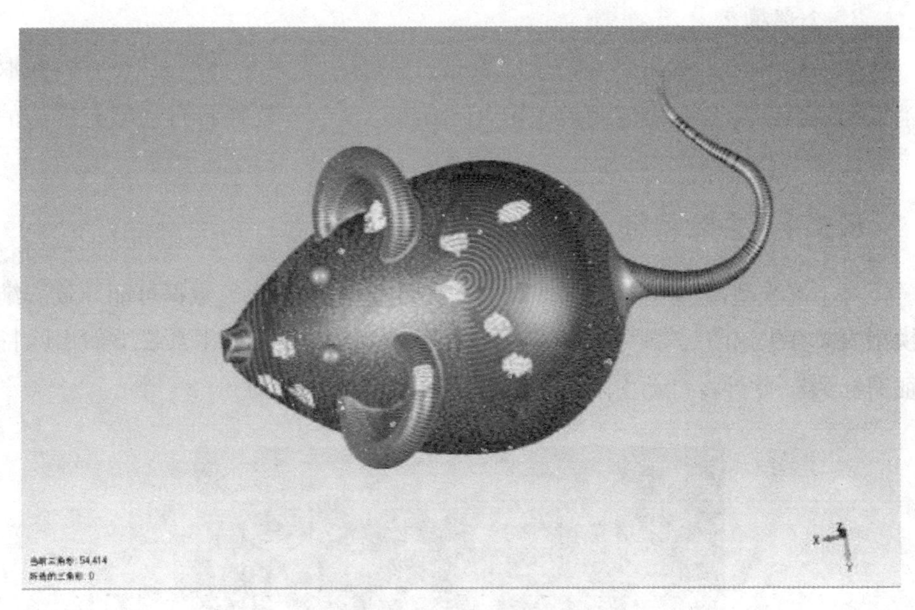

图 6－23　缺失网格面的模型

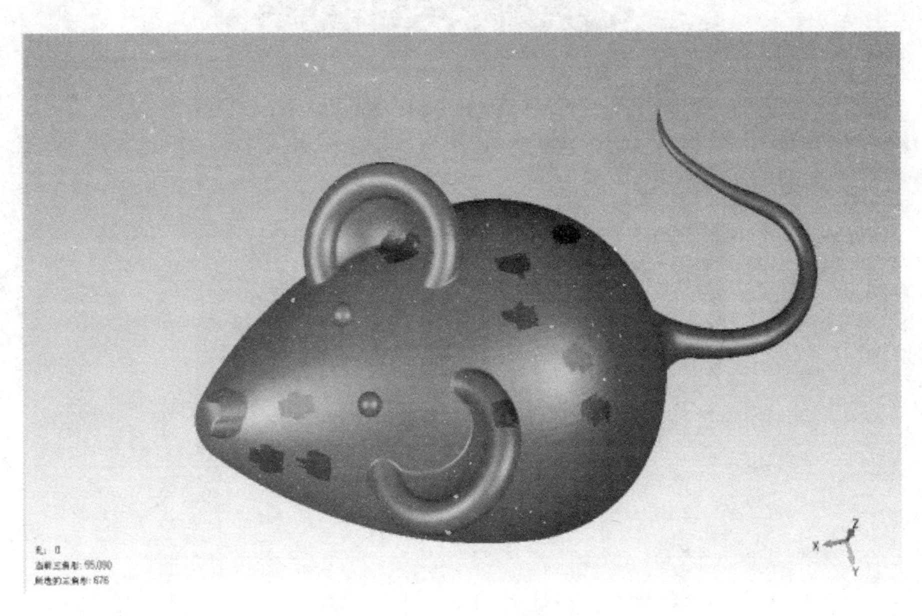

图 6－24　填充孔

2. 全部填充。

如果孔洞的数量较多,点击全部填充图标 ,进入全部填充对话框,在取消最大项中输入1,点击应用后确定,Geomagic Studio 软件将自动填充所选的全部孔洞。

6.5.4 去除特征

对于流线型,弧形等曲率要求较高的三维模型,错误点云数据可能导致三维模型表面有尖锐凸起等特征,如图6-25所示。点击多边形工具栏下的去除特征图标 ,软件将自动去除凸起部分,去除特征效果如图6-26所示。

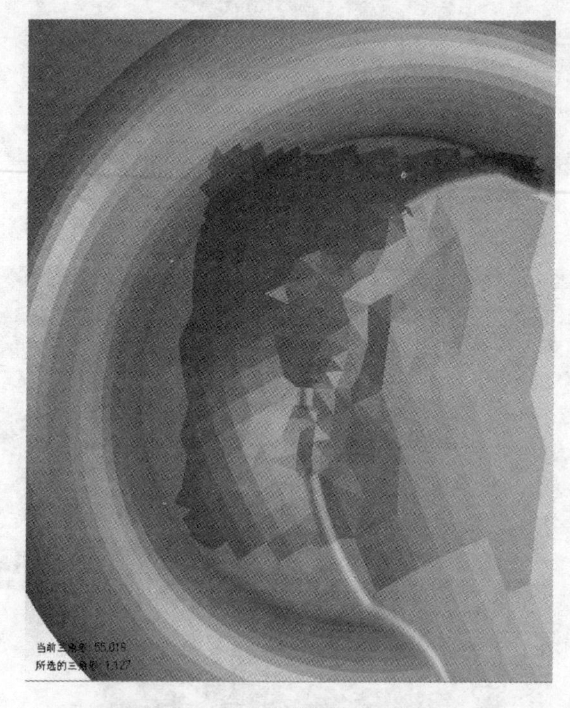

图6-25 去除特征之前效果图

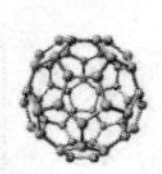

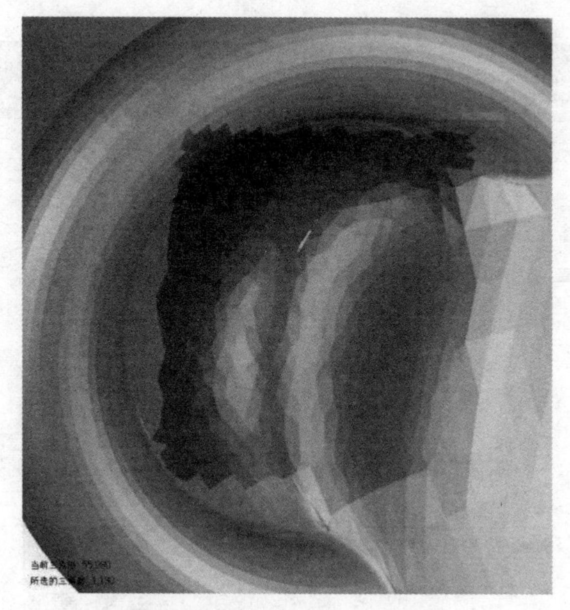

图 6－26　去除特征之后效果图

6.5.5　导出 stl 文件

三维点云数据经过一系列操作，修复完毕的老鼠模型如图 6－27 所示。点击另存为，将文件保存成三维打印领域的标准文件格式 STL 格式，点击确定，如图 6－28 所示。

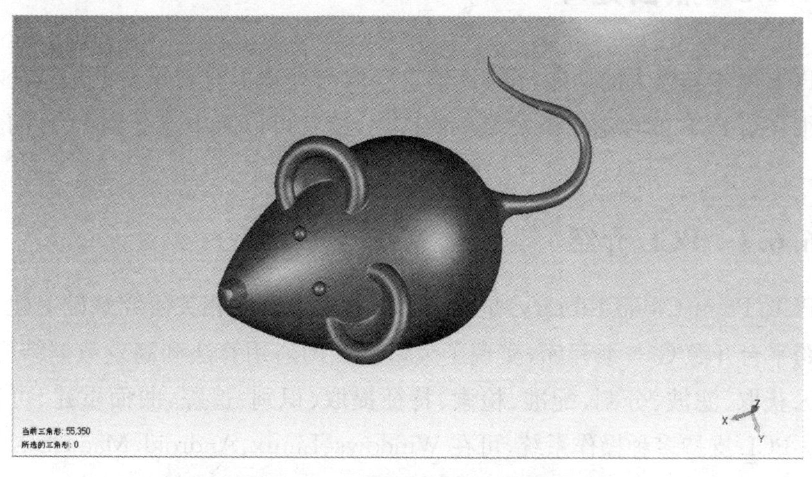

图 6－27　修复完毕的老鼠模型

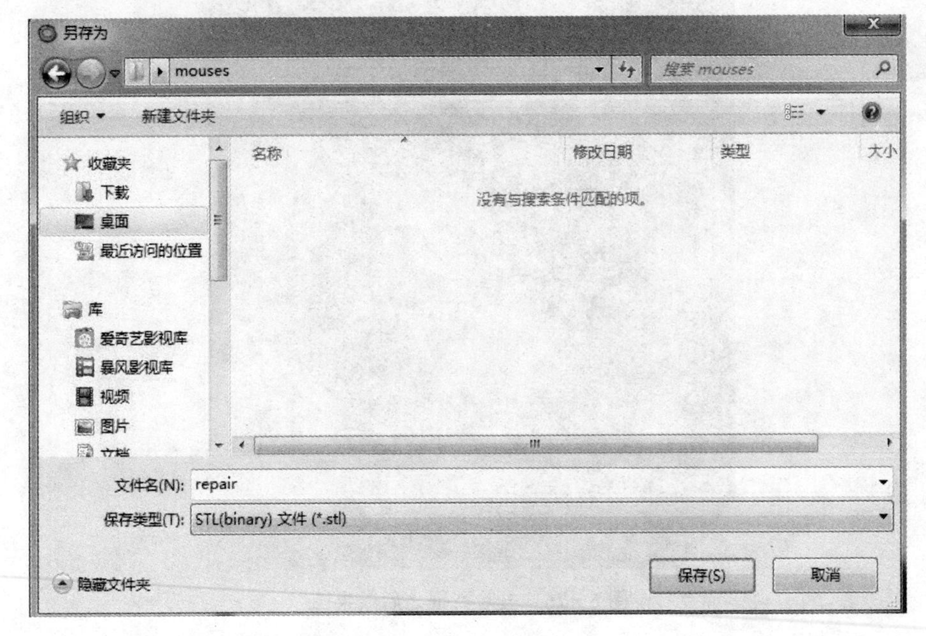

图 6-28　另存为 STL 文件

点云数据的处理是逆向工程工作的一项重要环节，处理不当会造成特征信息的丢失，因此要选择合适的方法对三维点云数据模型进行处理。

6.6　PCL 点云处理

PCL 基于其强大的功能，在 3D 信息获取与处理上有着重要的地位。本节将详细介绍 PCL 的理论知识及简单的应用，读者可以从中感受到 PCL 的独特魅力。

6.6.1　PCL 介绍

PCL(Point Cloud Library)是在吸收了前人点云的相关研究基础上建立的大型跨平台开源 C++编程库，实现了大量点云的通用算法和高效数据结构，包括点云获取、滤波、分割、配准、检索、特征提取、识别、追踪、曲面重建、可视化等[6]。PCL 支持多种操作系统，可在 Windows、Linux、Android、Mac OS X 等系统上运行。

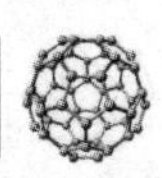

PCL 起初是 ROS(Robot Operating System)下来自斯坦福大学的 Radu 博士等人维护和开发的开源项目，主要应用于机器人研究应用领域。随着各个算法模块的积累，于 2011 年独立出来，正式与全球 3D 信息获取与处理的同行一起，组建了强大的开发团队。PCL 发展极为迅速，潜在应用领域广泛，涵盖机器人领域、CAD/CAM、逆向工程、激光遥感测量、虚拟现实、人机交互等。

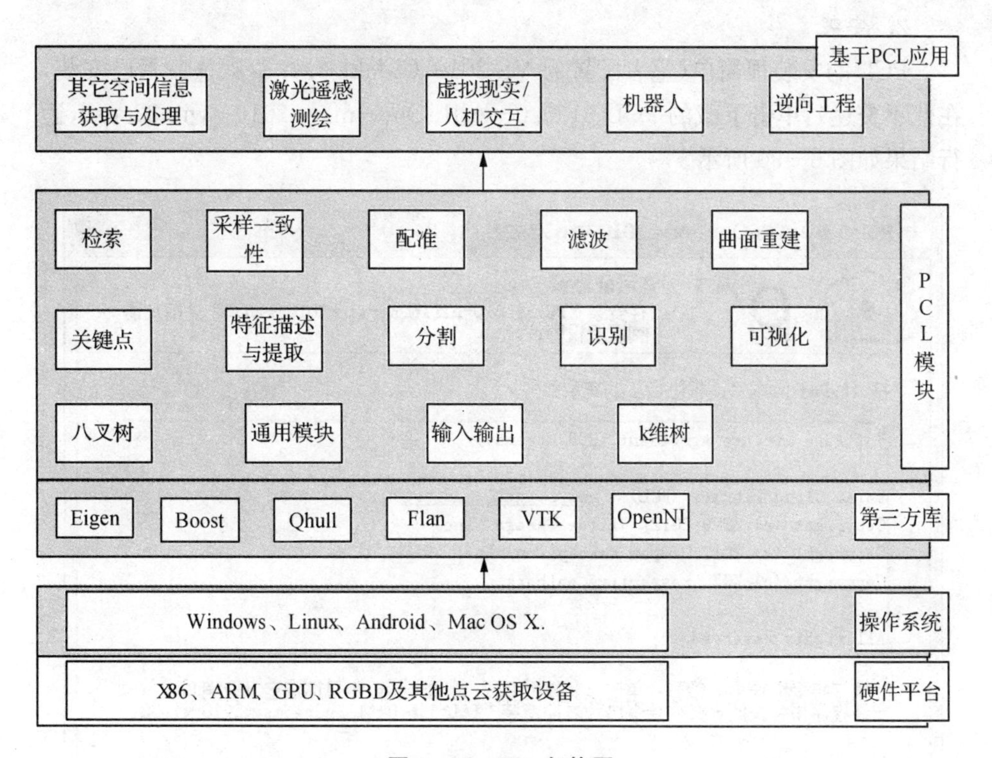

图 6－29　PCL 架构图

6.6.2　PCL 安装

1. 准备工作

(1) 获取 All in one 安装包，PCL 提供配置为 VS2010 的 32 位/64 位、VS2008 的 32 位/64 位下的安装包，该安装包包含了 PCL 所使用除 Qt 之外的全部第三方编译包。

(2) 获取 PCL 源码包。

(3) 安装开发工具 VS2010 的 32 位/64 位、VS2008 的 32 位/64 位和

CMake 开发工具，CMake 版本大于 2.8.3。

(4) All in one 包对应的 PDB 文件包，包括测试的点云数据集。

注意：点云库网站(http://pointclouds.org/downloads/windows.html)可下载 ALL in one 安装包和其对应的 PDB 文件包，源码包也可在点云库网站(http://pointclouds.org/downloads)下载。本章编写以 1.6.0 版本为准。

2. 安装

PCL 的安装很简单(笔者配置为 VS 2010，CMake 3.1.3，默认读者已安装，在此不赘述)，单击下载的 PCL－1.6.0－AllInOne－msvc 2010－win 32.exe，运行结果如图 6－30 所示。

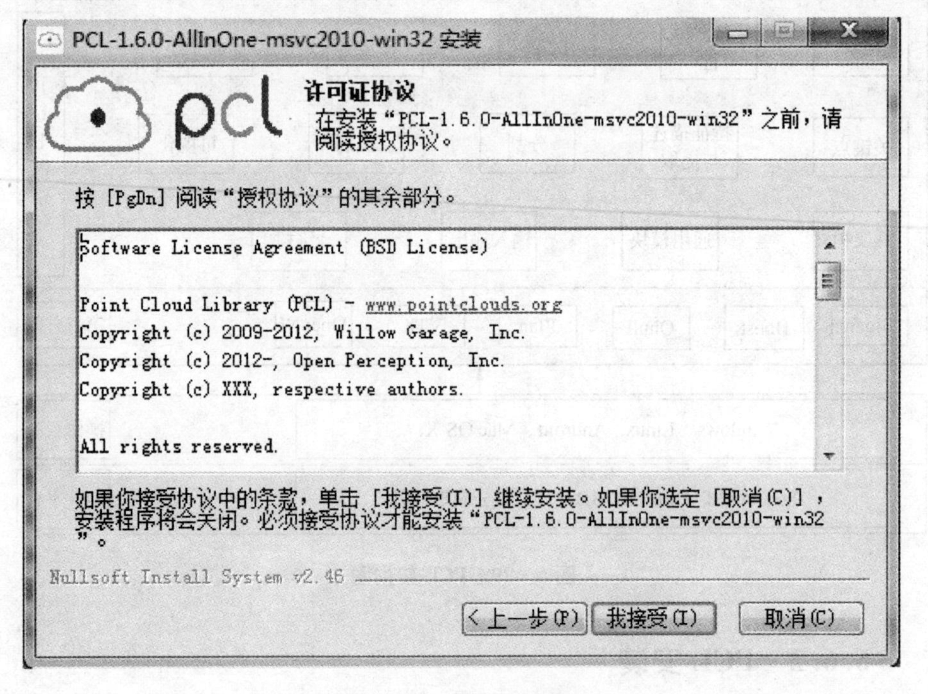

图 6－30　许可证协议

按照提示默认安装即可，如果需要改变安装路径到非 C 盘，可自行更改，后续环境配置相应更改即可。笔者安装至 E 盘，如图 6－31 所示。

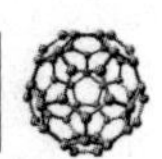

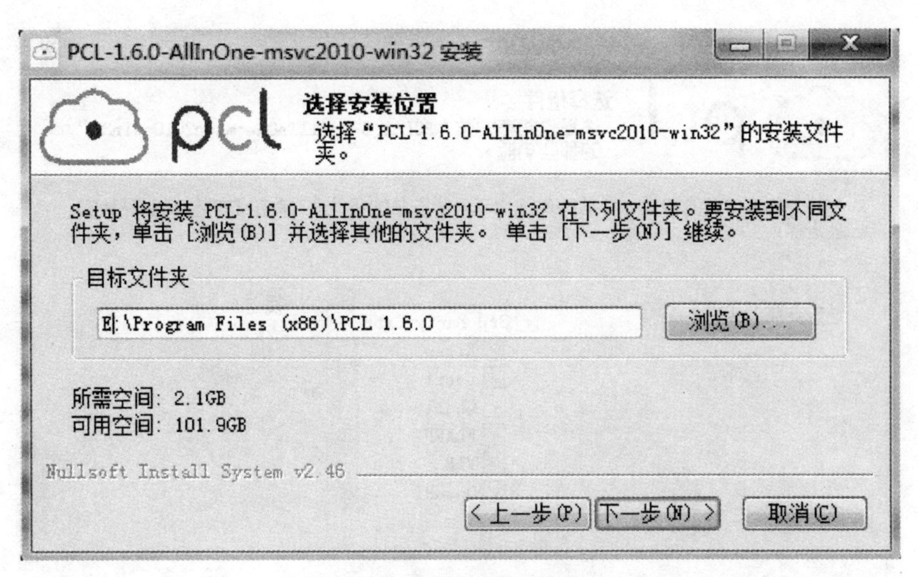

图 6－31　选择安装位置

点击"下一步"，选定安装的组件，包括 PCL 库与第三方库，如图 6－32 所示。

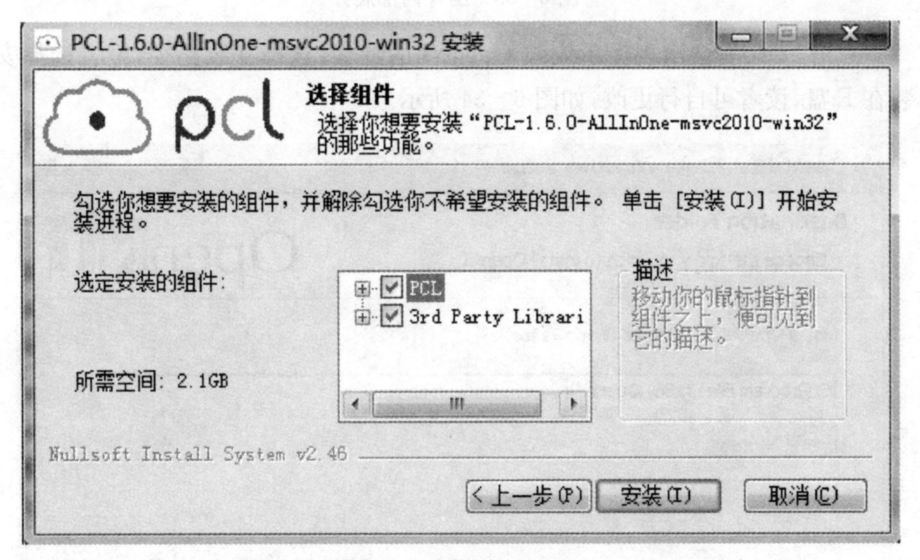

图 6－32　选择安装组件

左键单击"3 rd Party Libraries"，可见包含的第三方库：Eigen、Boost、Qhull、Flann、VTK、OpenNI，如图 6－33 所示。

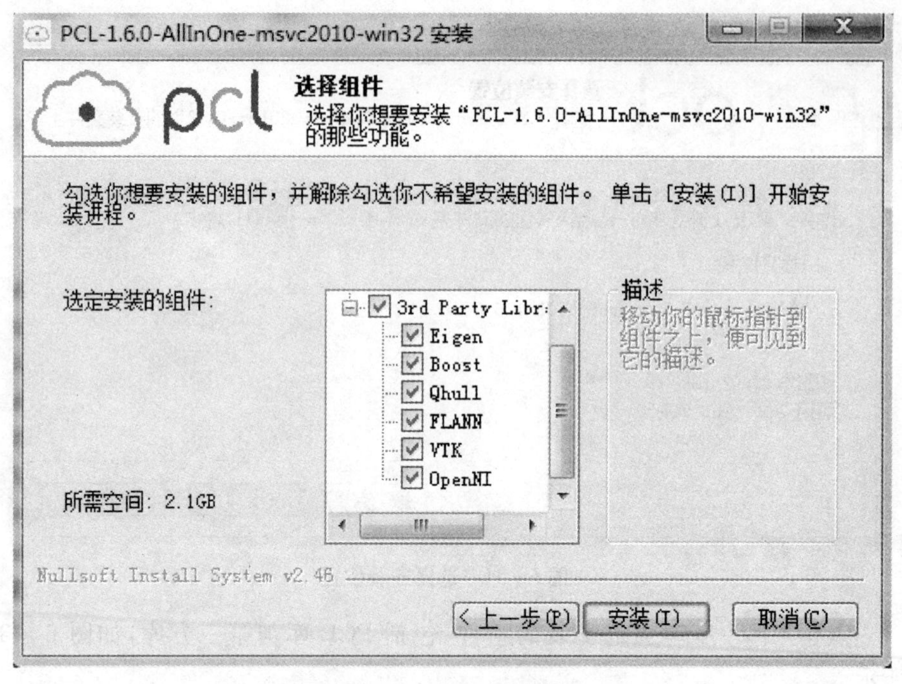

图 6－33　组件内部展开

点击"安装"，会出现提示安装 OpenNI 的界面，选择安装路径，笔者选择安装在 E 盘，读者可自行更改，如图 6－34 所示。

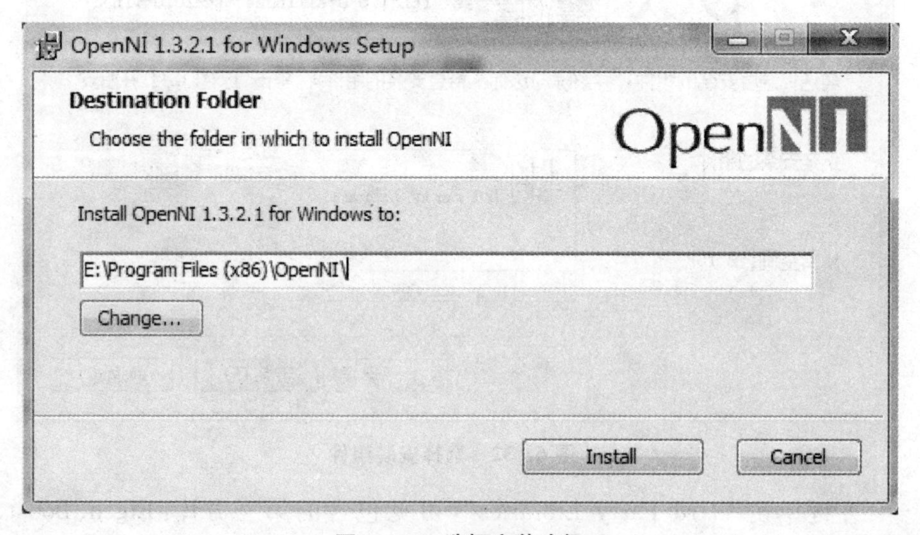

图 6－34　选择安装路径

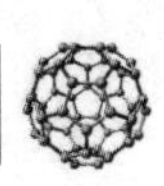

点击“Install”，即进行安装，安装完毕后会出现如下界面，如图 6 - 35 所示。

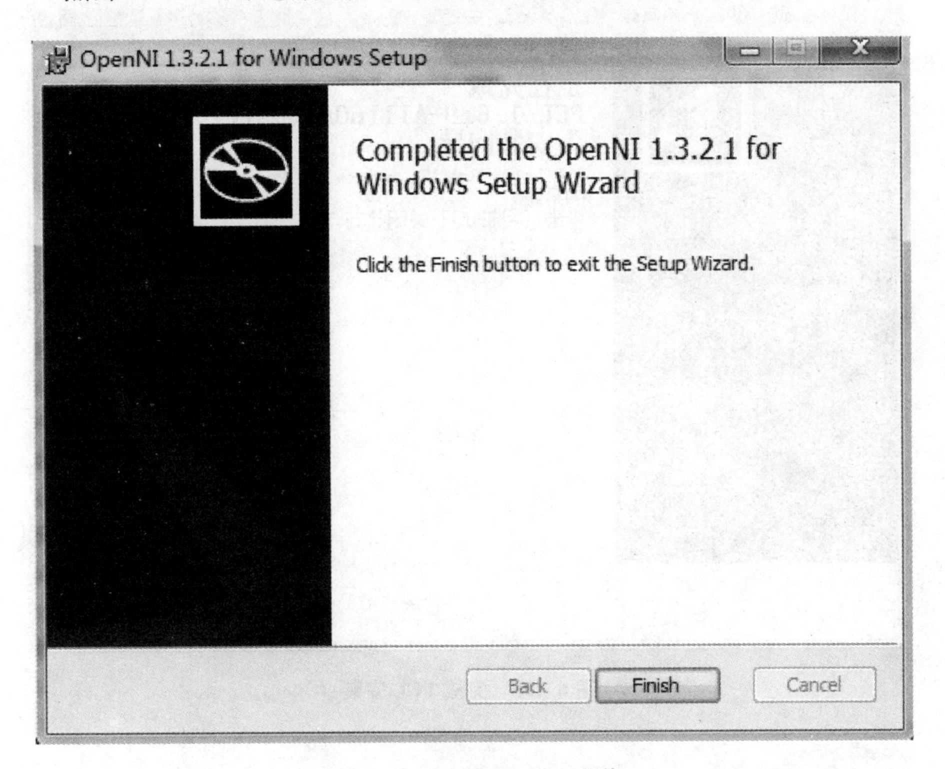

图 6 - 35　完成 OpenNI 安装

点击“Finish”，即完成“OpenNI”的安装(后续会出现安装 PrimeSense Sensor Kinect 的界面，操作与安装 OpenNI 相同，在此不一一赘述)。之后会出现如下界面，如图 6 - 36 所示，表示 PCL 安装完成。成功安装之后，安装目录下有 6 个文件夹：3rdParty、bin、cmake、include、lib、share，如图 6 - 37 所示。

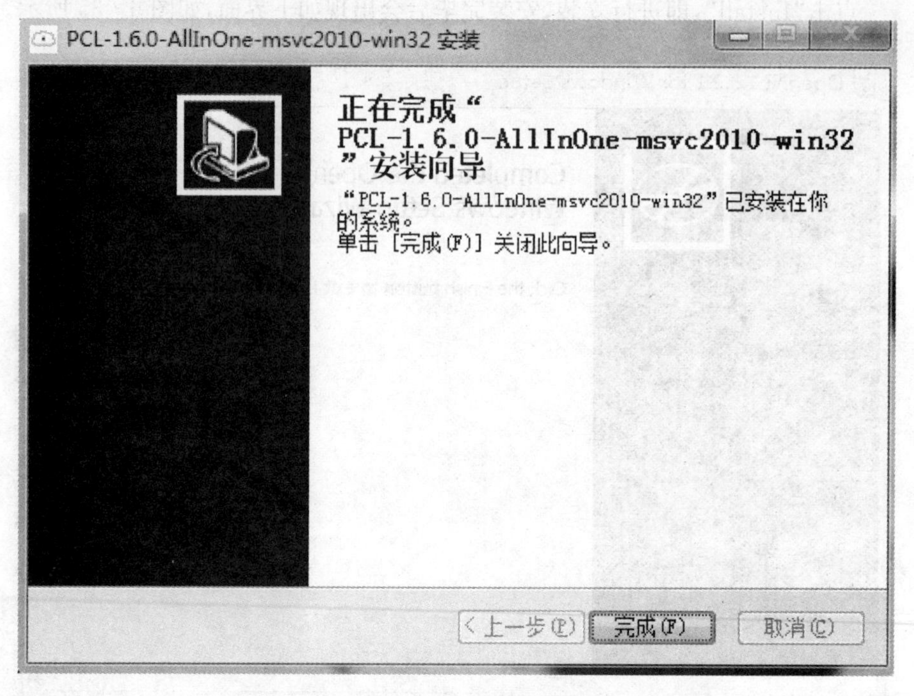

图 6-36　完成 PCL 安装

名称	修改日期	类型	大小
3rdParty	2015/3/25 20:07	文件夹	
bin	2015/3/25 20:06	文件夹	
cmake	2015/3/25 20:06	文件夹	
include	2015/3/25 20:05	文件夹	
lib	2015/3/25 20:06	文件夹	
share	2015/3/25 20:06	文件夹	
Uninstall.exe	2015/3/25 20:07	应用程序	180 KB

图 6-37　PCL 安装目录情况

预编译文件夹中包含了安装包对应的编译器版本文件的链接库以及 include 头文件等；bin 文件夹下包含编译好的 PCL 相关的 dll 与 exe 文件，此处已编译好的 exe 文件有很多是示例，用户可自行运行测试；CMake 文件夹内包含开发包相关的 CMake 配置文件；include 文件夹包含 PCL 的头文件；lib 文件夹包含 PCL 相关的 lib 文件；share 文件夹包含帮助文件等。其中 3rdParty 内部有 6 个第三方开源包预编译库（Boost、Eigen、FLANN、OpenNI、Qhull、

VTK)，如图 6－38 所示。

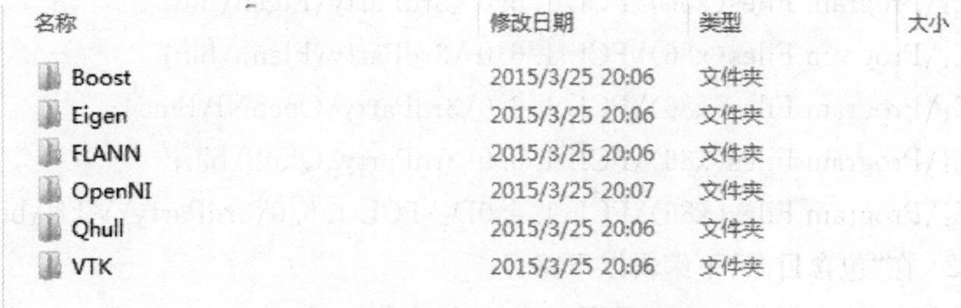

名称	修改日期	类型	大小
Boost	2015/3/25 20:06	文件夹	
Eigen	2015/3/25 20:06	文件夹	
FLANN	2015/3/25 20:06	文件夹	
OpenNI	2015/3/25 20:07	文件夹	
Qhull	2015/3/25 20:06	文件夹	
VTK	2015/3/25 20:06	文件夹	

图 6－38　3rdParty 安装目录情况

6.6.3　PCL 参数设置

1. 目录设置

安装好 PCL 之后，需进行参数设置。打开 VS2010，建立工程文件，点击“属性”，单击“配置属性”，选中“VC++目录”，如图 6－39 所示。

图 6－39　目录设置

(1) 在“可执行文件目录”下编辑以下路径：

E:\Program Files(x86)\PCL 1.6.0 \3rdParty\Eigen\bin;

E:\Program Files(x86)\PCL 1.6.0 \3rdParty\Flann\bin;

E:\Program Files(x86)\PCL 1.6.0\3rdParty\OpenNI\Bin64;

E:\Program Files(x86)\PCL 1.6.0\3rdParty\Qhull\bin;

E:\Program Files(x86)\PCL 1.6.0D:\PCL 1.6.0\3rdParty\VTK\bin

(2) 在“包含目录”下编辑以下路径：

E:\Program Files(x86)\PCL 1.6.0\include\pcl－1.6;

E:\Program Files(x86)\PCL 1.6.0\3rdParty\VTK\include\vtk－5.8;

E:\Program Files(x86)\PCL 1.6.0\3rdParty\Eigen\include;

E:\Program Files(x86)\PCL 1.6.0\3rdParty\Qhull\include;

E:\Program Files(x86)\PCL 1.6.0\3rdParty\Boost\include;

E:\Program Files(x86)\PCL 1.6.0\3rdParty\Flann\include;

E:\Program Files(x86)\PCL 1.6.0\3rdParty\OpenNI\Include

(3) 在“库目录”下编辑以下路径：

E:\Program Files(x86)\PCL 1.6.0\lib;

E:\Program Files(x86)\PCL 1.6.0\3rdParty\Boost\lib;

E:\Program Files(x86)\PCL 1.6.0\3rdParty\Flann\lib;

E:\Program Files(x86)\PCL 1.6.0\3rdParty\Qhull\lib;

E:\Program Files(x86)\PCL 1.6.0\3rdParty\VTK\lib\vtk－5.8;

E:\Program Files(x86)\PCL 1.6.0\3rdParty\OpenNI\Lib64

2. 附加依赖项设置

点击“链接器”，选中“输入”，如图 6－40 所示。

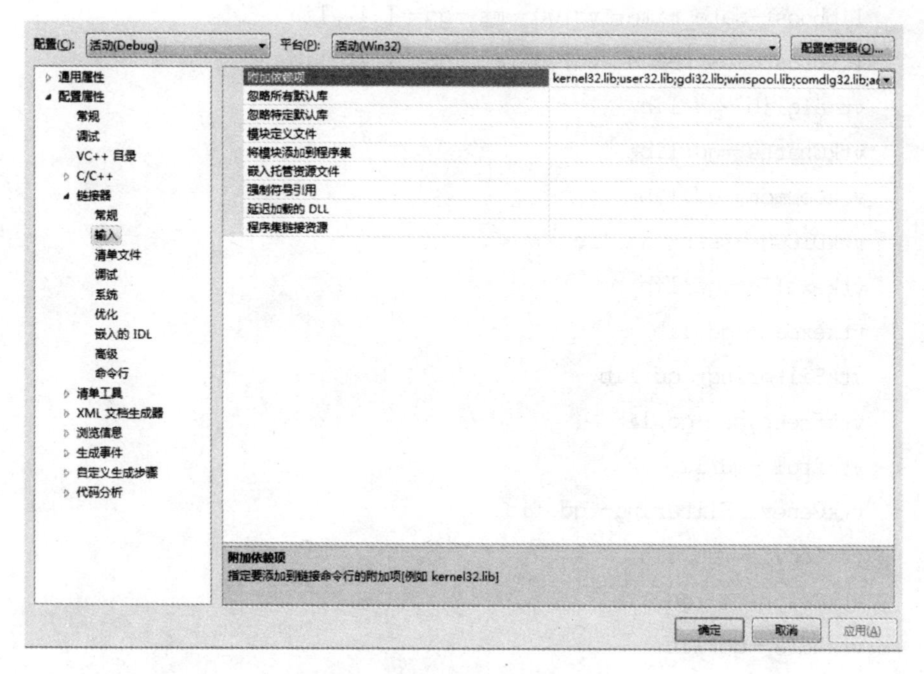

图 6-40　附加依赖项设置

在“附加依赖项”编辑：

opengl32.lib

pcl_kdtree_debug.lib

pcl_io_debug.lib

pcl_search_debug.lib

pcl_segmentation_debug.lib

pcl_apps_debug.lib

pcl_features_debug.lib

pcl_filters_debug.lib

pcl_visualization_debug.lib

pcl_common_debug.lib

flann_cpp_s-gd.lib

libboost_system-vc100-mt-gd-1_47.lib

libboost_filesystem-vc100-mt-gd-1_47.lib

libboost_thread-vc100-mt-gd-1_47.lib

libboost_date_time—vc100—mt—gd—1_47.lib
libboost_iostreams—vc100—mt—gd—1_47.lib
vtkalglib—gd.lib
vtkCharts—gd.lib
vtkCommon—gd.lib
vtkDICOMParser—gd.lib
vtkexoIIc—gd.lib
vtkexpat—gd.lib
vtkFiltering—gd.lib
vtkfreetype—gd.lib
vtkftgl—gd.lib
vtkGenericFiltering—gd.lib
vtkGeovis—gd.lib
vtkGraphics—gd.lib
vtkhdf5—gd.lib
vtkHybrid—gd.lib
vtkImaging—gd.lib
vtkInfovis—gd.lib
vtkIO—gd.lib
vtkjpeg—gd.lib
vtklibxml2—gd.lib
vtkmetaio—gd.lib
vtkNetCDF—gd.lib
vtkNetCDF_cxx—gd.lib
vtkpng—gd.lib
vtkproj4—gd.lib
vtkRendering—gd.lib
vtksqlite—gd.lib
vtksys—gd.lib
vtktiff—gd.lib
vtkverdict—gd.lib

```
vtkViews-gd.lib
vtkVolumeRendering-gd.lib
vtkWidgets-gd.lib
vtkzlib-gd.lib
```

至此,PCL 的安装及配置完成。

6.6.4 PCL 使用

1. PCD 文件格式

由于现有的文件结构因本身组成的原因不支持由 PCL 库引进 n 维点类型机制处理过程中的某些扩展,而 PCD 文件格式(点云格式)能很好地弥补这一点。PCD 并不是第一个支持 3D 点云数据的文件类型,在计算机图形学和计算机几何学,已经创建了多种格式来描述获取的点云,具体来说包括以下几种格式:

① PLY 是一种多边形文件格式,由 Stanford 大学的 Turk 等人设计开发;

② STL 是 3D Systems 公司创建的模型文件格式,主要应用于 CAD、CAM 领域;

③ OBJ 是从几何学上定义的文件格式,首先由 Wavefront Technologies 开发;

④ X3D 是符合 ISO 标准的基于 XML 的文件格式,表示 3D 计算机图形数据;

⑤ 其他许多种格式。

在此,默认读者已熟悉 C++,我们可以利用 PCL 进行程序开发。

2. 从 PCD 文件中读取点云数据

下面的例子给出了如何从 PCD 文件中读取点云数据[7]。

(1) 代码及其解析

```
#include <iostream>    //标准 C++输入输出类头文件
#include <pcl/io/pcd_io.h>    //PCD 读写类头文件
#include <pcl/point_types.h>    //PCL 支持的点类型头文件

int
main(intargc,char * * argv)
```

```
{
/*创建 PointCloud<PointXYZ>boost 共享指针并实例化*/
pcl::PointCloud<pcl::PointXYZ>::Ptr  cloud  (new
pcl::PointCloud<pcl::PointXYZ>);

/*加载 PointCloud 数据*/
if(pcl::io::loadPCDFile<pcl::PointXYZ>("test_pcd.pcd",*cloud)
==-1)
{
PCL_ERROR("Couldn't read file test_pcd.pcd\n");
return(-1);
}

std::cout<<"Loaded "
<<cloud->width*cloud->height
<<" data points from test_pcd.pcd with the following fields: "
<<std::endl;

/*以 pcl::PointXYZ 点类型输出数据*/
for(size_t i=0;i<cloud->points.size();++i)
std::cout<<"    "<<cloud->points[i].x
<<" "<<cloud->points[i].y
<<" "<<cloud->points[i].z<<std::endl;

return(0);
}
```

(2) 编译运行程序

编译运行程序，结果如图 6-41 所示。

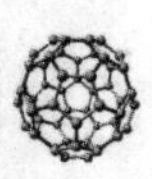

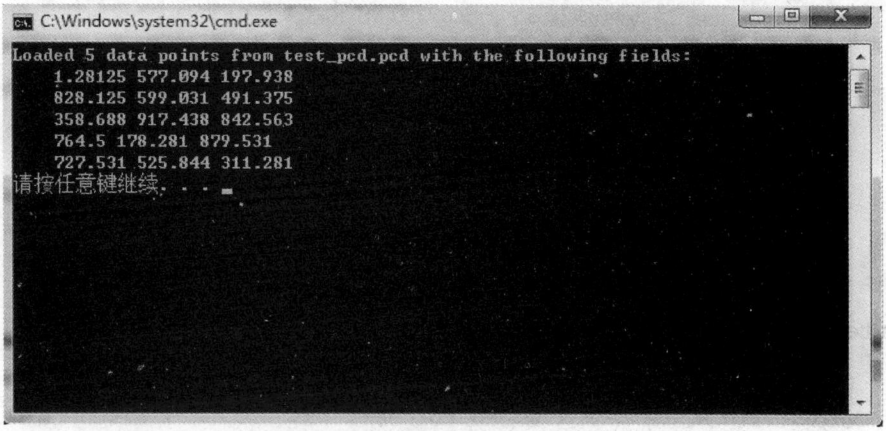

```
C:\Windows\system32\cmd.exe
Loaded 5 data points from test_pcd.pcd with the following fields:
    1.28125 577.094 197.938
    828.125 599.031 491.375
    358.688 917.438 842.563
    764.5 178.281 879.531
    727.531 525.844 311.281
请按任意键继续. . .
```

图 6-41　目录设置

3. 向 PCD 写入点云数据

下面的例子给出了如何向 PCD 写入点云数据[8]。

(1) 代码及其解析

```
/*头文件*/
#include <iostream>
#include <pcl/io/pcd_io.h>
#include <pcl/point_types.h>

int
main(intargc,char**argv)
{
/*创建点云*/
pcl::PointCloud<pcl::PointXYZ> cloud;  //点云类型为 pcl::PointXYZ
cloud.width=5;      //设置点云个数
cloud.height=1;        //设置为无序点云
cloud.is_dense=false;
cloud.points.resize(cloud.width*cloud.height);
for(size_t i=0;i<cloud.points.size();++i)
{
cloud.points[i].x=1024*rand()/(RAND_MAX+1.0f);
```

```
    cloud.points[i].y=1024 * rand()/(RAND_MAX+1.0f);
    cloud.points[i].z=1024 * rand()/(RAND_MAX+1.0f);
    }

    /* 存储数据对象至 test_pcd.pcd 文件中 */
    pcl::io::savePCDFileASCII("test_pcd.pcd",cloud);
    std::cerr<<"Saved "<<cloud.points.size()<<" data points
to test_pcd.pcd."<<std::endl;
    for(size_t i=0;i<cloud.points.size();++i)
    std::cerr<<"    "<<cloud.points[i].x<<" "<<cloud.points
[i].y<<" "<<cloud.points[i].z<<std::endl;
    return(0);
    }
```

(2) 编译运行程序

编译运行程序，结果如图 6-42 所示。

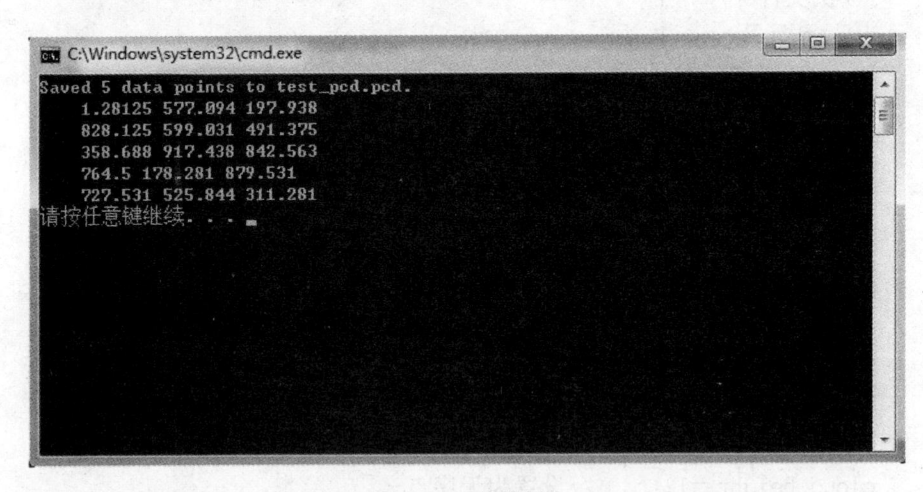

图 6-42 目录设置

4. 点云连接

下面的例子展示了如何实现点云连接[9]。

(1) 代码及其解析

```
/* 头文件 */
```

```
#include <iostream>
#include <pcl/io/pcd_io.h>
#include <pcl/point_types.h>

int
main(intargc,char * * argv)
{
if(argc! =2)
{
std::cerr<<"please specify command line arg '-f' or '-p'"<<
std::endl;
exit(0);
}
/*设置点云类型*/
pcl::PointCloud<pcl::PointXYZ>cloud_a,cloud_b,cloud_c;
pcl::PointCloud<pcl::Normal>n_cloud_b;
pcl::PointCloud<pcl::PointNormal>p_n_cloud_c;
/*创建点云*/
cloud_a.width=5;
cloud_a.height=cloud_b.height=n_cloud_b.height=1;
cloud_a.points.resize(cloud_a.width*cloud_a.height);
if(strcmp(argv[1],"-p")==0)
{
cloud_b.width=3;
cloud_b.points.resize(cloud_b.width*cloud_b.height);
}
else{
n_cloud_b.width=5;
n_cloud_b.points.resize(n_cloud_b.width*n_cloud_b.height);
}
```

```
for(size_t i=0;i<cloud_a.points.size();++i)
{
cloud_a.points[i].x=1024*rand()/(RAND_MAX+1.0f);
cloud_a.points[i].y=1024*rand()/(RAND_MAX+1.0f);
cloud_a.points[i].z=1024*rand()/(RAND_MAX+1.0f);
}
if(strcmp(argv[1],"-p")==0)
for(size_t i=0;i<cloud_b.points.size();++i)
{
cloud_b.points[i].x=1024*rand()/(RAND_MAX+1.0f);
cloud_b.points[i].y=1024*rand()/(RAND_MAX+1.0f);
cloud_b.points[i].z=1024*rand()/(RAND_MAX+1.0f);
}
else
for(size_t i=0;i<n_cloud_b.points.size();++i)
{
n_cloud_b.points[i].normal[0]=1024*rand()/(RAND_MAX+1.0f);
n_cloud_b.points[i].normal[1]=1024*rand()/(RAND_MAX+1.0f);
n_cloud_b.points[i].normal[2]=1024*rand()/(RAND_MAX+1.0f);
}

/*输出点云*/
std::cerr<<"Cloud A: "<<std::endl;
for(size_t i=0;i<cloud_a.points.size();++i)
std::cerr<<"  "<<cloud_a.points[i].x<<"
"<<cloud_a.points[i].y<<""<<cloud_a.points[i].z<<std::endl;

std::cerr<<"Cloud B: "<<std::endl;
if(strcmp(argv[1],"-p")==0)
for(size_t i=0;i<cloud_b.points.size();++i)
std::cerr<<"  "<<cloud_b.points[i].x<<"
```

```
"<<cloud_b.points[i].y<<""<<cloud_b.points[i].z<<std::endl;
    else
    for(size_t i=0;i<n_cloud_b.points.size();++i)
    std::cerr<<"
"<<n_cloud_b.points[i].normal[0]<<""<<n_cloud_b.points[i].
normal[1]<<" "<<n_cloud_b.points[i].normal[2]<<std::endl;

    /*拷贝点云数据*/
    if(strcmp(argv[1],"-p")==0)
    {
    cloud_c=cloud_a;
    cloud_c+=cloud_b;
    std::cerr<<"Cloud C: "<<std::endl;
    for(size_t i=0;i<cloud_c.points.size();++i)
    std::cerr<<"    "<<cloud_c.points[i].x<<" "<<cloud_c.
points[i].y<<" "<<cloud_c.points[i].z<<" "<<std::endl;
    }
    else
    {
    pcl::concatenateFields(cloud_a,n_cloud_b,p_n_cloud_c);
    std::cerr<<"Cloud C: "<<std::endl;
    for(size_t i=0;i<p_n_cloud_c.points.size();++i)
    std::cerr<<"    "<<
    p_n_cloud_c.points[i].x<<" "<<p_n_cloud_c.points[i].y<<" "
<<p_n_cloud_c.points[i].z<<" "<<
    p_n_cloud_c.points[i].normal[0]<<" "<<p_n_cloud_c.points[i].
normal[1]<<" "<<p_n_cloud_c.points[i].normal[2]<<std::endl;
    }
    return(0);
    }
```

(2) 编译运行程序

编译运行程序,结果如图 6-43 所示。

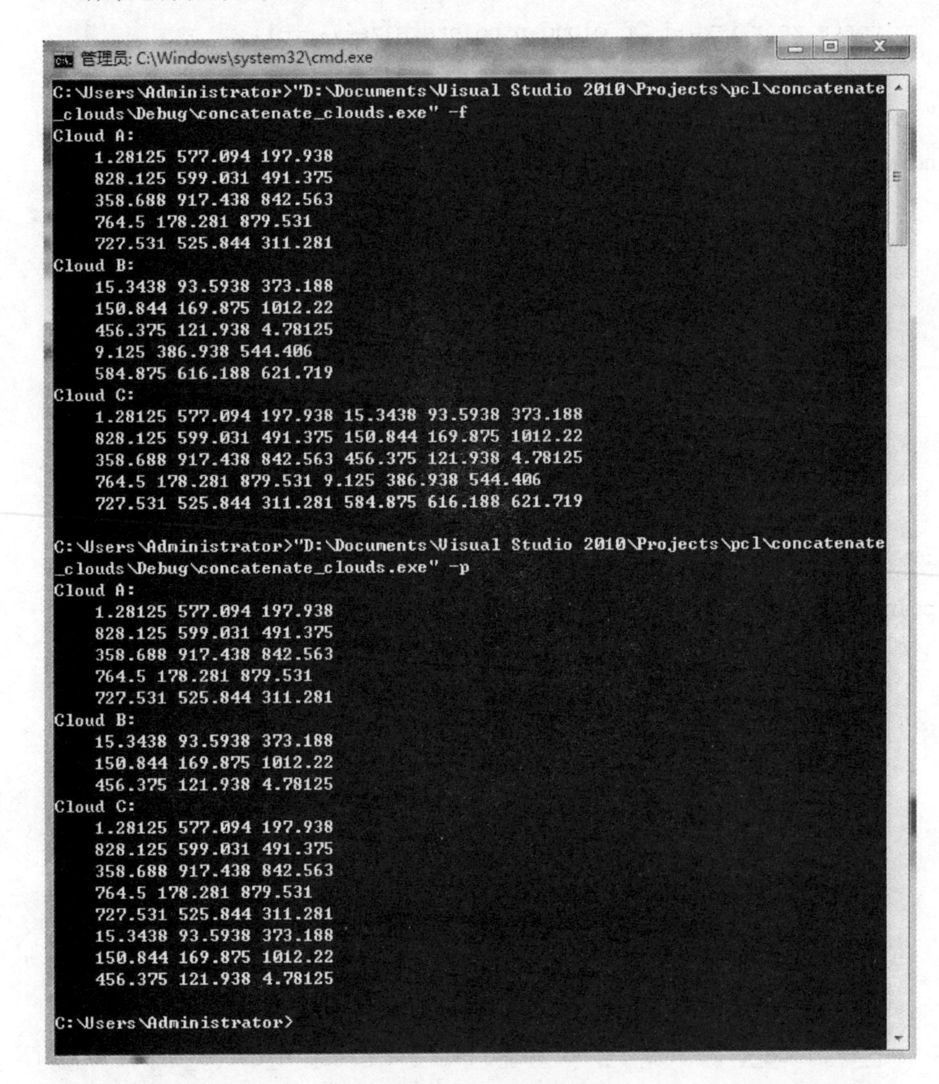

图 6-43　目录设置

5. 可视化点云

下面的例子展示了如何实现点云可视化[10]。

(1) 代码及其解析

/ * 头文件 * /

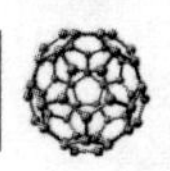

```
#include <pcl/visualization/cloud_viewer.h>
                                              //类 CloudViewer 头文件声明
#include <iostream>
#include <pcl/io/io.h>
#include <pcl/io/pcd_io.h>
intuser_data;
void
/*添加圆球几何体*/
viewerOneOff(pcl::visualization::PCLVisualizer& viewer)
{
viewer.setBackgroundColor(1.0, 0.7, 1.0);    //设置背景颜色
pcl::PointXYZ o;                               //存储球的圆心位置
o.x = 1.0;
o.y = 0;
o.z = 0;
viewer.addSphere(o, 0.25, "sphere", 0);  //添加几何体对象
std::cout<< "i only run once" <<std::endl;
}
int main()
{
pcl::PointCloud<pcl::PointXYZRGBA>::Ptr cloud(new pcl::PointCloud<pcl::PointXYZRGBA>);
pcl::io::loadPCDFile("D:\\Documents\\Visual Studio 2010\\Projects\\pcl\\cloud_viewer\\maize.pcd", *cloud);  //加载点云文件
pcl::visualization::CloudViewer viewer("Cloud Viewer");
                                              //创建 viewer 对象//
viewer.showCloud(cloud);
viewer.runOnVisualizationThreadOnce(viewerOneOff);
while(! viewer.wasStopped())
    {
user_data++;
```

```
    }
return 0;
}
```

(2) 编译运行程序

编译运行程序,结果如图 6-44 所示。

图 6-44 可视化点云

本章对基于 Geomagic 和 PCL 的点云数据处理进行了简单介绍,并给出了相应的处理实例。希望这些实例能起到抛砖引玉的作用,更多的点云处理方法和技巧需要在实践中不断摸索。

思考题

1. 简述点云数据特点。
2. 简述点云数据处理的流程。
3. 简述 Geomagic Stadio 逆向工程软件的特点。
4. 简述 Geomagic Stadio 软件的基本功能。
5. 熟悉 PCL 环境并调试更改实例。

参考文献

[1] Jump up Sitek et al. Tomographic Reconstruction Using an Adaptive Tetrahedral Mesh Defined by a Point Cloud. IEEE Trans. Med. Imag. 25 1172(2006).

[2] Jump up From Point Cloud to Grid DEM：A Scalable Approach.

[3] Jump up K. Hammoudi，F. Dornaika，B. Soheilian，N. Paparoditis. Extracting Wire-frame Models of Street Facades from 3D Point Clouds and the Corresponding Cadastral Map. International Archives of Photogrammetry，Remote Sensing and Spatial Information Sciences(IAPRS)，vol. 38，part 3A，pp. 91 - 96，Saint-Mandé，France，1 - 3 September 2010.

[4] Rusinkiewicz，S. and Levoy，M. 2000. QSplat：a multiresolution point rendering system for large meshes. In Siggraph 2000. ACM，New York，NY，343 - 352.

[5] Jump up Meshing Point Clouds A short tutorial on how to build surfaces from point clouds.

[6] http://pointclouds. org/.

[7] http://www. pclcn. org/study/shownews. php? lang=cn&id=84.

[8] http://www. pclcn. org/study/shownews. php? lang=cn&id=83.

[9] http://pointclouds. org/documentation/tutorials/concatenate_clouds. php.

[10] http://pointclouds. org/documentation/tutorials/cloud_viewer. php.

第7章　三维可视化、建模与实例

根据对数据场描述方法的不同，三维数据场的可视化方法可以分为两类：面绘制和体绘制。面绘制的基本原理是采用大量的三角面片来拟合绘制对象的表面，再采用面光照模型并结合消隐技术和渲染技术绘制出具有真实感的图像[1]。面绘制的典型算法有：移动立方体（Marching Cube）算法、分类立方体（Divided Cubes）算法等。体绘制作为空间数据场可视化技术中的一种，可以直接由三维数据场产生屏幕的二维图像，不需要生成中间图元，具有包括数据场的每个细节、图像质量高等优点，所以体绘制技术逐渐成为研究的热点，被广泛应用于包括医学图像三维重建等领域[2-4]。

7.1　背景介绍

图像三维可视化技术的研究始于20世纪70年代中后期，当时计算机成像技术发展水平有限，早期的三维图像重建技术的研究都集中在对象轮廓连接上，有代表性的是1975年Keppel[5]提出的三角面片拟合物体表面的方法和1979年Herman和Liu[6]提出的立方体法。八十年代图像三维可视化技术有了进一步的发展，成像系统已经有能力产生高分辨率、低噪声的二维图像，促进了图像三维可视化技术的发展。在这段时间内，研究者提出了多种新颖的算法，1987年Lorenson[7]等提出了移动立方体（Marching Cubes）算法，这种算法可以用于表面结构的三维图像重建，通过三维数据集生成等值面来实现。1988年Cline提出了分类立方体（Divided Cubes）算法，此算法把体素分为物体内的体素、物体外的体素和物体表面的体素三类，通过体素分类构造出样品的图像三维可视化结果。

八十年代后期，体绘制算法引起了研究者的极大兴趣，它是一种基于体素的

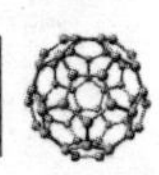

直接绘制方法，1988 年 Levoy[9] 提出了光线投射（Ray-Casting）算法，此方法通过对图像空间的三维数据集进行采样，累加采样点的颜色值和透明度值，累加的结果即为相应的三维可视化结果。在此基础上又出现了许多其他体绘制算法，例如：错切变形法（Shear Warp）[10]、足迹表法（Foot Print）[11]、频域体绘制算法[12]等。

九十年代，图像三维可视化技术的研究逐渐向实用方向发展。国外已经出现可以实现图像三维可视化的系统，除了医学成像设备制造商例如：东芝、西门子、通用电气等开发的配套软件外，比较有名的图像三维可视化系统还有美国宾夕法尼亚大学的 MIPG 小组的 3DViewnix 系统、麻省理工大学（MIT）人工智能实验室和哈佛医学院附属伯明翰女子医院合作开发的 3D Slice 软件、纽约州立大学的 VolVis 系统等[13]。在国内，中科院自动化所、清华大学、浙江大学、东南大学等在三维图像重建系统的研究中取得一些成果，但还没有商业化的系统问世[14][15]。

本章我们将基于之前介绍的 OCT 逐点扫描三维数据获取技术的体绘制可视化、VS220 立体视觉三维数据获取技术的相机标定以及 Artec 激光扫描面绘制与建模分别进行实例介绍。

7.2　三维表面模型绘制技术

面绘制法是根据设定的阈值，从体数据中提取出表面的三角面片集，再用光照模型对三角面片进行渲染，形成三维图像。

面绘制法主要分为基于断层轮廓线的方法和基于体素的方法。基于断层轮廓线的方法是先在不同的断层上提取出感兴趣区的轮廓线，然后在相邻断层的轮廓线间构造出三角面片。这在同一断层上有多个轮廓线时会产生模糊性，上下两层的轮廓线不易对应。用户干预可以避免一定的模糊性，但是这样大大增加了操作的复杂性，因此不被广泛采纳使用。基于体素的方法以移动立方体法（Marching Cube，MC）为代表。

7.2.1　Marching Cubes 算法

1. Marching Cubes 算法概述

Marching Cubes 算法是面显示算法中的经典算法，它也被称为“等值面提取”(Isosurface Extraction)。本质是将一系列二维的切片数据看作是一个三维的数据场,从中将具有某种域值的物质抽取出来,以某种拓扑形式连接成三角面片。MC算法的基本思想是逐个处理体数据场中的各个体元,并根据体元各个顶点的值来决定该体元内部等值面的构造形式。算法实现过程中,体元内等值面构造要经过以下两个主要计算:① 体元中三角面片逼近等值面的计算;② 三角面片各顶点法向量的计算。

2. 预备知识介绍

这里主要介绍体素模型和等值面。

(1) 体素模型

体素一般有两种定义:一种与二维图像中像素定义相类似,直接把体数据中的采样点作为体素;另一种是把八个相邻的采样点包含的区域定义为体素。

在三维空间某一个区域内进行采样,若采样点在 x,y,z 三个方向上分布是均匀的,采样间距分别为 $\Delta x,\Delta y,\Delta z$,则体数据可以用三维数字矩阵来表示。每八个相临的采样点的立方体区域就定义为一个体素。而这八个采样点称为该体素的角点,他们的坐标分别为:(i,j,k),$(i+1,j,k)$,$(i,j+1,k)$,$(i+1,j+1,k)$,$(i,j,k+1)$,$(i,j,k+1)$,$(i+1,j+k+1)$,$(i,j+1,k+1)$和$(i+1,j+1,k+1)$,如图7-1所示。

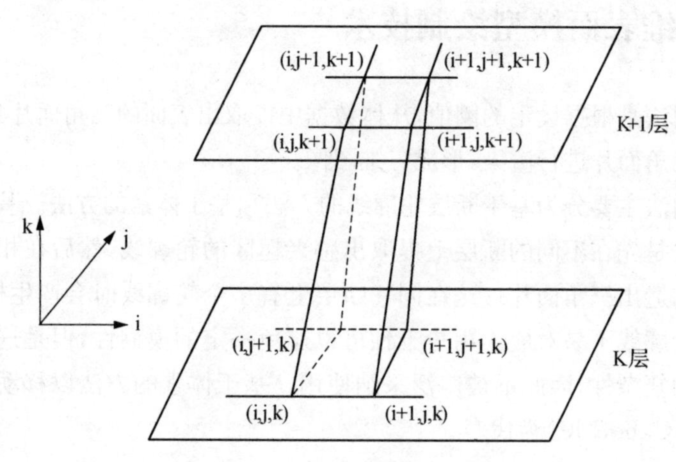

图7-1 移动立方体的体素

对于体素内任一点,设其坐标为 $P_6(X,Y,Z)$,其物理坐标可以转换为图像坐标 i_6,j_6,k_6,其中 $i_6=x/\Delta x$,$j_6=y/\Delta y$,$k_6=z/\Delta z$,当把方向无关的三个线性

插值作为体素模型时，其值可以表示为：

$$f(P_6)=f(P_4)(i+1-i_6)+f(P_5)(i_6-i) \tag{7-1}$$

$$f(P_4)=f(P_0)(j+1-j_6)+f(P_5)(j_6-j) \tag{7-2}$$

$$f(P_5)=f(P_1)(j+1-j_6)+f(P_2)(j_6-j) \tag{7-3}$$

$$f(P_n)=f(i'(n),j'(n),k)(k+1-k_6)+f(i'(n),j'(n),k+1)(k_6-k),(n=0,1,2,3) \tag{7-4}$$

其中，$i'(n)=\begin{cases} i & n=0,1 \\ i+1 & n=2,3 \end{cases}$，$j'(n)=\begin{cases} j & n=0,3 \\ j+1 & n=1,2 \end{cases}$。式(7-1)经过整理得：

$$f(x,y,z)=a_0+a_1x+a_2y+a_3z+a_4xy+a_5yz+a_6zx+a_7xyz \tag{7-5}$$

其中系数 $a_i(i=0,1,\cdots 7)$决定于体元 8 个角点处的函数值。

(2) 等值面(Iso-Surface)介绍

在面重建算法中以重建等值面这一类算法最为经典。我们进行表面重建的目的就是用分割提取出的区域构建出对应目标的三维几何模型，等值面的构造就是从体数据中恢复物体三维几何模型的常用方法之一。如果我们把体数据看成是某个空间区域内关于某种物理属性的采样集合，非采样点上的值用邻近采样点插值来估计，则该空间区域内所有具有某一个相同值的点的集合将定义一个或多个曲面，称之为等值面。因为不同的物质具有不同的物理属性，因此可以选定适当的值来定义等值面，该等值面表示不同物质的交界。也就是说，一个用适当值定义的等值面可以代表某种物质的表面。

等值面是空间中所有具有某个相同值的点的集合，它可以表示成：

$$\{(x,y,z),f(x,y,z)=C\} \tag{7-6}$$

其中 C 为常数。

并不是每个体素内都有等值面，当体素内点都大于 C 或者都小于 C 时，其内部不存在等值面。只有那些既存在大于 C 的点又小于 C 的点的体素才含有等值面，我们称这样的体素为边界体素。等值面在一个边界体素内的部分称为该体素的等值面片，是一个三次曲面，它与边界体素面的交线是一条双曲线且这条双曲线仅由该面上四个角点决定。这些等值面片之间具有等值拓扑一致性，即它们可以构成连续的无孔的无悬浮面的曲面(除非在体数据的边界处)。因为对于任何两个边界共面的体素,如果等值面与他们的公共面有交线,则该交线就是两个边界体素中等值面片与公共面的交线。也就是说,这两个等值面片完全吻合,所以可以认为等值面是由许多个等值面片组成的连续曲面由于等值面是三次代数曲面,构造等值面的计算复杂,也不便于显示。而多边形的显示则非常方便,所以,等值面的三角面片拟合是常用的手段。我们本章论述的MC算法便是在边界体素中生成三角面片,以三角面片拟合成等值面。

3. *移动正方形法*

移动正方形法是一种二维算法,它是移动立方体法的依据。移动立方体法(Marching Cubes)正是移动正方形法的三维引申发展起来的。

移动正方形法也是找等值线的一种方法。首先找四个相邻的像素,编号为1,2,3,4,如图7-2所示。每个象素值有大于阈值和小于阈值两种情况,如果像素值大于阈值用代码1表示,用圆圈标出;如果小于阈值就用0表示。四个点就有16种组合形式,图7-2列出了所有的可能组合形式。每一种形式就是等值线与正方形边之间的一种拓扑关系。图中的虚线就是等值线的路径,没有虚线的形式说明等值线不该正方形相交。以0001图为例,该图中左下角的像素值大于给定值,其它三个像素小于给定值,那么可以推断出等值线的一侧是圆圈代表的像素,另一侧是另外三个像素,那么等值线只能以图中虚线所示的这种方式与正方形相交。等值线与正方形边的交点坐标可以用线性插值来求得。这样当一幅图像中的所有正方形都求出了各自的一段等值线后,这些线段自然而然的就连成了一个闭合的等值线了。移动正方形算法如下:

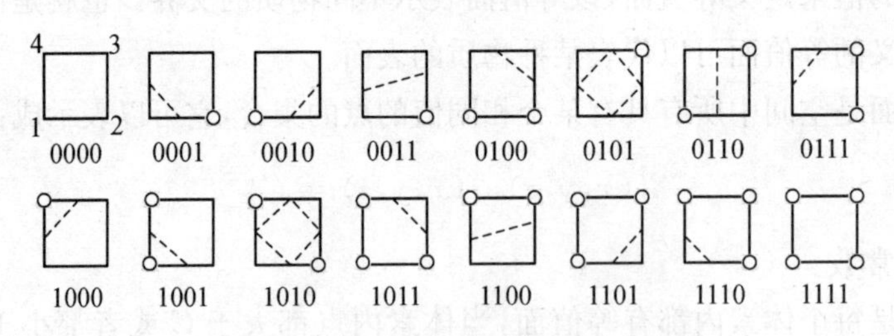

图7-2　移动正方形等值面的几种情况

① 在一幅图像中求出所有四个相邻像素点构成的正方形。

② 判断四个像素值与阈值的关系,生成0101的代码。

③ 由上步生成的代码求出等值线与四个像素点间的拓扑关系。

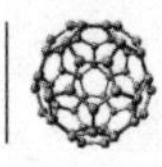

④ 由拓扑关系,用线性插值法求出等值线与正方形边的交点。

⑤ 顺序连接等值线段就得到等值线了。

4. 移动立方体(Marching Cubes)算法

MC算法的基本假设是沿着立方体的边的数据场是呈连续线性变化的,也就是说如果一条边的两个顶点分别大于或小于等值面的值,在该边上有且仅有一点是这条边与等值面的交点。确定立方体体素等值面的分布是该算法的基础,这里我们将理论与重建示例相结合使我们对MC算法进行更深一步的了解。

首先我们将经过处理后的图片切片数据可以看作是一些网格点组成的,这些点代表了密度值,如图7-3所示。

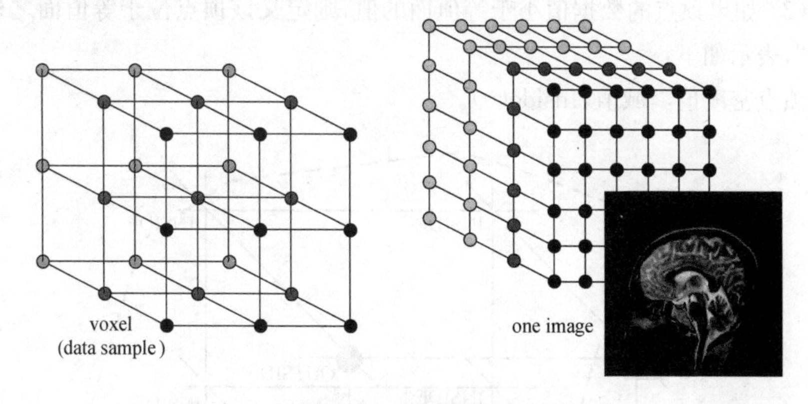

图7-3　计算CT、MR图像的灰度单位网格

每次读出两张切片,形成一层(Layer),如图7-4所示。

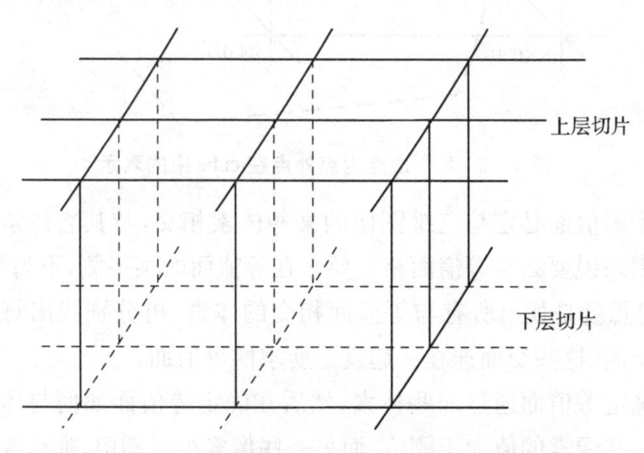

图7-4　连续读出两张图片所构成的Layer

两张切片上下相对应的八个点构成一个 Cube,也叫 Cell,Voxel 等。由相邻层上的各 4 个像素组成立方体的 8 个顶点,这 8 个像素构成一个立方体,我们把这个立方体叫做体素。为了确定体元中等值面的剖分方式,因此所求等值面要有一个门限值,然后对体元的八个顶点进行分类,以判定顶点是位于等值面之内还是位于等值面之外;再根据顶点分类结果确定等值面的剖分模式。顶点分类规则为:

(1) 如果顶点的数据值大于等值面的值,则定义该顶点位于等值面之内,记为"1",表示如下:

顶点密度值<域值,设为 Outside(1) ;

(2) 如果顶点的数据值小于等值面的值,则定义该顶点位于等值面之外,记为"0",表示如下:

顶点密度值≥域值,Inside(0)。

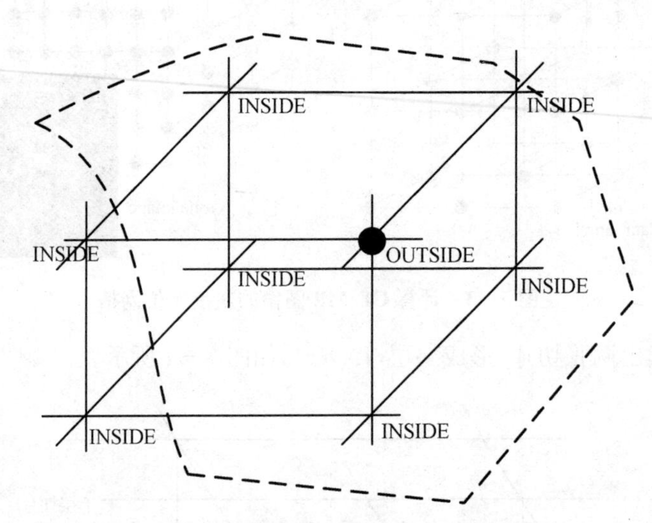

图 7-5　8 个顶点内点外点在 cube 中的表示

那么这个等值面必定与三维图像的某些体素相交,与其它体素不相交。对于某一个体素来说要么与等值面相交要么在等值面的某一侧,不与等值面相交。MC 方法的思想就是找出所有与等值面相交的体素,再分别找出每个体素与等值面相交的交面,这些交面连在一起就是所求的等值面。

首先要确定等值面通过那些体素,然后在确定等值面如何与体素相交。当一个体素中一些像素的值大于阈值,而另一些像素小于阈值,那么等值面必然通

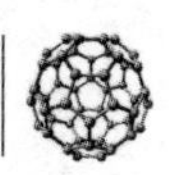

过这个体素，一个体素的 8 个象素的值全都小于阈值或者全都大于阈值的话，那么该体素不与等值面相交，等值面不通过该体素。

当一个体素与等值面相交的话，必然有一些像素值大于阈值，一些小于阈值。每个像素有两种状态，要么大于阈值，要么小于阈值，其实是确定包含等值面的体元。对于 8 个角点都为 1 或者都为 0 的体素，它属于“0”号结构没有等值面穿过该体素。当有 1 个角点标记为 1 时为 1 号结构，我们用 1 个三角面片代表等值面它将该角点与其它七角点分成两部分。对于其余几种构型将产生多个三角面片。$flag(i,j,k)=0(1)$，有 256 种情况，因此共有 256 种组合状态。每一种组合都对应一种等值面与体素相交的情况。因为 8 个点有对称关系，256 种组合经可简化为如图 7－6 所示的 15 种情况。每一种关系对应等值面如何与体素相交，知道了等值面如何与体素相交后就可以求得等值面与立方体边的交点，这些交点形成的面片就是等值面的一部分。当把所有与等值面相交的体素都找到，并求出相应的相交面后，等值面也就求出来了。

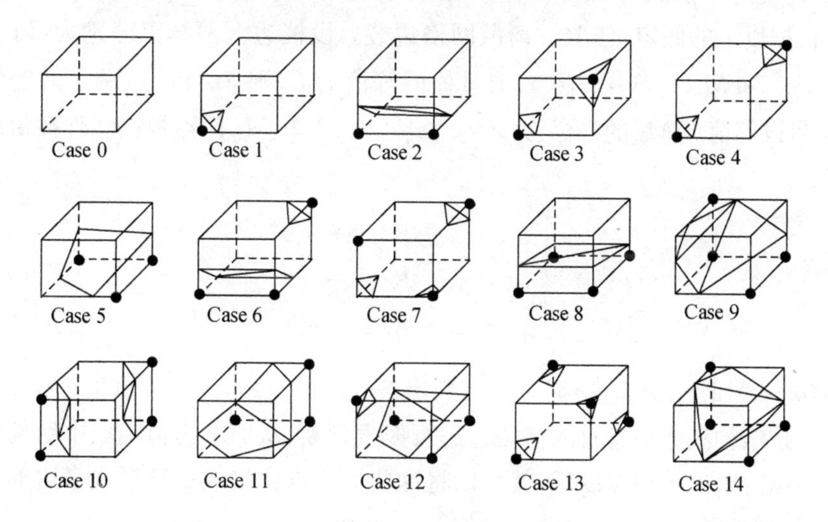

图 7－6　256 种组合简化后的 15 种等值面与体素相交构成三角面片情况　黑点标记为(1)的角点

应用上面的 15 种构型情况的具体方法是：对于每个体素根据它的索引在构型——三角抛分形式，然后再根据相应索引项中的旋转参数具体确定最终的三角剖分。从而根据上面的状态表明当前体元素属于哪种情况以及等值面与哪一条边相交。

5. 求等值面与体素边界的交点

在确定立方体的三角剖分模式后，就要计算三角面片顶点位置。当三维离散数据场的密度较高时，即当体素很小时，可以假定函数沿体素边界呈线性变化，这就是MC算法的基本假设。因此，根据这一基本假设可以用线性插值计算等值面与体素边界的交点。

MC算法的基本假设是沿着体元的棱边数据场呈线性变化，即如果一条棱边的两个数据场值分布大于或小于等值面值，则这条边上有且仅有一点是等值面与该边界的交点。在已知结构空间网格结构点上某一物理量值的前提下，设对任意网格结构点 M 的直角坐标系下，以 $M(x,y,z,q)$ 表示，其中 x,y,z 分别为 M 点的直角坐标值，q 为该结点的物理量值(实际上等值面的等值点就是结构物体内所有具有相同量值的点，并且假定在结构体内等值点分布在离散网格的边棱上。

6. 空间等值点的判断

根据以上的假定，任取一离散网格边棱。设棱边上两结点分别为：$M_i(x_i,y_i,z_i,q_i)$ 和 $M_j(x_j,y_j,z_j,q_j)$，取量值的等值为 C，则 M_i 和 M_j 两点间等值点 M_0。另设等值点 M_0 的坐标为(x_0,y_0,z_0)，由 M_i 和 M_j 两点根据线性插值理论可得：

$$\begin{cases} x_0 = x_i + K(x_j - x_i) \\ y_0 = y_i + K(y_j - y_i) \\ z_0 = z_i + K(z_j - z_i) \end{cases} \tag{7-7}$$

其中$(q_i-c)(q_j-c)\leqslant 0$ 根据等值点判定条件式(7-1)，和等值点坐标公式(7-7)可以按结构离散信息对网格棱边进行搜索判断，从而求出指定域中结构体所有等值点。求出等值点以后，就可以将这些等值点连接成三角形或多边形形成等值面的一部份。

7. 计算等值面法向量

为了利用图形硬件显示等值面图像，必须给出三角面片等值面的法向，选择适当的光照模型进行适当的光照计算，生成真实感图形。对于等值面上的每一点，其沿面的切线方向的梯度分量应该是零，因此沿该点的梯度矢量方向也就代表了等值面在该点的法向。而且等值面往往是具有不同密度物质的分界面，因而其梯度矢量值不为零值，即：

$$g(x,y,z) = \nabla f(x,y,z) \tag{7-8}$$

直接计算三角面片的法向是费时的，而且，为了消除各三角面片之间的明暗度的不连续变化，只要给出三角面片各顶点处的法向并采用哥罗德(Gouraud)模型绘制各三角面片就行了。这里可以采用中心差分方法来计算各体素各角点的梯度。在三角形的情况下，计算出每一个三角形面片的法向量，然后用三角面的法向量求得每个顶点的法向量，最后用三角形三个顶点的三个法向量插值求出三角形面上某一点的法向量。对于等值面来说有简单的方法计算顶点的法向量。考虑等高线的情形：等高线的梯度方向与等高线的切线垂直，即可以用梯度代替等高线的垂线。推广到三维情况，等值面的梯度方向就是等值面的法向方向。

$$\begin{cases} g_x = \dfrac{f(x_{i+1},y_j,z_k) - f(x_{i-1},y_j,z_k)}{2\Delta x} \\ g_y = \dfrac{f(x_i,y_{j+1},z_k) - f(x_i,y_{j-1},z_k)}{2\Delta y} \\ g_z = \dfrac{f(x_i,y_j,z_{k+1}) - f(x_i,y_j,z_{k-1})}{2\Delta z} \end{cases} \tag{7-9}$$

其中 x,y,z 都是体素长。

8. MC 算法步骤

MC 算法步骤总结如下：

(1) 根据对称关系构建一个 256 种相交关系的索引表，该表指明等值面与体素的哪条边相交；

(2) 提取相邻两层图片中相邻的 8 个像素，构成一个体素并把这 8 个像素编号，如图 7-7 左边所示；

(3) 根据每个像素与阈值的比较确定该像素是 1 还是 0；

(4) 把这 8 个像素构成的 01 串组成一个 8 位的索引值，如图 7-7 右边所示；

(5) 用索引值在上边的索引表里查找对应关系，并求出与立方体每条边的点；

(6) 用交点构成三角形面片或者是多边形面片；

(7) 遍历三维图像的所有体素，重复执行(2)到(6)。

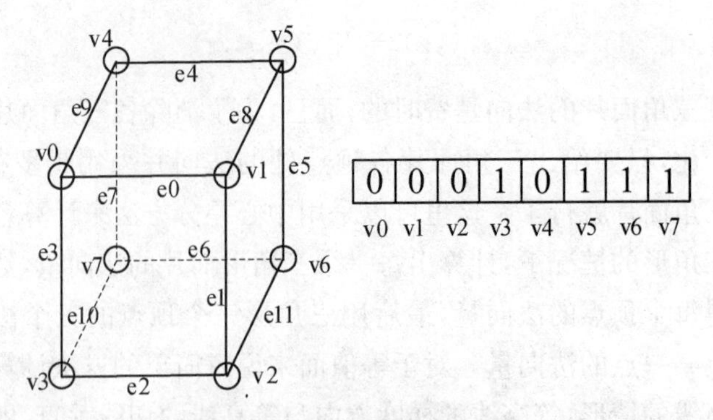

图 7-7　体素索引图示

9. MC 算法分析

根据上面对 MC 方法的介绍,可以认为 MC 方法是求等值面,进行三维表面重建的好方法,但 MC 方法还存在以下问题。

① MC 方法构造的三角面片是对等值面的近似表示。等值面与体素边界交点是用线性插值求得的:当体数据密度高时,体素很小,MC 方法中的三角面片与等值面比较接近,重建的效果好;当体数据比较稀疏时,这种重建方法将会产生较大的误差。

② MC 方法中,在体素的一个面上,如果顶点值为 1 的像素和顶点值为 0 的像素分别位于对角线的两端,那么有两种可能的连接方式,因此存在连接方式的二义性,如图 7-8 所示。这样的面称为二义面,包含 1 个以上的二义性面的体素就称为具有二义性的体素。在图 7-6 中的 15 种情况中,第 3、6、7、10、12、13 这几种情况都具有二义性。这种二义性如不解决,将造成等值面连接上的错误,从而形成空洞,如图 7-9 所示。等值面应该是连续的曲面,MC 中相邻体素重建出来的三角面片应该彼此相接,因为重建出来的三角面片有错误,相邻的三角面片不相接了,这样等值面上就出现了孔洞。

③ 在图 4-6 中,可以看出 7 号以后重建出来的三角面数多于 3 个,每个体素上都有几个三角形,重建出来的三角面片很多,也很零碎。如果 MC 方法的输入数据是灰度图,而不是分割后的二值图的话,那么所有体素都会重建,所有存在像素值小于和大于阈值的体素都重建出三角面片,就会重建出多余的等值面。而我们要的结果一般是一个物体的等值面。如果是用分割后的数据进行重建,那么所有的像素是二值的,要么是 0,要么是 255,MC 法求的等值面就没有意义了。

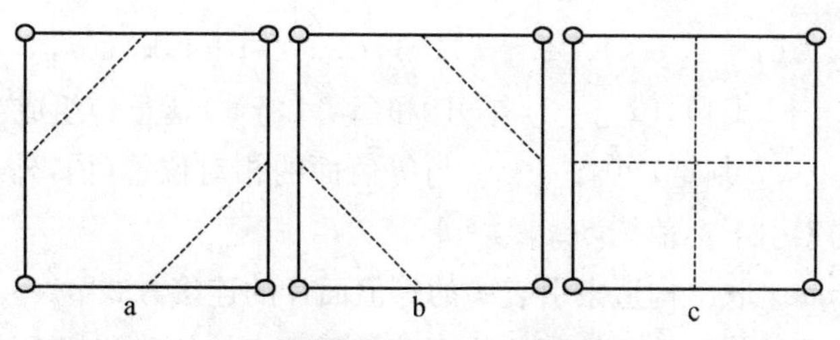

(1) 连接方式二义性的二维表示

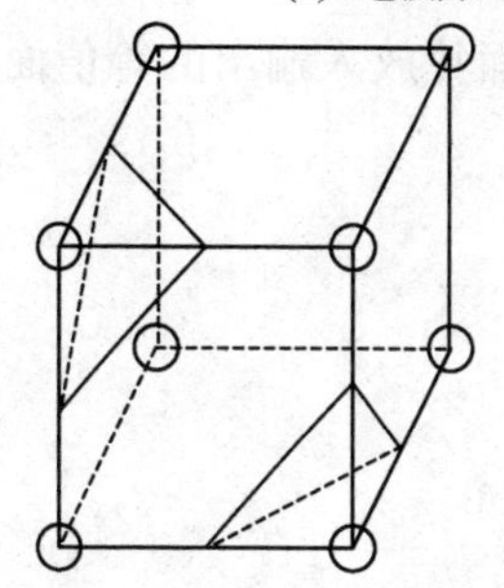

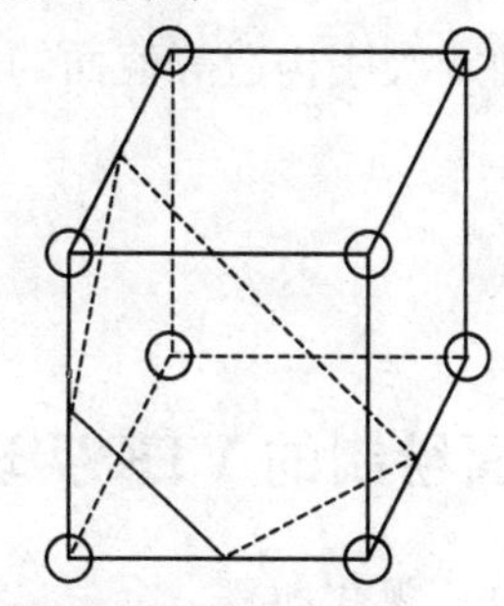

（2）连接方式二义性的三维表示

图 7－8　MC 算法中的二义性

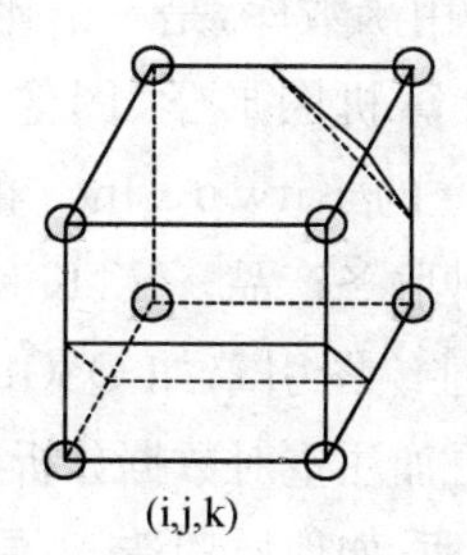

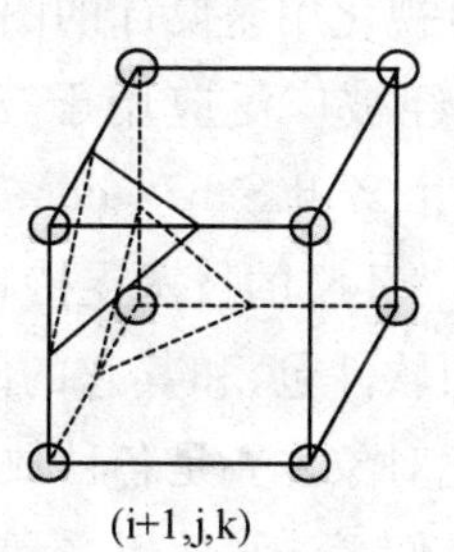

图 7－9　由于二义性引起的形成的空洞

10. MC 算法描述

算法具体描述如下：

```
for(k=1;k<Nz;k++)
{
  读入 k-1,k,k+1 和 k+2 四层数据点值
  for(j=1;j<Ny;j++)
  {
    for(i=1;i<Nx;i++)
    {
```

a:(i,j,k),(i+1,j,k),(i,j+1,k),(i+1,j+1,k),(i,j,k+1),(i,j,k+1),(i+1.j+k+1),(i,j+1,k+1)和(i+1,j+1,k+1)组成当前体素的8个角点 $v0$,……$v7$ 判定,$v0$,……$v7$ 与等值面的相对位置(内,外)并由此决定当前体素下的索引下标值 Index

b:通过 Index 取出构造索引表中的等值面片的连接方式 p

c:通过线性插值计算出体素棱边上等值面交点的位置和相应法向量

d:通过 p 确定次序构造等值面的三角面片放入输出的等值面几何表示中

}

}

}

7.2.2 面绘制的 VTK 实现

1. VTK 的可视化框架

VTK 是视觉化工具函数库(Visualization Toolkit)的简称,它是针对二维及三维图形图像和可视化用途设计的图形应用函数库,是一个比较强大的可视化开发工具,目前已经被广泛应用于三维计算机图形学、图像处理和可视化领域[8][9]。VTK 是由 Will Schroeder 等创立的 Kitware Inc. 的开放源码产品,Kitware 提供关于 VTK 的技术支持和各种服务产品。VTK 是一个基于面向对象的开源三维绘图软件包,和其它的的三维绘图引擎如 OSG、OGRE 不同之处在于,VTK 可视化对象主要是各种数据,更加注重对数据分析处理后的可视化,可视化的内容是人们无法直接感受到的东西,如地质构造、地层分布、矿床分布、三维空间应力场的状态变化等等,而 OSG、OGRE 是基于场景的可视化,更强调视觉感官的感受,所以 OSG 主要应用于虚拟现实领域,而 VTK 主要应用于科学计算可视化领域,本教程主要介绍 VTK 的可视化应用。

VTK 的可视化设计是基于管线流的设计模式,将要处理的数据作为流动介质在管线中流动,不同的阶段对数据有不同的处理方式,VTK 的可视化管线主要由图形模型和可视化模型组成。VTK 将表面重建中比较常见的 MarchingCubes 等面绘制算法进行了封装,以类的形式给我们以支持,这样在对三维序列图像数据进行表面重建时就不必再重复编写重建算法的代码,而直接调用库中已经提供的 vtkMarchingCubes、vtkContourFilter 等类,即可快速实现序列图像的三维重建及其可视化结果的显示。

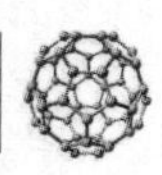

VTK三维数据可视化的框架结构主要包括可视化模型和图形模型两部分，如图7-10所示。

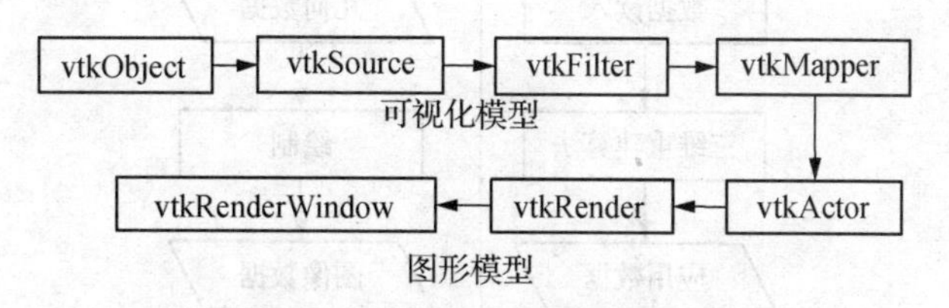

图7-10　VTK三维可视化框架

可视化模型主要对数据进行处理，生成可被绘制的几何体，而图形模型主要对生成的几何体进行绘制。在VTK的可视化框架中所包含的对象一般包括：源对象、过滤器对象（可选）、映射器对象、绘制器对象、绘制窗口，其中映射器对象是可视化模型和图形模型的接口。

图7-10中，vtkObject是VTK的基类，它为整个可视化流程提供基本的方法。vtkSource是vtkObject的派生类和vtkFilter的父类，它为整个可视化流程定义具体的行为和接口，主要用于读取数据并产生数据对象。vtkFilter是vtkSource的派生类，经过Filter的处理后，原始的数据能够转换成可以直接用某种算法模块进行处理的形式。vtkMapper是vtkObject的派生类，它将经过Filter处理后的应用数据映射成几何数据，为原始数据和图像数据之间定义接口。vtkActor是VTK中的演员，用来绘制图形图像的，通过方法SetMapper()设置几何数据的属性。vtkRender是VTK中的演示者，通过方法AddActor()将演员添加到演示者中，然后通过vtkRenderWindow将结果在窗口中显示出来。除此之外，还有vtkRenderWindowInteractor对象，用于对目标图形进行交互操作，通过SetRenderWindow()设置所要交互的窗口。

2. 基于VTK的三维重建流程

根据VTK的数据管道，读取原始序列图像数据之后，就可以使用三维重建算法对切片图像进行处理和建模，再结合VTK的渲染管道，将处理后的数据映射成有拓扑结构的几何数据，然后输入到渲染器中进行绘制，最终实现数据三维显示。利用VTK进行三维重建的流程见图7-11。

图7-11中的三维重建算法主要是借助于VTK内置的面绘制算法实现的，MC算法在VTK中通过vtkMarchingCubes类实现，轮廓线算法通过vtkContourFilter类实现。

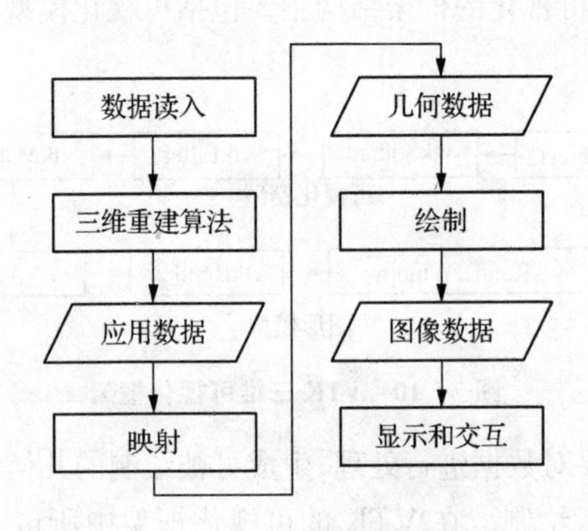

图 7-11　VTK 三维重建流程图

3. 基于 VTK 面绘制的三维重建算法实现

本文用于测试的医学数据模型来自 National Institutes of Health[10] 的数据库，模型数据信息如表 7-1 所示，图片的分辨率均为 512×512，断层厚度均为 1 mm。分别采用上述两种重建算法对脚踝、头部、膝盖模型进行三维面绘制，得到的绘制效果分别如图 7-12 所示。

表 7-1　体数据模型

体数据部位	图片分辨率	断层厚度(mm)	图片数目	体数据大小
脚踝(ankle)	512×512	1.0	150	75.1 MB
头部(head)	512×512	1.0	234	117 MB
膝盖(knee)	512×512	1.0	350	175 MB

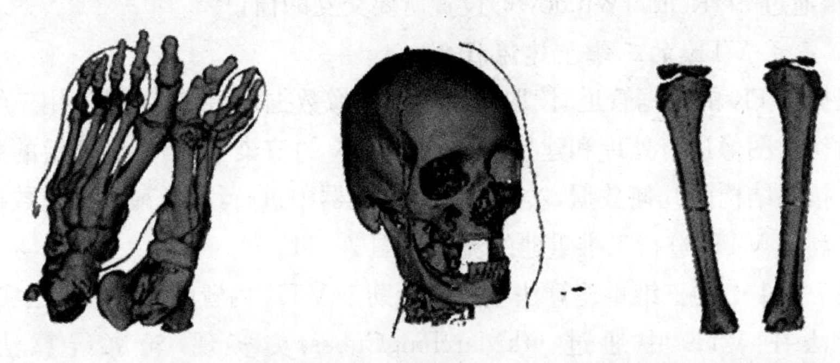

图 7-12　MC 算法面绘制的结果，模型从左到右分别是脚踝、头部和膝盖

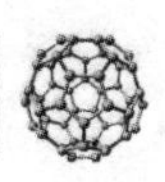

重建算法的绘制时间如下表 7－2 所示。

表 7－2　MC 算法的绘制时间

绘制时间 / 模型	MC
脚踝(ankle)	0.468(s)
头部(head)	0.546(s)
膝盖(knee)	0.577(s)

7.2.3　等值面算法的共同特点

同 MC 方法一样，DC、MT 都是基于等值面的算法，这些等值面类算法有共同的特点：

(1) 假定体数据中不同的体数据形成薄的边界曲面；

(2) 在某一曲面两侧有内外之分，某一像素点要么在曲面的内部要么在曲面的外部；

(3) 曲面上的点的值是一个常值，所以这个曲面也叫等值面；

(4) 用多边形面来绘制。

等值面类算法优点(相对于体视化方法)：

(1) 绘制方法多，效果好；

(2) 绘制时可以用硬件加速；

(3) 占有内存少；

(4) 改变视角，光线等只需要重新绘制即可，不需要再次重建；

(5) 可以压缩存储和传输；

(6) 以图元对象顺序绘制，看不到的就不用绘制；

(7) 空间位置明确，绘制效率高。

等值面类算法缺点：

(1) 对图像要分割，而体视化方法不需要分割(分割是虚拟人必要的一步)；

(2) 丢掉了大部分数据，仅保留了表面的一些数据；

(3) 只适合形状明显的物体，不能处理云雾等形状不规则的物体。

7.3 OCT三维体绘制技术

OCT技术能够获得高分辨率的二维图像,可以用连续相邻的二维图像建立三维数据集,然后通过适合的三维可视化算法获得样品的三维图像。

7.3.1 体绘制技术简介

与面绘制算法不同的是,体绘制算法不再需要借助三角面片或其他几何图元来构造三维图形,而采用体素(Voxel)作为基本单元来表示绘制的对象。数据场是由大量体素组成的,这些体素集合不仅可以反映绘制对象的表面信息,还可以显示出绘制对象丰富的内部细节。与面绘制相比,体绘制具有以下三点优势[16]:

(1) 面绘制结果通常只显示表面信息,无法显示绘制对象的细节信息;体绘制充分利用三维数据场的全部信息,因此体绘制结果能够充分展示对象的内部结构位置、大小和深度关系。

(2) 体绘制算法不需要对绘制对象构建三角面片进行曲面建模,因此,对于云、雾、火等边界面信息模糊的对象更为适用。

(3) 从绘制时间上考虑,面绘制的绘制时间主要集中在边界三角面片的提取过程,这一过程的计算时间主要与模型的复杂度相关;而体绘制中的绘制时间与模型复杂度无关,主要是由采样率决定。

随着计算机的运行速度、存储能力的提高以及体绘制领域中各种加速算法的研究,体绘制技术在绘制图像的真实感、绘制对象的细节展现以及对原始数据场丰富信息的表达是面绘制无法比拟的。为了更好地理解体绘制,本节首先解释了体绘制技术依赖的光学模型;其次介绍了体绘制算法的流程,简述了体绘制的典型算法,并介绍了本节使用的光线投射(Ray-Casting)算法的原理;最后介绍了传递函数的定义和常用设计方法,并详细阐述了Kindlmann传递函数设计方法的实现过程。

7.3.2 光学模型

体绘制算法通常将体素视为具有一定密度的发光颗粒的分布,而这些颗粒的密度又会影响沿着光线方向上的图像合成的过程[17],这个过程就是通过光学模型得到的。上世纪九十年代中期,N. Max提出了基于粒子对光线的吸收、发

射模型[18]。该模型假设三维数据场中充满了不透明的小粒子，这些小粒子非常小且不可见，每个粒子自身又可以发射光线。这些粒子会对穿过数据场的光线产生阻挡作用，通过对单一粒子对光线吸收发射特性的分析研究，就可以建立起光线吸收模型、发射模型和吸收发射模型，从而计算出所有采样点对屏幕图像最后结果的贡献，并得到体绘制方程和显示方程的基本原理。

1. 光线吸收模型

光线吸收模型是光学模型中最简单的一种。这种模型假设空间中的粒子对光线只有吸收作用，没有反射或散射，则有如下方程：

$$\frac{dI}{ds} = -\tau(s)I(s) \tag{7-10}$$

其中，s 是沿着光线方向的长度参数，$I(s)$ 是在距离 s 处的光线强度，$\tau(s)$ 为消光系数，用于定义光线被遮挡的速率，如图 7－13 所示。该方程的解为：

$$I(s) = I_0 \exp\left(-\int_0^s \tau(t)dt\right) \tag{7-11}$$

其中，I_0 是 $s=0$ 处的强度，即光线进入三维数据场时的强度。

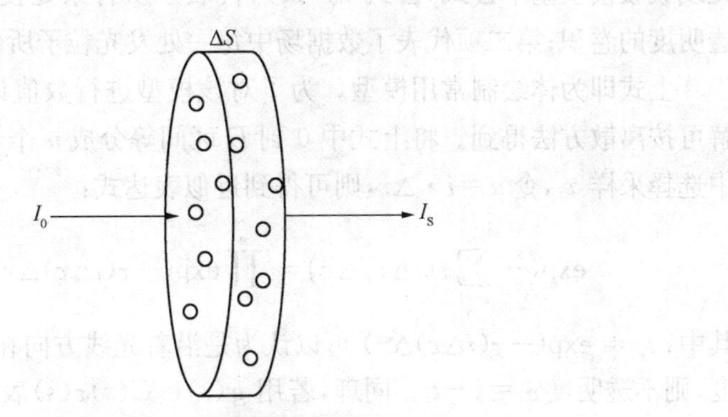

图 7－13　光线吸收粒子模型

2. 光线发射模型

对于特殊情况，如火焰、烟雾、高温气体等数据场的可视化中，假设小粒子是体积很小的透明颗粒，但是发射光线的能力却很强。此时我们可以认为这种小粒子具有发射光线的功能，且不考虑粒子吸收及反射光线的特性，则可用下式描述该光学模型：

$$\frac{dI}{ds} = C(s)\tau(s) \tag{7-12}$$

其中,$C(s)$为在 s 处的光源辐射强度。该微分方程的解为:

$$I(s) = I_0 + \int_0^s C(t)\tau(t)\mathrm{d}t \tag{7-13}$$

3. 光线吸收与发射模型

在实际情况中,数据场中的粒子均具有光线吸收与发射的能力。光线吸收与发射模型是把光线吸收模型与发射模型结合起来,可以客观地反映光线在充满粒子的三维空间中的传输特点,这种光线吸收与发射的复合模型可以用下列微分方程描述:

$$\frac{dI}{ds} = C(s)\tau(s) - \tau(s)I(s) \tag{7-14}$$

公式(7-14)的解为:

$$I(D) = I_0\exp\left(-\int_0^D \tau(t)\mathrm{d}t\right) + \int_0^D C(s)\tau(s)\exp\left(-\int_s^D \tau(t)\mathrm{d}t\right)d\mathrm{s} \tag{7-15}$$

其中,D 为观察者眼睛所在的位置,s 为三维数据场的边缘位置。式中第一项为光线吸收模型基本公式(公式 7-10),代表了从背景处投射来的光线与数据场透明度的卷积;第二项代表了数据场中每一处发光粒子所作的贡献。

上式即为体绘制常用模型。为了对该模型进行数值计算,该式的近似数值解可按离散方法得到。将上式中 0 到 D 区间等分成 n 个子区间,在每个子区间中选择采样 x_i,令 $x=i\cdot\Delta x$,则可得到近似表达式:

$$\exp\left(-\sum_{i=1}^{n}\tau(i\Delta x)\Delta x\right) = \prod_{i=1}^{n}\exp(-\tau(i\Delta x)\Delta x) = \prod_{i=1}^{n} t_i \tag{7-16}$$

其中,$t_i = \exp(-\tau(i\Delta x)\Delta x)$ 可以认为是沿着光线方向在第 i 个区间上的透明度,则不透明度 $\alpha_i = 1 - t_i$。同理,若用 $g(s) = C(s)\tau(s)$ 表示光源项,令 $g(i) = g(i\Delta t)$,则

$$\int_0^D C(s)\tau(s)\exp\left(-\int_s^D \tau(t)\mathrm{d}t\right)\mathrm{d}s \approx \sum_{i=1}^{n} g_i \prod_{j=i+1}^{n} t_j \tag{7-17}$$

因此,公式(7-17)可以最终表示为:

$$I(D) \approx I_0 \prod_{i=1}^{n} t_i + \sum_{i=1}^{n} g_i \prod_{j=i+1}^{n} t_j = g_n + t_n(g_{n-1} + t_{n-1}(g_{n-2} + \cdots(g_1 + t_1 I_0))) \tag{7-18}$$

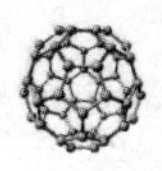

7.3.3　体绘制典型算法

一般来说体绘制算法可以分为两类：以图像空间为序的体绘制算法和以物体空间为序的体绘制算法。其中，以图像空间为序的体绘制算法是从屏幕上每个像素点处投射光线，沿着光线对体数据采样，最终将采样点合成为显示图像的像素值，其典型算法为光线投射算法(Ray Casting)。以物体空间为序的体绘制算法是从体数据本身出发投射光线，然后投影到显示平面，最后累加所有体数据采样点对显示平面上像素点的累计值，最终得到合成图像。其典型算法为足迹表法(Footprint)和错切变形法(Shear Warp)。下面就这几种算法做简要介绍。

1. 光线投射法

光线投射法是 Levoy 在 1988 年提出的。该算法以光学模型理论为基础，首先对原始体数据进行预处理，然后沿着光线方向对体数据场按照一定步长选择采样点，并利用三次线性插值算法计算采样点的光学属性。接着将这些采样点的光学属性值由前向后或由后向前依次叠加，就可得到二维显示图像上相应像素点的颜色或其他属性值。光线投射算法的渲染管线如图 7-14 所示[19]，该图展示了其在体绘制流程基础上的详细操作及各步骤得到的中间结果。在众多体绘制算法中，光线投射法以其绘制过程简单，绘制图像精度高的优势成为多数研究者首选的体绘制算法。

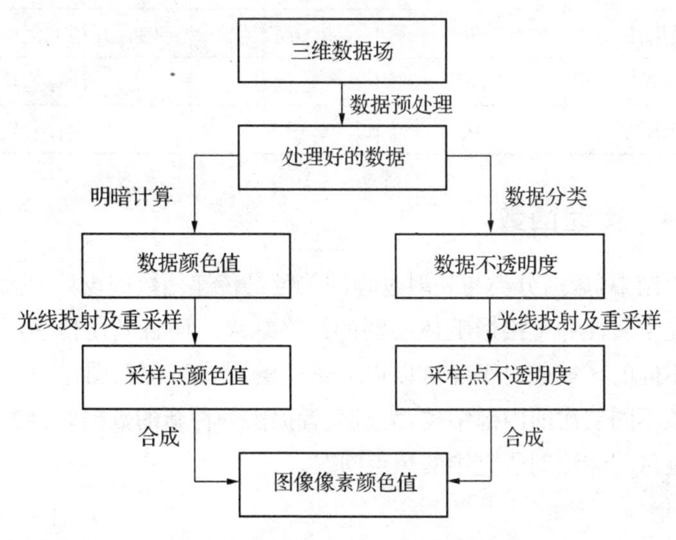

图 7-14　光线投射算法渲染管线

2. 足迹表法

足迹表法(Footprint)是由 Westover 提出的以物体空间为序的体绘制算法。其基本原理是将体数据按照一种高斯函数核重构成一个矩阵,然后根据已经计算并存储好的足迹表将体数据投射到平面上从而合成图像。这种方法可以有效利用高速缓存,但由于它是由观察者的视点决定的,因此很难在保证图像质量的情况下提高渲染速度。

3. 错切变形法

错切变形法(Shear Warp)是由 P. Lacroute 等提出的。该算法将三维数据场映射到一个中间坐标系,使投影得到的二维图像变形;然后对该变形的二维图像进行扭曲最后得到图形空间的绘制结果。该算法可以减少计算量,但会出现走样的风险。

通过对三种典型体绘制算法的原理及特点分析,可对其在绘制速度及图像质量上作出评估,如表 7-3 所示。由于这里的研究对象为 OCT 图像,该类型图像噪声大,对比度低且存在偏移场影响,图像质量本身就不高。为了进一步保证图像三维体绘制效果,这里选择使用光线投射算法实现 OCT 图像序列的体绘制。

表 7-3 体绘制典型算法的比较

体绘制算法	绘制速度	图像品质	算法特点
光线投射法	慢	高	内存开销大但图像精度高
足迹表法	中等	低	计算速度快
错切变形法	快	中等	内存开销小

7.3.4 传递函数

在体绘制中,数据分类与映射过程的关键是传递函数的设计,它决定了每个体素点的光学属性并直接影响体绘制的最终结果。而且利用传递函数的映射,体数据中不同的区域或组织还可以以半透明的形式呈现在图像中,更有利于展现绘制对象不同层次的内部结构,为研究者提供一种新的数据观察方式。因此,传递函数是目前体绘制研究中的热点问题。

1. 简介

若对传递函数按数学角度定义,则其可以表达为一个标量数值集 D 的笛卡

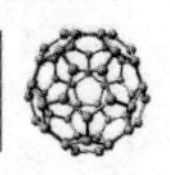

尔积到光学属性集 O 的笛卡尔积的映射，即：

$$\tau: D_1 \times D_2 \times \cdots \times D_N \rightarrow O_1 \times O_2 \times \cdots \times O_M \qquad (7-19)$$

式中，$D_n(n=1,2,\cdots,N)$是传递函数的定义域，用来表示体数据的数据属性。此处的数据属性指的是三维数据场自身的数值特征。$O_m(m=1,2,\cdots,M)$是传递函数的值域，表示可以用来绘制的光学属性，如颜色、透明度、阴影参数、反射率、折射率等。τ 表示将数据属性转变成光学属性的映射规则。

通常情况下，传递函数是根据采样点的标量值进行相应光学属性的映射。数据根据其标量信息进行分类，随后这些标量值通过传递函数映射成介于 0 到 1 表示的不透明度(其中 1 为不透明，0 为透明)或相应颜色。其映射形式如图 7－15所示[20]：

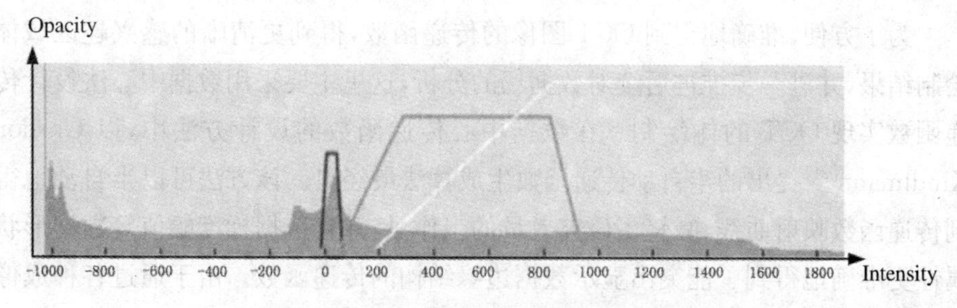

图 7－15　常见传递函数映射方式

图 7－15 所示的二维坐标系中，横轴表示医学 CT 图像的标量值，通常也可表示图像的灰度值；纵轴表示单位采样步长内采样点的不透明度值。图中被填充的灰色区域曲线代表的是图像数据直方图，几个梯形实线表示对数据中不同器官或组织分配的光学属性(不透明度和颜色)的映射函数。我们可以将感兴趣的区域赋予高的不透明度，其余区域通过设置低的不透明度使之不被显示。由此可知，传递函数的定义域为采样点本身的数据属性，而值域是通过映射函数得到的采样点光学属性。一般情况下，传递函数可进一步划分为不透明度传递函数(Opacity Transfer Function)与颜色值传递函数(Color Transfer Function)。但在很多体绘制中，由于绘制对象的颜色属性可以由光照效果来实现，因此对传递函数的大部分研究都集中在对不透明度传递函数的设计上。

一个优良的传递函数应该具备在丢失最少信息量的同时，最大限度分离出用户感兴趣的区域的能力。因此，针对不同的绘制对象，传递函数的设计方法也有很多。目前传递函数的设计方法主要有四类：试错法、图像中心法、数据中心法和对象中心法。

试错法,即手动调节法,该方法通过不断调节传递函数的映射点参数从而得到不同的绘制效果。但此方法大都需要通过大量尝试、调节、比较的过程,才能找到相对合适的传递函数,因此降低了研究效率;图像中心法通过对图像进行评价统计等操作,自动调节可视化参数来获取满意的效果。但是评估标准的确定及自动调节的规则是图像中心法的难点;数据中心法通过提取符合某些特征的数据来设置专门的传递函数,可以用于分析和研究数据场自身的特点。因此该方法有利于对数据场中感兴趣区域及其关系进行研究;对象中心法是指对体数据先进行分类,然后再对分类结果分别作传递函数的光学映射。这类方法通常使用聚类、机器学习等方式对数据进行分类。

2. Kindlmann 传递函数

为了方便、准确地得到 OCT 图像的传递函数,得到更清晰的感兴趣区域体绘制结果,并进一步推进后续对数据场的分析,这里主要采用数据中心法设计传递函数实现 OCT 的体绘制。在数据中心传递函数的设计方法中,以 Gordon Kindlmann[21] 提出的半自动传递函数生成算法最经典。该方法可以半自动地得到传递函数映射曲线,减轻了研究人员的工作量,并且依据梯度幅值等数据形状属性更准确地得到了能突出显示数据边缘结构的传递函数。由于通过各种成像设备采集的样本切片图像大都会受到高斯模糊的影响,图像边界会模糊,此时边界模型就不遵循阶跃函数,而成为了在一定范围连续变化的值[22]。在该假设前提下,Kindlmann 研究了标量场 f 与沿着梯度方向的一阶方向导数 f' 和二阶方向导数 f'' 之间的关系,这也是其设计传递函数所依据的理论基础。沿梯度方向的一阶导数即为梯度幅值,可以用来衡量标量的局部变化率。因此 f' 可由公式(7 - 20)计算得到:

$$f' = \sqrt{\left(\frac{\partial f}{\partial x}\right)^2 + \left(\frac{\partial f}{\partial y}\right)^2 + \left(\frac{\partial f}{\partial z}\right)^2} \tag{7-20}$$

二阶方向导数的计算通常有三种方式:基于梯度幅值的计算方式、基于 Hessian 矩阵的计算方式以及基于拉普拉斯的近似计算方式。基于梯度幅值的计算方法运算量较小,需要事先计算梯度幅值,如公式(7 - 21)所示:

$$f'' = \frac{1}{\| \nabla f \|} \cdot \nabla(\| \nabla f \|) \cdot \nabla f \tag{7-21}$$

基于 Hessian 矩阵的方法更精确，但计算量极大，计算公式如下：

$$f''=\frac{1}{\|\nabla f\|^2}(\nabla f)^T H_f \cdot \nabla f \tag{7-22}$$

其中，H_f 是 f 的 Hessian 矩阵。基于拉普拉斯的计算方式效率较高，但容易受噪声影响，其计算公式如下：

$$f''=\nabla^2 f=\frac{\partial^f}{\partial x^2}+\frac{\partial^2 f}{\partial y^2}+\frac{\partial^2 f}{\partial z^2} \tag{7-23}$$

图 7－13 表示了 f、f'、f''与位置 x 之间的关系。其中，x 等于零时表明该位置在边缘上，δ 为标准差，用来控制边缘的范围（即边缘厚度）。图 7－16 中是以位置 x 作为自变量，若能将 $f(x)$通过逆运算转变为 $f(v)$，则能够求得位置 x。此处的 x 是离边缘中心位置有符号的距离，能够帮助生成与边缘相关的不透明度传递函数。根据此假设，定义变量 $g(v)$、$h(v)$。$g(v)$为数据场中所有位置为 x 的具有相同标量值 $v(v=f(x))$的 $f'(x)$的平均值；$h(v)$为相同情况下的$f''(x)$的平均值。

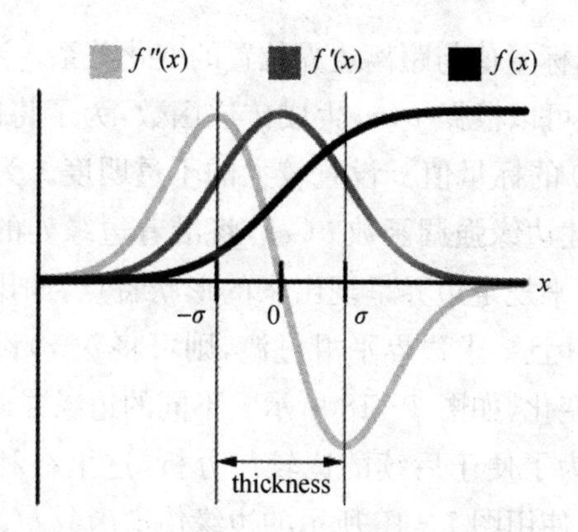

图 7－16　f、f'、f''与位置 x 之间的关系

得到 $g(v)$、$h(v)$后，可以根据公式(7－24)计算得到 δ 的值：

$$\delta=\frac{2\sqrt{e}\max_v(g(v))}{\max_v(h(v))-\min_v(h(v))} \tag{7-24}$$

$g(v)$、$h(v)$能够指出与边缘相关的重要信息。如图 7－17 所示的图像(a)中包含三个明显可见的边缘；(b)为图像(a)的 $g(v)$ 直方图，(c)为其 $h(v)$直方图。由(b)、(c)可以看出，利用数据及其沿梯度方向的一阶、二阶导数的关系，可以明确地找到对象边缘。Kindlmann 传递函数设计方法的关键也在于此。

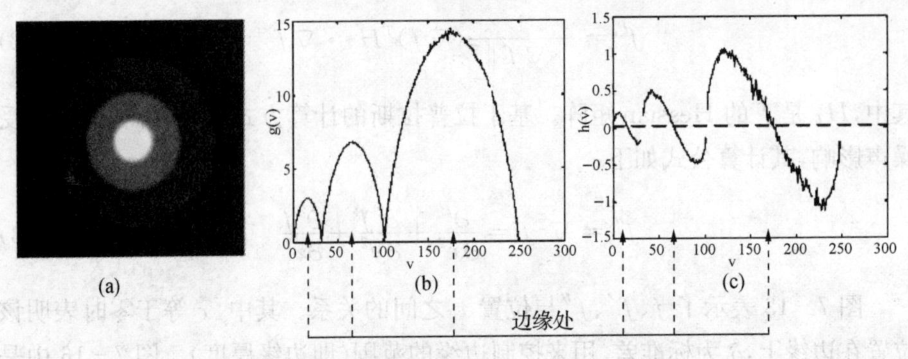

图 7-17　图像数据与其 $g(v)$ 与 $h(v)$ 直方图

为了使传递函数可以描述边缘特征需要定义一个位置函数 $p(v)$。$p(v)$ 定义了垂直于边界面的从标量值 v 到位置 x 的映射方式：

$$p(v) = \frac{-\delta^2 h(v)}{g(v)} \approx x \tag{7-25}$$

$p(v)$ 指出了数据标量值与距离边界位置的变化关系。当 $p(v)$ 为零时，说明该标量值在边界上。可以根据 $p(v)$ 生成传递函数，为了将边界处设置为可见，可以对 $p(v)$ 接近于 0 的标量值 v 设置较大的不透明度。为了将标量值映射成不透明度值，还需构建边缘强调函数 $b(x)$，将沿着边缘处的位置值映射成不透明度值。$b(x)$ 主要用来规定边界呈现出来的形状特点，如用户需要呈现的边界为 2 个像素的厚度，并且要求边界平滑过渡，则可将 $b(x)$ 设置为左右 2 像素宽度，斜边设置成线性变化，如图 7-18 所示。不同的边缘强调函数会产生不同的传递函数映射结果，为了便于后续的比较与分析，这里在利用 Kindlmann 方法设计传递函数时统一使用图 7-15 所示的边缘传递函数 $b(x)$。

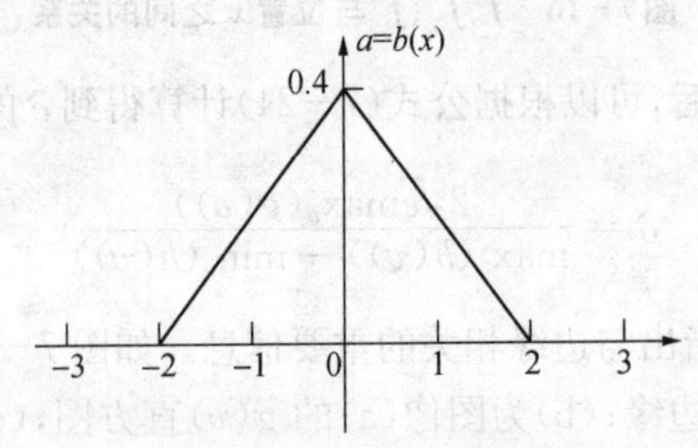

图 7-18　$b(x)$ 函数示意图

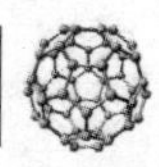

最后将 $p(v)$ 代入边缘强调函数 $b(x)$ 生成不透明度传递函数：

$$\alpha(v) = b(p(v)) \tag{7-26}$$

以上则是 Kindlmann 提出的半自动传递函数设计方法的详细过程。该方法利用数据标量值及其沿梯度方向的一阶导数与二阶导数的关系，得到了能够保持数据对象边缘特征的传递函数，弥补了试错法传递函数设计的弊端，并最大程度地保证了体绘制的效果。Kindlmann 方法利用的是整个体数据的数据信息，但由于数据过多，计算量过大会影响执行效率。由于图像序列本身不会出现图像内容突变的情况，且单张图像的统计信息与体数据的统计信息分布情况类似，因此这里实验皆选取具有代表性的一张图像完成传递函数的设计。

7.3.5　体绘制实现

下面的体绘制基于 VTK 完成。

1. 体绘制的流程

这里的研究重点是基于形状特征保持的 OCT 体绘制，因此理解体绘制的渲染流程是后续研究开展的基本保障。本节主要介绍了体绘制的整体流程，阐述了体数据从输入到最终投影到二维图像上的渲染过程。

体绘制的中心思想是：利用物理光学模型将体数据按照一定的映射规则转换成可供绘制的光学属性，如颜色及不透明度值等，并经过采样点的合成与光照处理最终投影到二维图像并显示在屏幕上。如图 7-19 所示，体绘制的渲染流程可以分为以下几个阶段：① 遍历体数据构建三维数据场；② 数据采样；③ 分类与映射；④ 明暗计算；⑤ 图像合成。最终得到投影的二维图像。接下来，分别对这些阶段进行介绍。

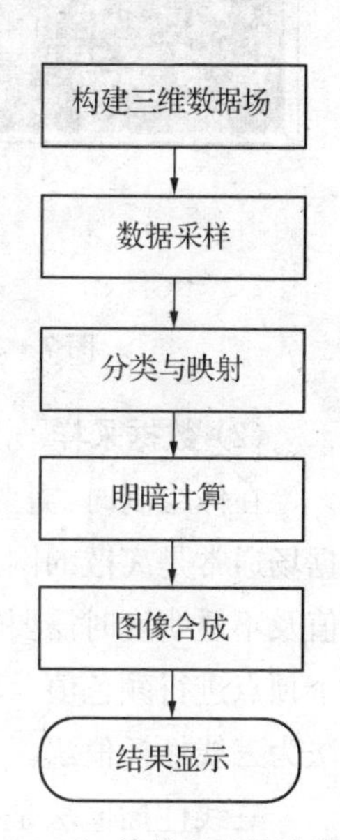

图 7-19　体绘制渲染流程

(1) 体数据的获取

体数据(Volume Data)又称为三维体数据，其获取来源主要有三类[23]：① 通过扫描设备获得数据(如 CT、MRI、OCT 等医学图像)；② 通过科学计算或仿真得到数据(如数值模拟结果)；③ 对象本身的体素化数据(如工业设计等方面的几何实体体素化数据)。体素(Voxel)是组成体数据的最小单元，每一个体素都代表了体数据所在三维空间的某部分数据值，相当于二维空间中像素的概念。

这里体绘制的对象是通过光学相干层析成像设备输出的断层 OCT 图像序列。OCT 图像可看作是在 x、y 方向上的二维数据。因为获取的断层图像在空间上是连续的，因此可以认为 z 方向是由多层图像数据按序累加形成的，于是就构成了一个规则网格化的三维体数据场，如图 7-20 所示，每一小块相邻网格组成的单元体即为体素。这些断层图像又可称为切片图像，切片数目越多、三维数据场越大，体绘制的时间也相应越长[24]。

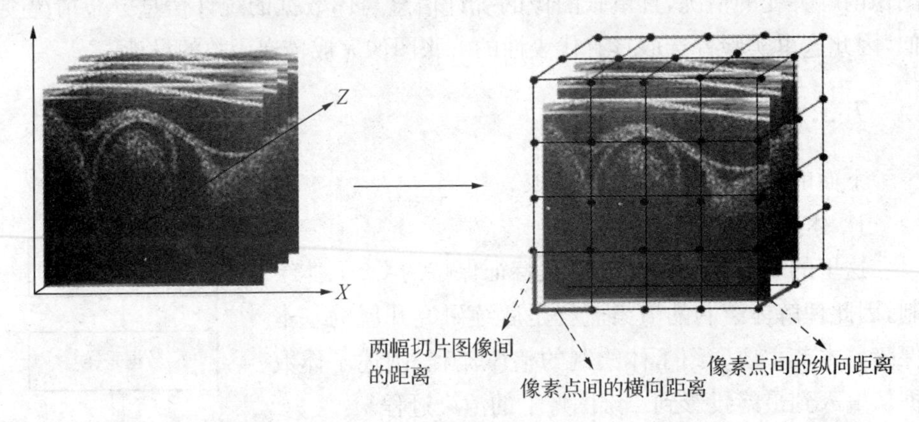

图 7-20　由二维 OCT 切片图像序列组成的三维数据场

(2) 数据采样

在体绘制时，需要对数据进行采样从而得到某位置处的数据属性。三维数据场通常是离散的网格状，采样点大都不与网格点重合。在计算采样点的颜色值及不透明度时需要先对三维数据场中采样点所在体素的单位立方体网格的八个顶点进行颜色值及不透明度的插值运算。在体绘制算法中，最常用的插值算法为三线性插值法。

三线性插值法是指在三维空间中进行的插值。在插值过程中，需要根据该数据点距离其他已知数据点的距离进行加权。图 7-21 所示为三维数据场中某一单位体素，网格上相邻数据点之间距离为 a，即单位体素的边长。D 为光线 α 穿过该体素时需要计算的采样点，D_1 到 D_8 为距离该采样点最近的 8 个数据点。h_i 为 D_i 的数据属性值(包括灰度值、颜色、不透明度等)，设 D_{56} 到 D_5 的距离为 p；D_{56} 到 D_{5678} 的长度为 q，D_{1234} 到 D 的距离为 r，先求第一次线性插值，可得：

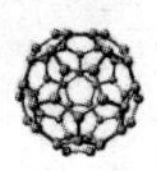

$$h_{56} = \left(1-\frac{p}{a}\right)h_5 + h_6\frac{p}{a} \tag{7-27}$$

$$h_{78} = \left(1-\frac{p}{a}\right)h_7 + h_8\frac{p}{a} \tag{7-28}$$

$$h_{12} = \left(1-\frac{p}{a}\right)h_1 + h_2\frac{p}{a} \tag{7-29}$$

$$h_{34} = \left(1-\frac{p}{a}\right)h_3 + h_4\frac{p}{a} \tag{7-30}$$

同理，进行二次插值后可得：

$$h_{5678} = \left(1-\frac{q}{a}\right)h_{56} + h_{78}\frac{q}{a} \tag{7-31}$$

$$h_{1234} = \left(1-\frac{q}{a}\right)h_{12} + h_{34}\frac{q}{a} \tag{7-32}$$

最终可得到三次插值结果：

$$h = \left(1-\frac{r}{a}\right)h_{1234} + h_{5678}\frac{r}{a} \tag{7-33}$$

h 即为最终赋给采样点 D 的数据属性值，包括灰度值、不透明度和颜色值等。

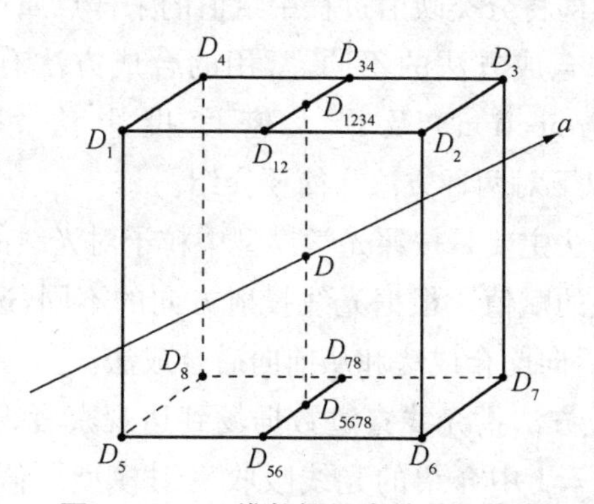

图 7－21　三维数据场中的单位体素

（3）分类与映射

体绘制中的分类与映射是指将数据值（如标量值）映射成为数据的光学属性

(如不透明度属性及颜色属性)的过程。分类与映射的处理可以使体数据中不同的区域或组织区分开来,与二维图像处理中图像分割的过程类似。体绘制分类映射的过程是整个流程的核心,分类映射结果的好坏会直接影响到最终的体绘制效果。

在实际情况中,体数据中不同区域或组织的数据值难免出现交叉重叠的情况,而且受到图像本身噪声等特性的影响,很难找到精确的特征空间将体数据的不同组织结构进行分类。因此,除了采样点的标量值以外,梯度幅值、曲率、空间信息等数据特征也常被研究者用来辅助数据分类的过程。

映射就是对三维可视化显示方案的设计,即决定对每个采样点如何进行光学属性的赋值,并且能够表示出感兴趣区域的性质和特征[25]。传递函数即表达了这一映射过程,它将体数据的数据值等作为输入信息,经过数据的分类,对每一类物质赋予相应的光学属性。因此,对传递函数映射方法的设计也是目前三维可视化领域的研究热点。

(4) 明暗计算

为了提高体绘制的效果,增加三维体绘制的真实感,假设三维绘制结果表面光滑、并且会对光照产生折射、反射等现象,这种模型称为明暗模型。最常用的明暗计算模型为1971年由Gourand[26]提出的光强度插值明暗算法及1975年由Phong[27]提出的明暗算法。

(5) 图像合成

图像合成的过程即将分类映射过程中赋值的采样点属性合成为可供显示的二维图像。按照图像合成方法的不同,常用的合成方法有透明度融合投影法(Alpha Blending Projection)及最大密度投影法(Maximum Intensity Projection,MIP)。以下对两种方法作简要介绍。

透明度融合投影法主要是按照光学模型中粒子对光线的光学作用来对每个采样点进行光学属性的赋值。根据光线投射方向的不同,透明度融合投影一般有两种合成方式:从后向前合成法和从前向后合成法。

从后向前的合成方法指光线穿过数据场到达观察者视点位置时数据属性的合成计算,与本章7.1中介绍的光线吸收发射模型所假设的光线投射方向一致,因此可以参照公式(7-18)中对光照强度的合成计算。如图7-22所示,光线r穿过体数据场中的一组体素,沿着视点方向从n到1按照一定步长对体数据进行采样。由于图像合成是对采样点的光学属性进行合成,因此,设

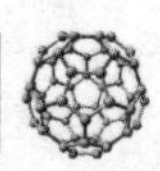

光源的初始颜色值为 c_0，最终光线合成的颜色值为 c_r，第 i 个采样点的颜色值是 c_i，不透明度为 α_i（则透明度为 $1-\alpha_i$）。采样点的值都是通过对距离其最近的 8 个相邻数据点的值进行三线性插值计算得到的，则公式(7－18)可以表达为：

$$c_r = c_0 \prod_{i=1}^{n}(1-\alpha_i) + \sum_{i=1}^{n} c_i\alpha_i \prod_{j=i+1}^{n}(1-\alpha_j) \tag{7-34}$$

公式(7－34)即表示了光线从后向前合成的过程。

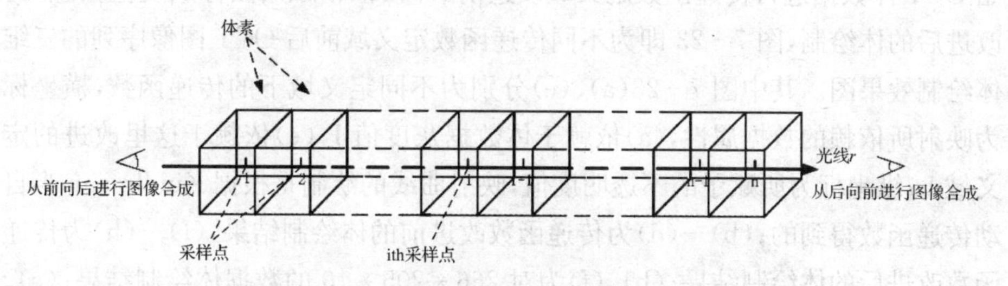

图 7－22 基于透明度融合投影法的图像合成过程

从前向后的合成方法假设光线是从视点方向开始穿过整个三维体数据，最后对所有光线经过的采样点进行合成（如图 7－22）。通过光学模型可以知道，若光线在穿过第 $i+1$ 个采样点前先穿过了前 i 个采样点，则此时光线穿过的所有采样点所作的颜色贡献量应累加到采样点 $i+1$，透明度值则累加到采样点 i 为止，作为该采样点的新颜色值，即下式所示：

$$c_{i+1} = c_i\alpha_i + c_{i+1}\alpha_{i+1}(1-\alpha_i) \tag{7-35}$$

该处理过程称为采样点 $i+1$ 处的光线合成操作。此时，前 i 个采样点的值已经全部累加到了第 $i+1$ 个采样点处，即用累计值(c_i+1，α_i+1)取代了累计值(c_i，α_i)[28]。按照这种处理方法对光线穿过的所有采样点的值从前向后进行累加，可以得到最终的光线合成结果：

$$c_r = \sum_{i=1}^{n} c_i\alpha_i \prod_{j=1}^{i-1}(1-\alpha_j) \tag{7-36}$$

透明度融合投影法依据光学模型对所有采样点进行累加计算，可以准确得到数据场的三维可视化效果，增强了图形绘制的真实感，并且可以准确绘制出对象内部的结构特征。因此，这里主要使用该图像合成方法完成对数据场的体绘制。

最大密度投影法(Maximum Intensity Projection,MIP)是通过搜索光线投射方向上密度最大的值作为投影平面上对应的像素值来得到最终的二维显示图像。MIP算法不需要体绘制流程里的明暗计算与累加的过程,故MIP算法渲染速度快,但渲染效果与准确性较透明度融合投影法而言较差。

2. 体绘制的实例

分别对266 * 205 * 10、266 * 205 * 140、266 * 205 * 300三组大小不同的原始OCT体数据进行传递函数定义域改进前(即仅依赖原始图像灰度值信息)与改进后的体绘制,图7-23即为不同传递函数定义域前后OCT图像序列的三维体绘制效果图。其中图7-23(a)、(e)分别为不同定义域下的传递函数,横坐标为映射所依赖的数据属性,(a)依赖于体数据灰度值I,(e)依赖于这里改进的定义域L;纵坐标为所赋予的不透明度值,映射曲线的绘制是根据Kindlmann半自动传递函数得到的;(b)—(d)为传递函数改进前的体绘制结果,(f)—(h)为传递函数改进后的体绘制结果;(b)、(f)为对266 * 205 * 10的数据体绘制结果;(c)、(g)为对266 * 205 * 140的数据体绘制结果;(d)、(h)为对266 * 205 * 300的数据体绘制结果。

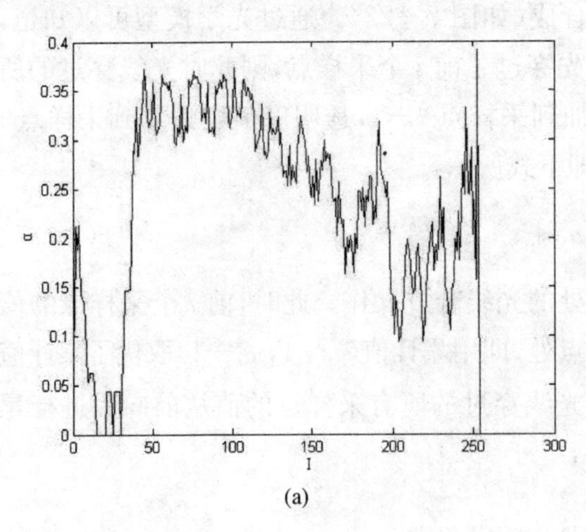

(a)

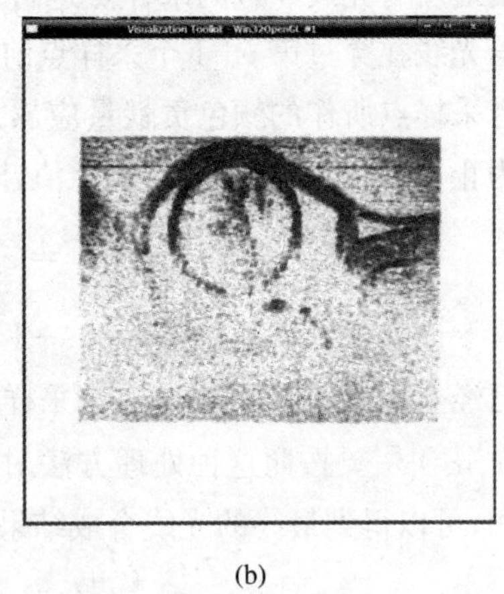

(b)

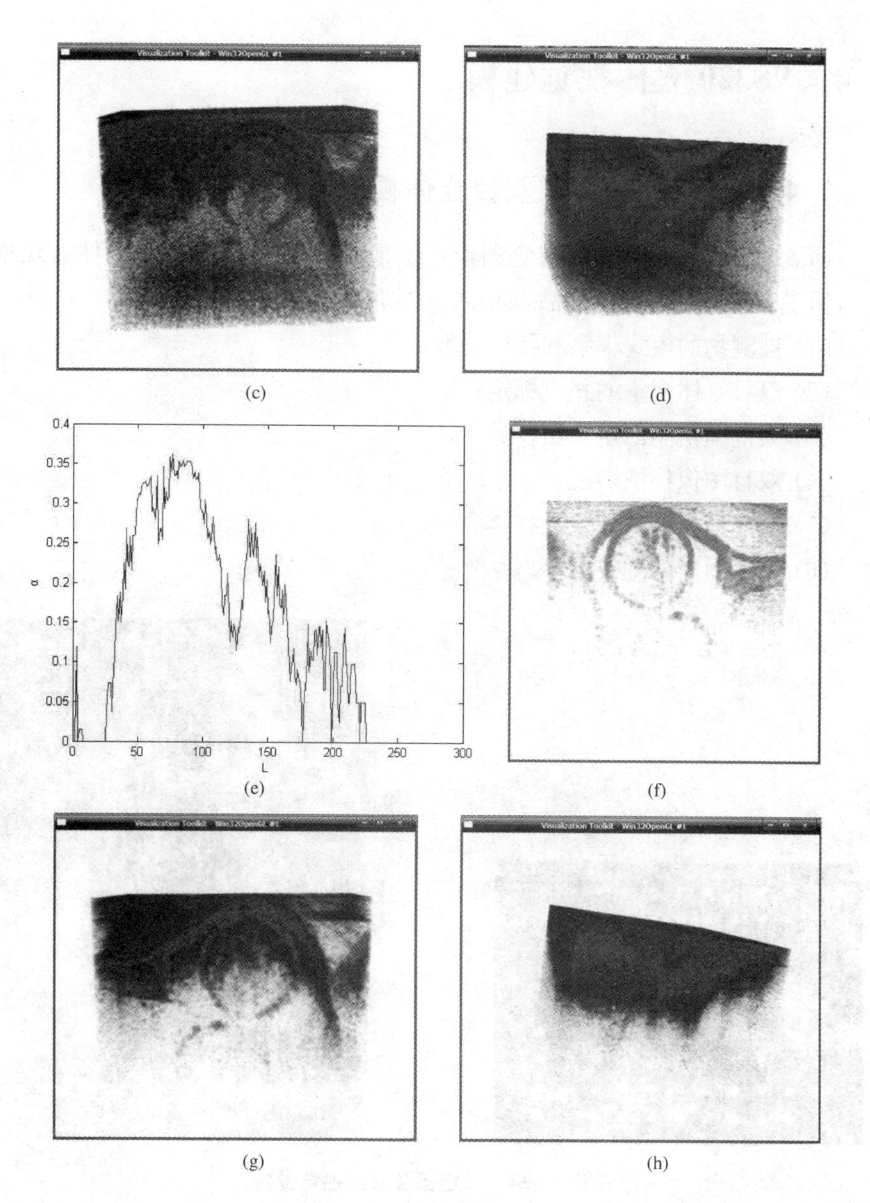

图 7 - 23　不同传递函数定义域前后 OCT 图像序列的三维体绘制效果

(a)(e)分别为改进定义域前后生成的传递函数曲线；
(b)—(d)为(a)映射下的体绘制结果；
(f)—(h)为(e)映射下的体绘制结果。

7.4　VS220 立体视觉建模

7.4.1　MV - VS220 双目立体视觉测量系统

MV - VS220 双目立体视觉测量系统是针对高校、研究所的具体需求推出的机器视觉双目立体视觉产品，如图 7 - 24 所示。该系统功能涵盖：

(1) 被测物的模式识别和特征提取；

(2) 双目立体视觉的相机标定；

(3) 大范围空间标定方法；

(4) 双目图像特征匹配；

(5) 空间坐标系的建立及物体测量；

(6) 数字图像处理技术等。

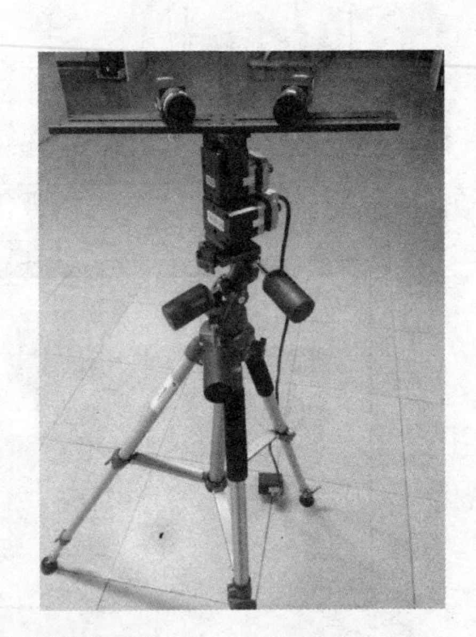

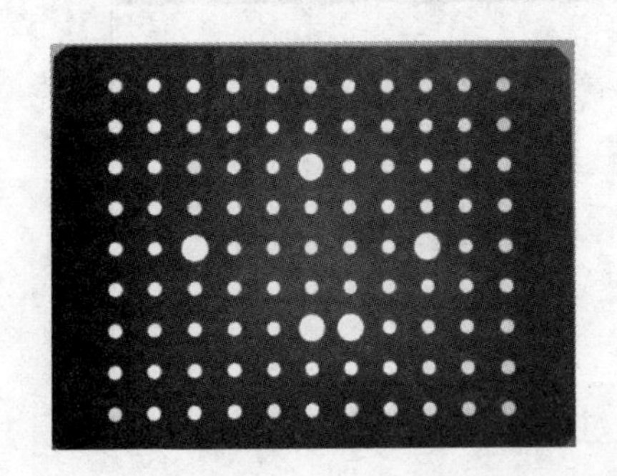

图 7 - 24　标定板及双目视觉设备

1. 功能介绍

MV - VS220 双目立体视觉测量系统的功能说明如下：

(1) 提供双目立体视觉测量相关的相机标定、双目标定、图像处理、特征检测、立体匹配、双目三维测量以及姿态测量等 API 函数库以及各函数的使用例

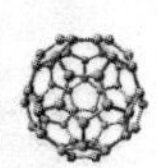

程，用户可直接调用并解决实际问题；

(2) 提供丰富的图像预处理算法，包括图像灰度化、二值化、线性变换、边缘检测、角点检测、边界跟踪、圆形检测、周长去噪、面积去噪、纵横比去噪等，以用于复杂环境下的特征点分割；

(3) 提供双目系统的数学模型、软件例程，教程中提供部分复杂算法的源代码，用户可在此框架下研究双目立体视觉算法或添加自己的算法；

(4) 系统从双目数学模型、硬件方案、软件算法中给出影响系统精度的关键参数。用户可根据自己的实际项目要求精确的配置硬件方案。

2. 双目立体视觉测量系统主要技术特点

MV－VS220 双目立体视觉测量系统的主要技术特点说明如下：

(1) 算法动态库采用常用 C/C++编写，可在 VC++、VS、C# 等开发环境上使用。提供基于 VC++环境上的函数使用例程源码，便于用户二次开发。

(2) 双目立体视觉测量系统可兼容使用维视图像(Microvision)系列工业相机。针对具体工业项目，从现场使用情况、光照、精度等角度提供硬件选型依据，并给出相应数学模型进行说明。

(3) 双目立体视觉测量系统可分别对相机实时图像和图像文件进行处理，实际标定的时候可以读取实时相机图像标定，也可以读取本地文件进行标定。

(4) 双目立体视觉测量系统可分别对左右相机图像进行操作，可分别设置左右相机的参数，保证双相机都在相同参数、相同条件下获取图像。

(5) 双目立体视觉测量系统提供手动选择功能，可手动选择感兴趣的区域、点以确定要进行检测的目标，并消除噪声干扰。

(6) 算法动态库提供图像读写、图像处理、特征提取、图像去噪、相机标定、标靶自动识别、立体匹配、三维位姿测量等函数。

(7) 算法动态库提供函数参数设置窗口，可在弹出窗口中设置参数，以确定合适的参数数值，无需修改程序，提高系统测试效率。

(8) 系统配置不同尺寸的标定板时，测量范围可以从几毫米到几十米。一次标定完成后，当被测物和双目系统的距离发生改变时，可以重新聚焦测量。

(9) 测量软件及算法完全自主开发，系统针对性强；安装简单，结构紧凑，易于操作、维护和扩充；可靠性高，运行稳定，适合各种现场运行条件。

7.4.2　摄像机标定

基于 MV－VS220 双目立体视觉测量系统的摄像机标定过程说明如下。

步骤 1　启动系统

点击根目录文件夹中“BMS. exe”文件，会进入检测系统主界面，如图 7－25 所示。

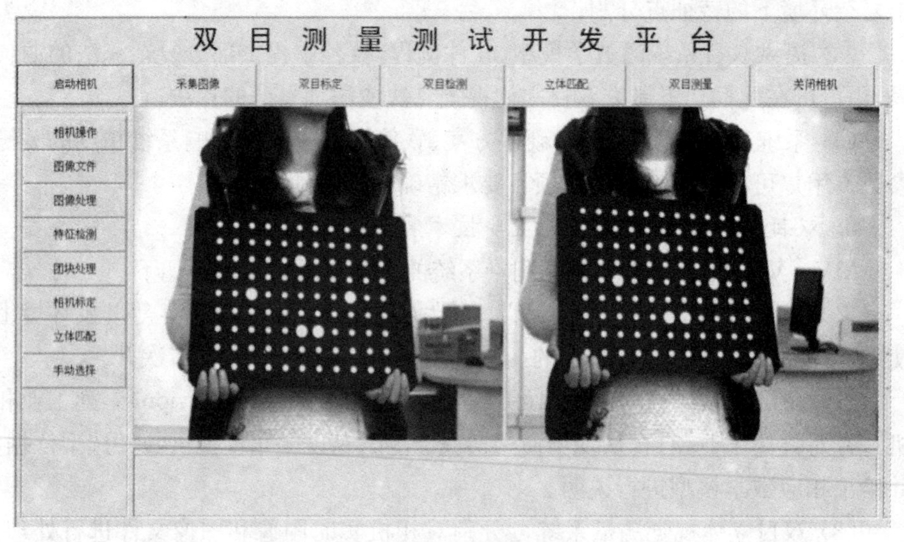

图 7－25　系统启动界面

步骤 2　相机参数设置

进入检测系统后可通过调整相机的焦距和光圈看到实时画面，用户可以分别点击“左相机设置”和“右相机设置”根据现场环境及检测要求对相机的参数进行设置，其参数设置界面如图 7－26 所示。

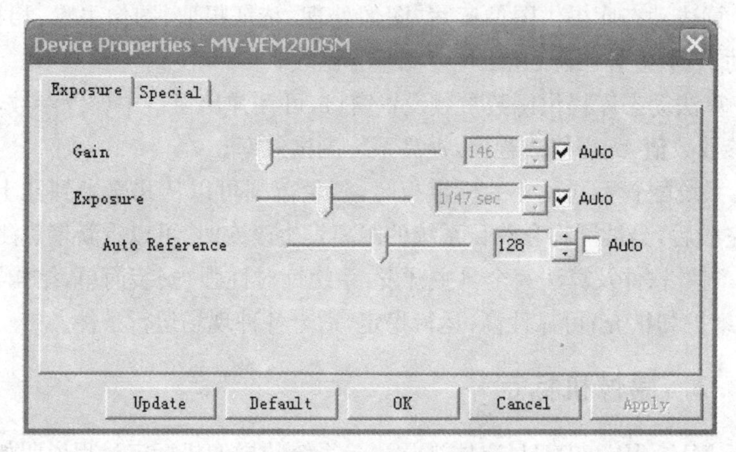

图 7－26　相机参数设置界面

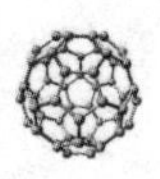

设置参数过程中，调节曝光时间、增益使图像达到较好的对比度和亮度即可。

步骤 3　相机标定

双相机标定，是左右相机同时对标靶的图像进行标定的过程。

(1) 点击“双相机标定”，系统提示将标靶放在视场范围内，使标定板与相机的距离适中，并且使相机尽可能的平行于相机平面，如图 7-27 所示。

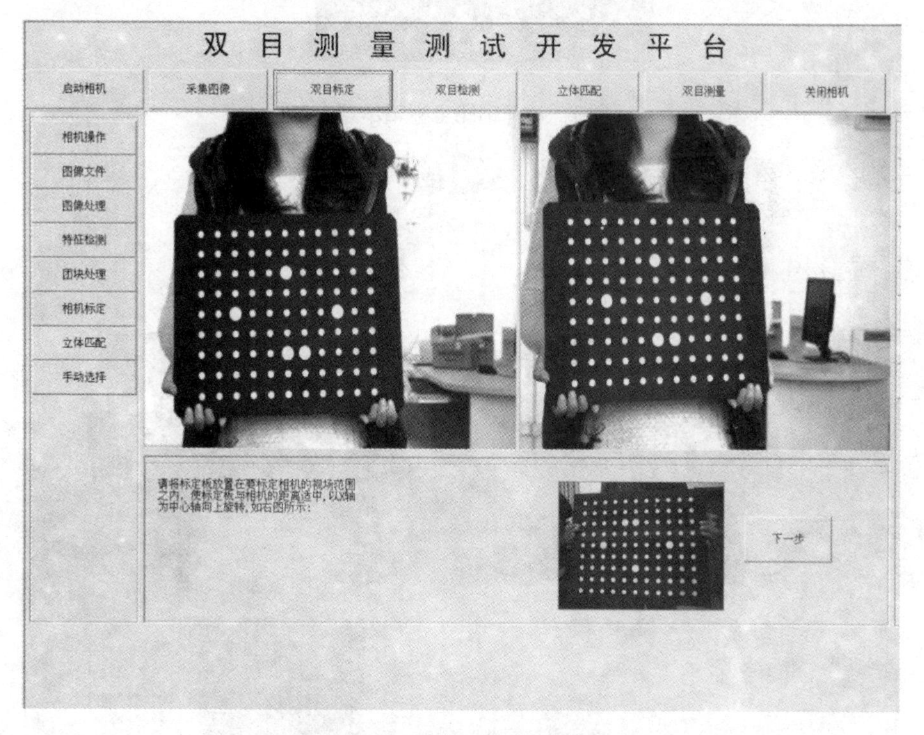

图 7-27　双相机标定示意图 1

(2) 当系统检测到标靶后会在界面右下角提示“下一步”操作，如图 7-27 所示。用户根据系统的提示进行相应操作，使标靶的旋转位置与系统提示的位置相符，然后点击“下一步”。系统提示中的 X 轴是指以图像中心的水平面，Y 轴是指图像中心的竖直面，如图 7-28 所示。在标靶位置旋转过程中，尽量不要使标靶的旋转角度过大，大约在 20 度左右的角度，将标靶绕 X 轴向下旋转大约 20 度，如图 7-29 所示。

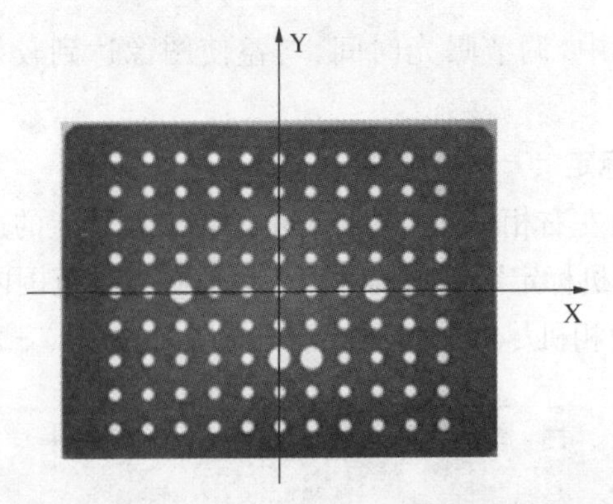

图 7－28　标靶坐标轴示意图

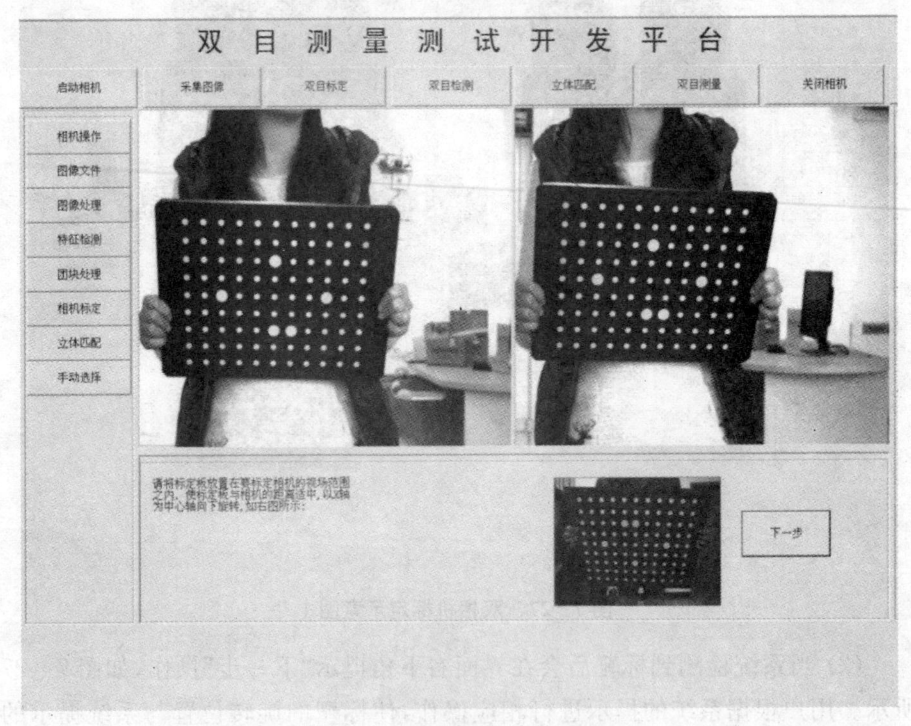

图 7－29　相机标定示意图 2

(3) 当软件右下角提示“下一步”后，以 X 轴为中心，标靶向上旋转 20 度左右。点击按钮“下一步”，进行下一步操作，如图 7－30 所示。

(4) 当软件右下角提示“下一步”后，以 Y 轴为中心，标靶向右旋转 20 度左右。点击按钮“下一步”，进行下一步操作，如图 7－31 所示。

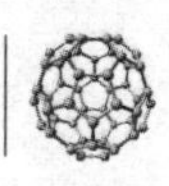

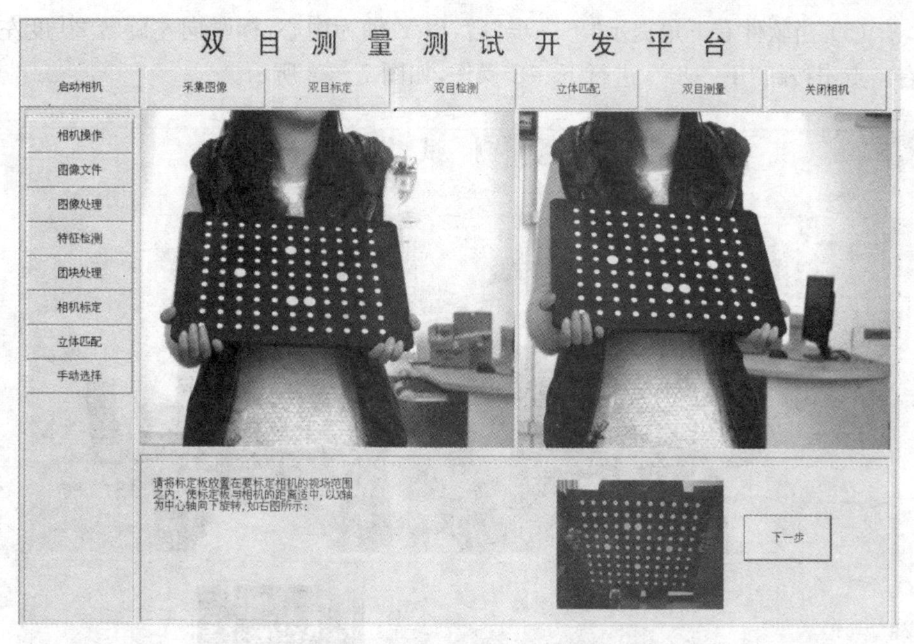

图 7 - 30　相机标定示意图 3

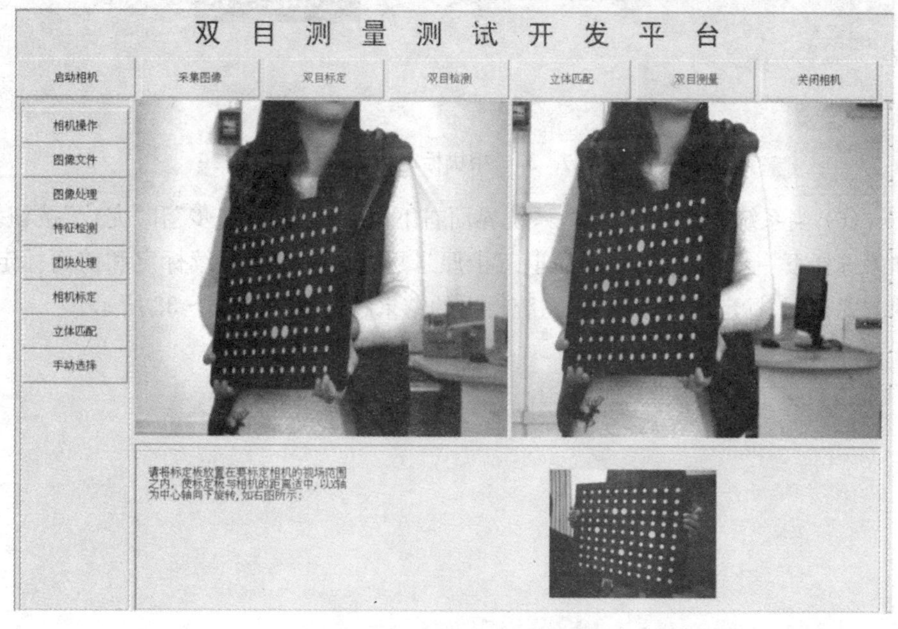

图 7 - 31　相机标定示意图 4

(5) 当软件右下角提示“下一步”后，以 Y 轴为中心，标靶向左旋转 20 度左右。点击按钮“下一步”，进行下一步操作，如图 7－32 所示。

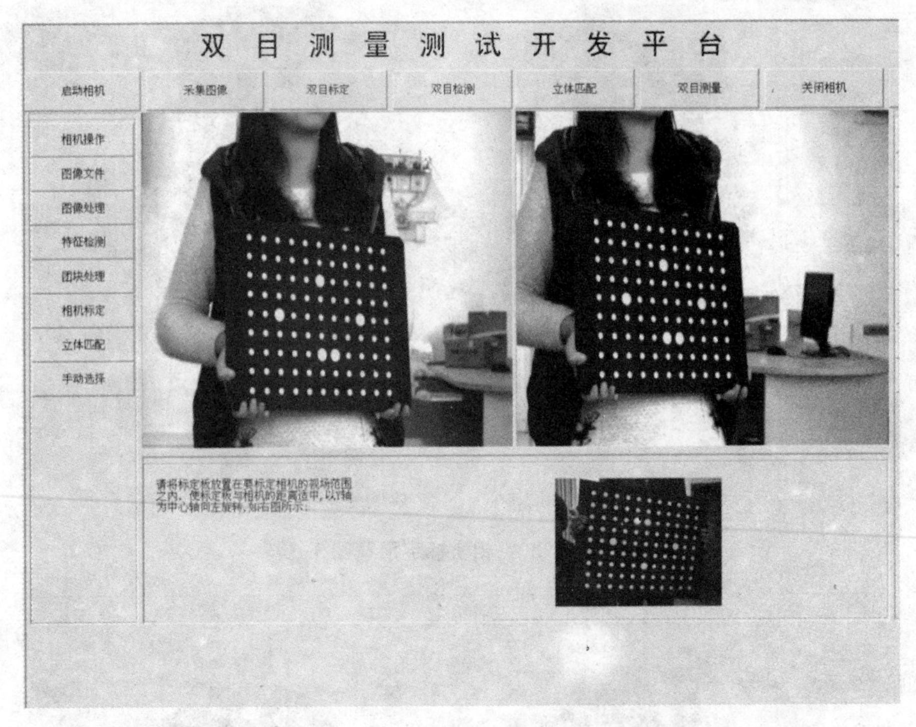

图 7－32　相机标定示意图 5

(6) 当系统检测的图像时，系统界面右下角会出现“下一步”和“完成”按钮。如果选择下一步，根据提示向后退三十厘米再开始标定。继续标定和前面标定的方式相同，标定的次数越多，系统得出的结果越精确，如图 7－33 所示。

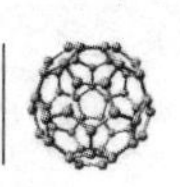

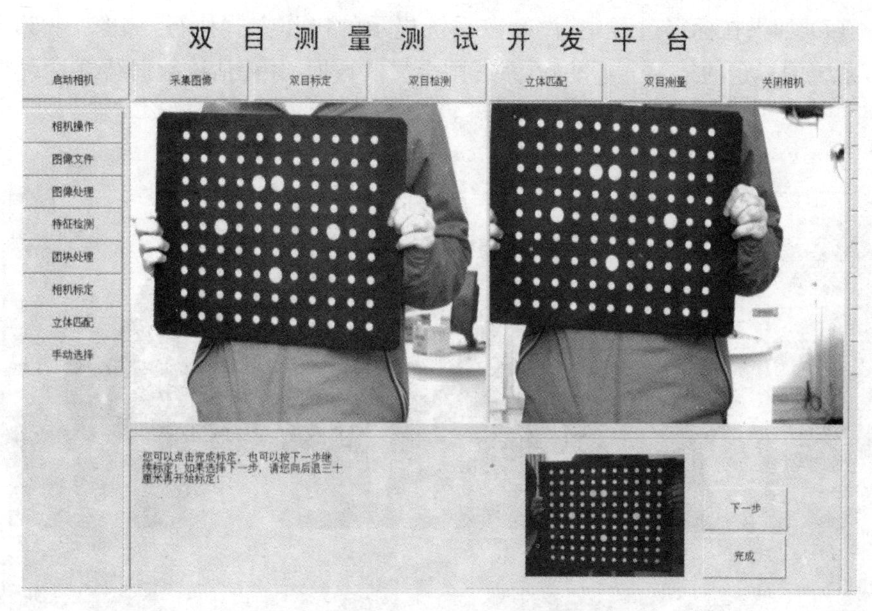

图 7-33　相机标定示意图 6

当点击“完成”标定后，系统界面会及时显示标定的数据结果。如图 7-34 所示。

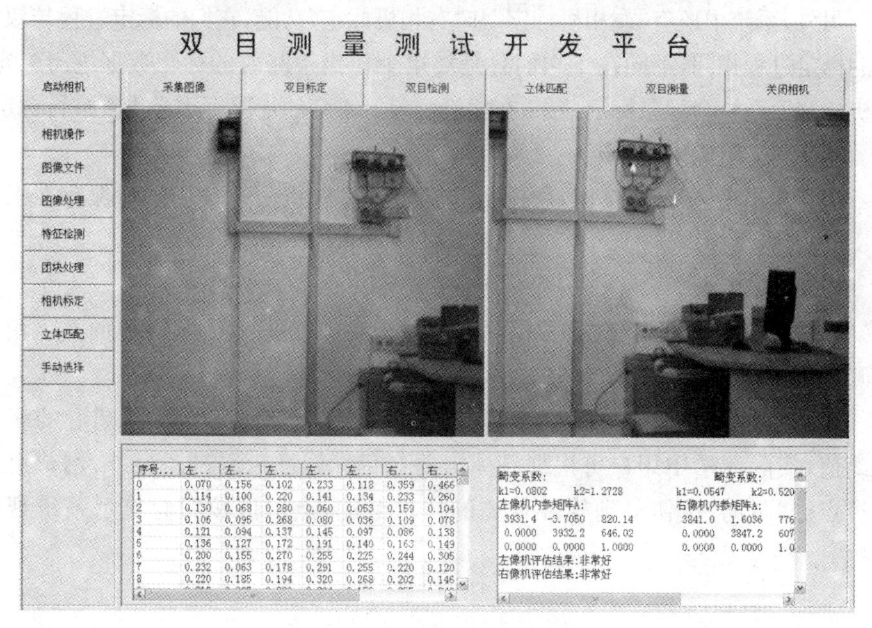

图 7-34　相机标定结果显示

(7) 如果在标定过程中,没有按系统提示的操作方式执行,如图 7-35 所示,系统的标定的结果会不准确,系统则会显示数据,并评估该数据结果差。

图 7-35　不规范标定动作

另外,系统中还有“左相机标定”和“右相机标定”功能,它们的标定过程与双相机的标定过程相同,不同在于它们只是对单个相机检测时的标靶数据进行标定。相机标定后系统会记录标定结果,在相机位置等不变的情况下不必重复进行标定。

步骤 4　图像采集

当点击“图像采集”按钮,软件系统会将左右相机所采集的图像保存在根目录文件夹中。

步骤 5　测量

点击“测量”按钮,系统会根据标定的结果对标靶进行测量,在界面左下角显示测量数据,其界面如图 7-36 所示。

此测量过程只是一个测试范例,测量数据为标靶四角标志圆圆心的相互距离值,实际测量中用户可根据具体需要对目标体进行测量。另外,用户可以通过点击“帮助”按钮得到软件相关的技术帮助,点击该按钮会显示系统帮助文档。

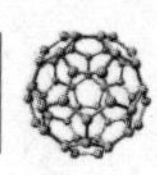

序号...	左...	左...	左...	左...	左...	右...	右...
0	0.070	0.156	0.102	0.233	0.118	0.359	0.466
1	0.114	0.100	0.220	0.141	0.134	0.233	0.260
2	0.130	0.068	0.280	0.060	0.053	0.159	0.104
3	0.106	0.095	0.268	0.080	0.036	0.109	0.078
4	0.121	0.094	0.137	0.145	0.097	0.086	0.138
5	0.136	0.127	0.172	0.191	0.140	0.163	0.149
6	0.200	0.155	0.270	0.255	0.225	0.244	0.305
7	0.232	0.063	0.178	0.291	0.255	0.220	0.120
8	0.220	0.185	0.194	0.320	0.268	0.202	0.146

图 7－36　双目测量结果显示

7.4.3　摄像机标定精度的主要影响因素

摄像机标定精度采用重投影误差来表示，即根据标定结果计算所得的世界坐标点的成像点坐标值与真实的图像点坐标值的差值。影响摄像机标定精度的主要因素有：图像处理算法和标靶精度、摄像机镜头标靶硬件搭配、操作技巧和外界环境干扰等因素。

1. 图像处理算法和标靶精度

图像处理算法用于计算求得标靶的图像坐标，标靶的世界坐标精度由标靶精度决定。摄像机标定模型如图 7－37 所示。

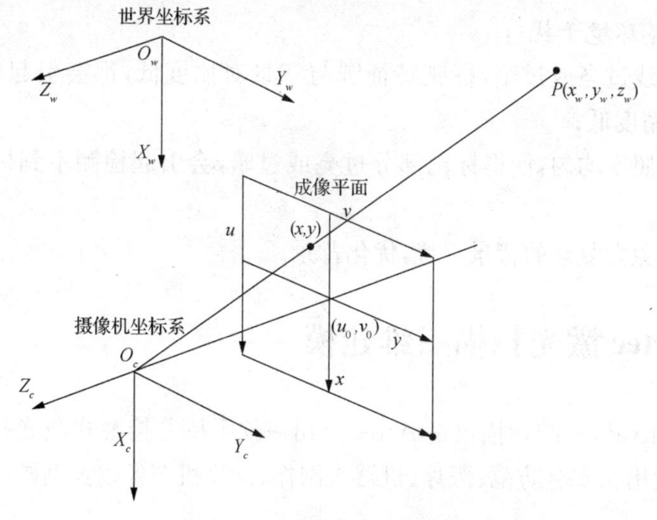

图 7－37　摄像机标定模型图

由摄像机标定模型图可以看出：当选择的成像数学模型一定时，图像坐标和世界坐标的精度是直接影响摄像机标定精度的因素。本系统目前采用子像素图像处理检测技术，误差小于0.02个像素，有效的保证了标靶特征点图像坐标的精度；同时标靶加工精度误差小于0.1 mm。此外，对标靶进行二次测量获取更高精度的特征点坐标值。

2. 摄像机镜头标靶硬件搭配

客户在进行摄像机镜头标靶硬件搭配时，需要注意以下两个问题：

(1) 同样视场范围内相机的分辨率时大，标定精度越高；

(2) 镜头决定视场范围，标靶大小小于视场的1/5时会减小摄像机的标定精度。

3. 操作技巧

(1) 将标靶放在测量区域内，调节好镜头焦距和光圈，使标靶能够清晰成像；

(2) 标定是将标靶放在测量区域内进行标定，严格遵守"哪里测量哪里标定"原则；

(3) 标定时标靶处于静止状态或小幅度的晃动，减少由于相机的曝光时间引起的运动模糊造成的误差；

(4) 使标靶尽可能多的放置在系统测量范围内不同位置进行标定；

(5) 在测量范围的深度方向上(Z方向)有一定的平移，或绕X轴和Y轴有适度的旋转。

4. 外界环境干扰

(1) 光线过亮或过暗，标靶特征圆与背景对比度低，都会引起检测不到标靶，或检测精度低；

(2) 光照不均匀，使得标靶部分过亮或过暗，会引起检测不到标靶，或检测精度低；

(3) 避免太复杂的背景干扰，优化背景。

7.5 Artec激光扫描三维建模

Artec Eva™三维扫描仪是Artec公司一款手持非接触式激光扫描产品，已被成功地运用在安全防范、医疗、机器人制作、计算机图像以及动画制作等领域。

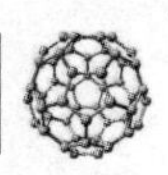

7.5.1　Artec Eva 三维扫描系统简介

Artec Eva 三维扫描系统的技术原理是将特殊的光带，以成一个视差角的方式投射在物体表面，利用物体表面对光源所造成扭曲的原理精确计算每个三维数据点的坐标。这些三维数据点可形成基本的小三角面，然后可转换成用户所需要的格式文件。Artec Eva 三维扫描仪在扫描三维模型时，获取表面纹理的相机可与三维扫描相机同步，实现三维扫描数据与二维画面同步结合的功能。Artec Eva 三维扫描仪可采取两种模式：单一画面获取模式（Snap-Shot）或视频模式（Video）。以上神奇技术的背后是新颖的曲面重构算法技术和能精确及实时获取三维物体表面任意拓扑机构的硬件。

Artec Eva 三维扫描系统的应用领域非常广阔，比如安全行业的监控、人物识别、存取控制；医疗成像领域的整形外科、营养学、健身、外科整形手术；物体扫描方面的文化遗产、设计、逆向工程；机器人技术的工业机器人 3D 视觉以及电脑制图和动画领域的多媒体、娱乐、电视剧及电影制作。

7.5.2　Artec Eva 扫描仪特点

总体来说，Artec Eva 扫描仪具有如下特点。

1. 实时扫描

Artec 三维扫描仪的工作方式与摄影机类似，不同的是，传统摄影机拍摄获取的是二维影像，而 Artec 则是以最高达 15 帧/秒的速率直接获取三维模型。整个扫描过程极其简便直观：手持 Artec Eva 三维扫描仪从不同角度扫描物体，附带软件将扫描所获图像实时拼合为一个整体。

2. 便携性

Artec 是一款操作简便的手持式三维扫描仪，它能助您轻松扫描无法移动或无法触摸的物体。

3. 无需添加标记点（Marker）

扫描物体的过程中，不需要在扫描物表面添加标记点（Marker）或者传感器，该设备运用自主研发的定位技术将各个扫描面准确拼合衔接为一个整体的三维模型，整个拼合过程与扫描过程同步。

4. 扫描移动物体

如之前所述，Artec 三维扫描仪的工作方式与摄影机类似，因为它不但能够

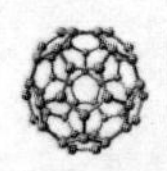

扫描静态物体,还能够扫描动态物体(低于30公里/小时)。这对于医学以及电影制作领域动态面部表情的获取尤其适用。

5. 扫描软件

扫描仪附带的处理软件将协助用户轻松完成扫描工作及最终模型的生成。

6. 导出为各种格式

利用设备自带的软件,用户能够将三维模型导出为各种主流文件格式:STL,OBJ,PLY或者WRL,之后便可将其轻松导入ZBrush,3D Studio Max,Maya,Rapidform及其他软件程序进行模型后期处理。

7.5.3 Artec Eva扫描仪扫描实例

下面以一个具体实例介绍Artec Eva扫描仪的基本使用流程。

1. Artec Eva扫描仪启动

首先,将Artec Eva三维扫描仪电源接口端插入电源插座,扫描仪USB接口(2.0接口)端插入PC机的USB端口上。Artec Eva三维扫描仪(EVA,蜘蛛)的LED指示灯点亮,很短的时间发出稳定蓝色光,表示扫描仪正在启动,扫描仪外观如图7-38所示。

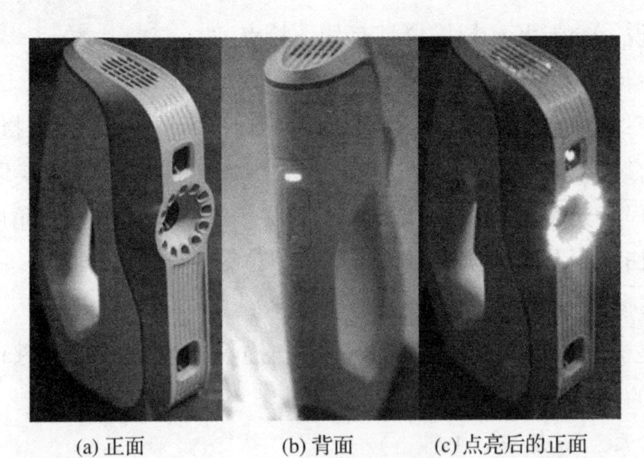

(a) 正面　(b) 背面　(c) 点亮后的正面

图7-38　扫描仪外观

2. Artec Eva扫描仪与软件系统连接

Artec Eva扫描仪软件系统界面如图7-39所示。当扫描仪启动完毕,点击文件菜单,选择新建项目菜单选项,或在工作区的顶部按下按钮,或使用快捷键

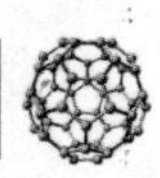

Ctrl＋N 来完成新建任务。然后在创建项目对话框输入项目名称，并指定项目保存的文件夹路径。

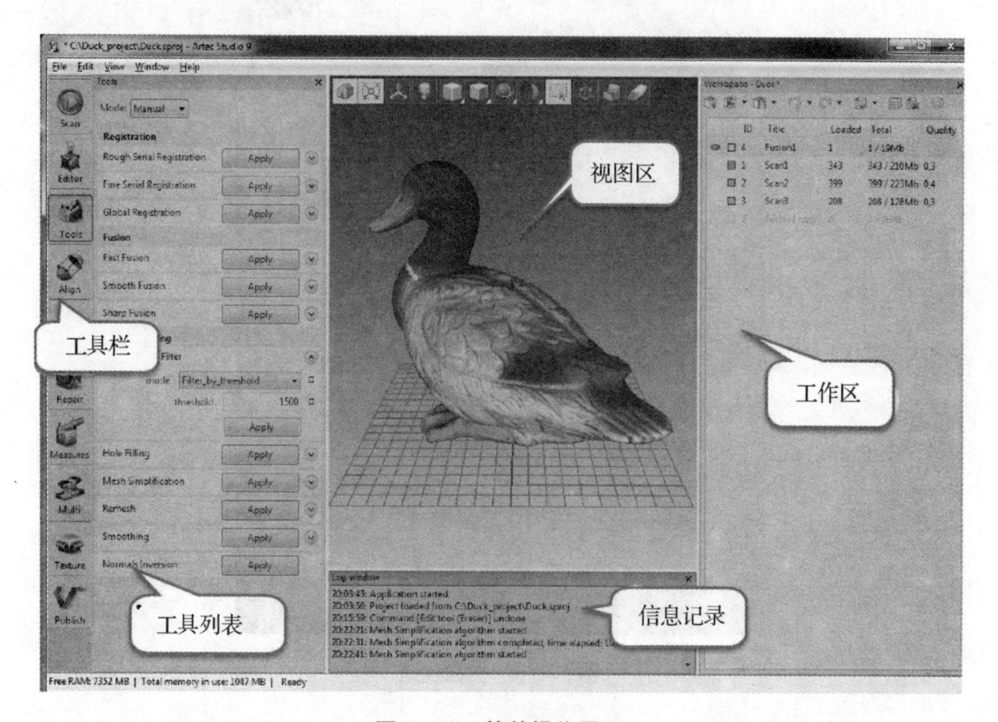

图 7－39　软件操作界面

3. 扫描模型

Artec Eva 三维扫描仪能够以 15 帧/秒的速率捕捉对象，确保扫描仪逐渐移动的同时相邻帧区域重叠。扫描仪可以将捕获相邻帧的重叠区域自动对准，实现自动高精度对齐。扫描仪在扫描完成后还可以手动检查扫描的结果，对未扫描的区域补充扫描。

切换扫描仪与扫描模型的距离，确定保持在最佳扫描位置。如果扫描仪与扫描模型的距离过近，扫描仪会捕获不到扫描模型。如果扫描仪与扫描模型的距离过远，获取的三维点云数据表面会变得过于嘈杂，这对处理复杂三维模型和输出最终的模型结果会产生不利影响。扫描仪正确操作方法是将扫描仪尽可能靠近三维模型，同时尽可能与附近平面不发生交叉遮挡，扫描模型过程如图 7－40所示。

图 7-40　扫描模型

4. 扫描结果

按下 Artec Eva 三维扫描设备上的记录键，或点击软件开始按钮，设备会无延时直接进行扫描与记录。三维扫描仪配备了纹理摄像头，激活纹理功能可以采集彩色模型的色彩信息。当点击进行几何跟踪捕捉时，扫描仪会在有显著运动的时候获得模型纹理材质，该功能在扫描人体效果非常明显。启动扫描后，逐渐移动扫描仪，同时在三维视图窗口观察移动的过程，改变操作者和扫描区域物体的位置可以改变扫描覆盖范围。

扫描完成后数据会实时出现在软件显示窗口中，扫描结果如图 7-41 所示。小范围的扫描对象扫描仪可以一次性捕获，大范围扫描对象扫描仪可以分多次扫描。如果已经扫完可以扫描的区域，需要暂停，然后记录扫描，请单击扫描程序中的暂停按钮或者按下扫描仪上的暂停键。如果要继续扫描，将扫描仪指向已经扫描的区域，按下软件记录扫描键或者按下扫描仪机身的播放键。

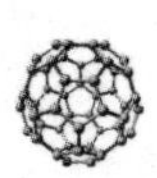

图 7－41　扫描结果

5. 数据拼接

对于大范围的扫描对象，由于扫描仪不能一次性全部获得整个扫描对象的点云数据，需要多次扫描才能获得。在扫描的同时，通常每个扫描数据之间都有不同视图下相同的区域，而点云数据拼接就是根据重复区域的相同表面特征将点云拼接起来。选择扫描仪软件拼接功能对扫描数据进行拼接，拼接结果如图 7－42 所示。

图 7－42　数据拼接

6. 精细配准

当扫描仪停止扫描对象后，软件会自动运算上次的扫描数据并运用配准算法对扫描数据进行粗略配准。在扫描过程中运行粗略配准算法，这样做目的是为了帮助用户观察扫描对象是否扫描精确，避免占用PC机大量的处理器容量。然而，仅使用粗略配准不够用于获得高质量的三维扫描数据，可以通过点击工具面板的配准算法对数据进行精细配准，该算法不需要任何配置，精细配准结果如图7-43所示。

图7-43　精细配准

7. 融合生成模型

在精细配准成功后，所有处理过的数据可以被整合到一个三维扫描模型中。此时要开始融合算法对扫描数据进行融合。打开工具面板，并点击快速融合按钮，融合结果如图7-44所示。默认情况下，扫描仪软件融合创建的模型算法有多种：快速Fusion1，快速Fusion2，平滑Fusion1或光滑Fusion2等，这取决于用户采用哪种算法。每种算法会产生一个多边形的三维模型，在扫描路径会创建新的扫描项目。

虽然所有的融合算法都会产生三角网格，但是不同算法之间是有区别的。快速融合算法速度非常快，消耗相对少量的内存，并有能力处理大型数据集。但是快速融合会产生大量的噪点数据，因此需要更多的后期处理时间。光顺融合算法速度相对快速融合慢，并且会消耗大量的时间和存储空间，但是光顺融合数据处理噪点数据少，表面比较平滑，因此需要的后处理时间少。用户可以根据自

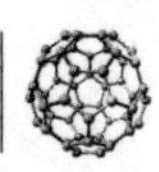

身需要，对扫描数据进行选择性融合处理。

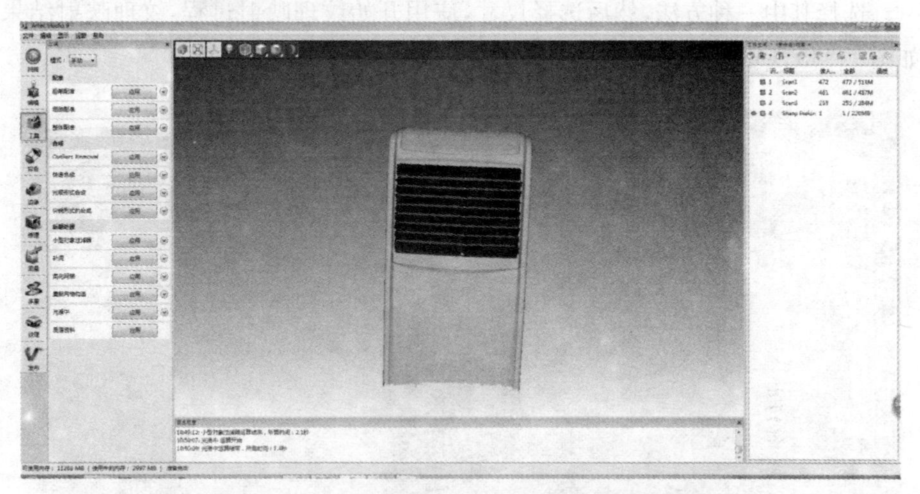

(a) 正面

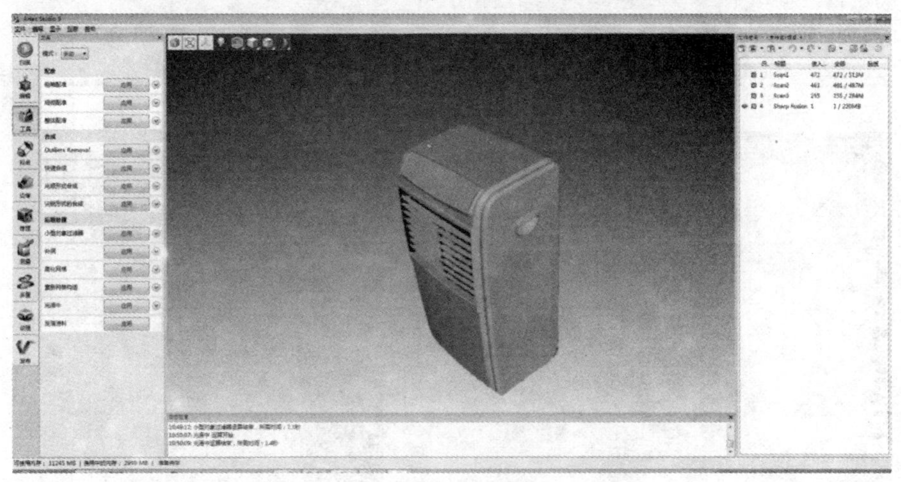

(b) 侧面

图 7 - 44　快速融合结果

8. 纹理映射

经过融合、调整和优化后得到的三维模型不包含纹理信息，如果要将纹理映射在模型上，需要打开纹理面板，然后在选择模型列表框中选择纹理融和按钮。由于三维点云数据可能存在变形，不建议在非严格对准模型中应用纹理融合功能。

有三种方法可将材质应用到三维模型中：

① 三角形生成地图;② 生成纹理地图集;③ 利用现有的图谱紫外线。

选择其中一种方法,然后选择尺寸,应用开始纹理映射过程,纹理映射结果如图 7－45 所示。

(a) 正面

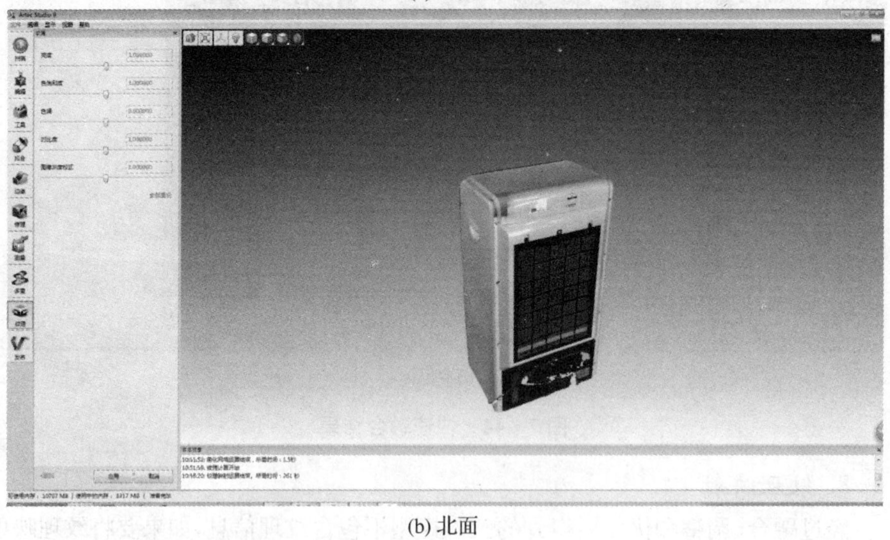

(b) 北面

图 7－45　纹理映射结果

9. 数据导出与保存

点击数据保存按钮,上述结果会以. sproj 格式进行保存项目。如果需要将

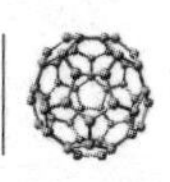

这些三维扫描数据在其他第三方软件进行打开和处理，需要将扫描数据单个保存为其他格式。选择要导出的扫描对象，单击文件菜单，选择导出扫描选项，或在相应的窗口工作区按钮的下拉菜单中导出数据。保存扫描模型，选择文件菜单保存选项后，指定文件保存的位置，然后选择需要保存格式，点击确定按钮。该扫描仪应用程序支持以下输出格式：PLY 格式，OBJ 格式，WRL 格式，STL 格式，ASC 格式，AOP 格式和 PTX 等格式，用户可以根据需要自行选择。本实例输出扫描数据的 STL 格式，导入第三方软件，结果如图 7 - 46 所示。

本章对基于断层扫描数据三维可视化的面绘制技术、OCT 图像体绘制技术、基于 MV - VS220 双目视觉的三维重建涉及的摄像机标定基础技术，以及基于 Artec Eva 的三维激光扫描三维重建进行了实例分析，希望以这些实例为引子，起到好的实例示范作用。更多的三维重建、可视化技术，需要在今后的实践中进一步摸索。

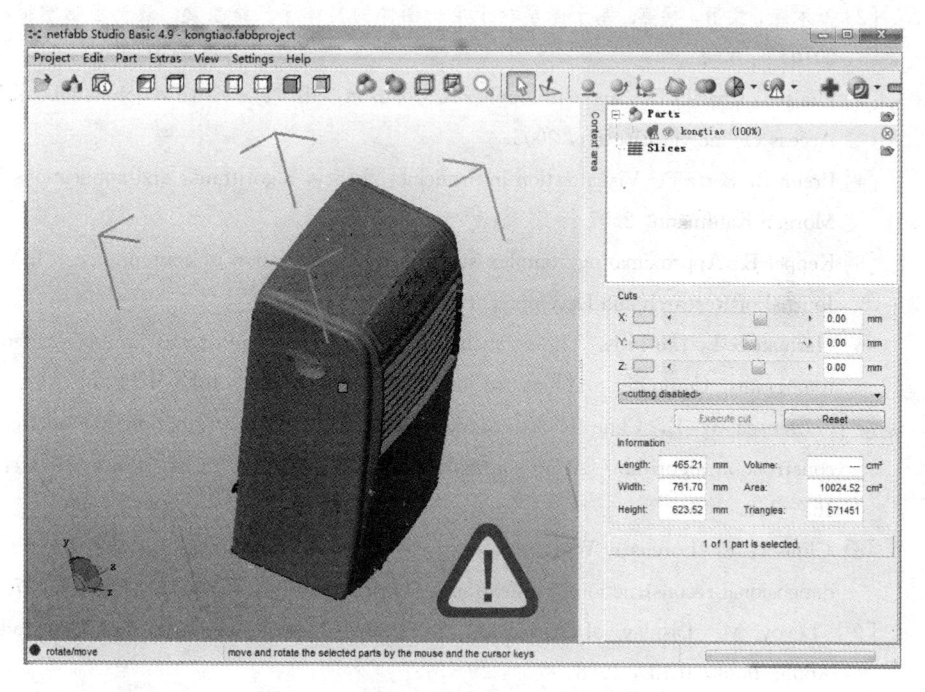

图 7 - 46　第三方软件打开 STL 数据模型

思考题

1. 简述MC算法并编程。
2. 简述VTK三维绘制流程并编程。
3. VS220标定过程中为什么要将标定板更换多次姿势？
4. VS220标定精度的主要影响因素有哪些？怎样克服？
5. 简述Artec eva扫描仪的特点与功能？

参考文献

[1] 鲍华．基于直接体绘制技术的医学图像三维可视化方法研究．四川大学，2006.

[2] 万木森，梁雨，梁燕．基于光学相干层析图像的离体牙三维重建．激光生物学报，2010，6：005.

[3] Hansen，Charles D.，and Christopher R. Johnson，eds. The visualization handbook. Access Online via Elsevier，2005.

[4] Preim B，Bartz D. Visualization in medicine：theory，algorithms，and applications. Morgan Kaufmann，2007.

[5] Keppel E. Approximating complex surfaces by triangulation of contour lines. IBM Journal of Research and Development，1975，19(1)：2－11.

[6] Herman G T，Liu H K. Three-dimensional display of human organs from computed tomograms. Computer graphics and image processing，1979，9(1)：1－21.

[7] Lorensen W E，Cline H E. Marching cubes：A high resolution 3D surface construction algorithm//ACM siggraph computer graphics. ACM，1987，21(4)：163－169.

[8] Cline H E，Lorensen W E，Ludke S，et al. Two algorithms for the three-dimensional reconstruction of tomograms. Medical physics，1988，15(3)：320－327.

[9] Levoy M. Display of surfaces from volume data. Computer Graphics and Applications，IEEE，1988，8(3)：29－37.

[10] Lacroute P，Levoy M. Fast volume rendering using a shear-warp factorization of the viewing transformation. //Proceedings of the 21st annual conference on Computer graphics and interactive techniques. ACM，1994：451－458.

[11] Westover L. Footprint evaluation for volume rendering. //ACM Siggraph Computer

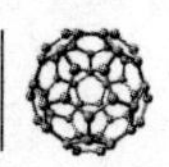

Graphics. ACM，1990，24(4)：367－376.

[12] Malzbender T. Fourier volume rendering. ACM Transactions on Graphics(TOG)，1993，12(3)：233－250.

[13] 王羿. 基于医学图像的三维可视化研究. 华中科技大学，2008.

[14] 王琨. 宽场OCT系统性能和彩色图像重建的研究. 北京化工大学，2012.

[15] 赵奇峰. 医学图像三维重建及可视化的研究. 西安：西安电子科技大学，2009.

[16] 夏斌，王利生. 基于边界曲面零交叉点的体绘制. 计算机应用研究，2013，30(9)：2865－2867.

[17] Engel K，Hadwiger M，Kniss J M，et al. Real-time volume graphics//ACM Siggraph 2004 Course Notes. ACM，2004：29.

[18] Max N. Optical models for direct volume rendering. Visualization and Computer Graphics，IEEE Transactions on，1995，1(2)：99－108.

[19] Drebin R A，Carpenter L，Hanrahan P. Volume rendering//ACM Siggraph Computer Graphics. ACM，1988，22(4)：65－74.

[20] Lundström C. Efficient Medical Volume Visualization：An Approach Based on Domain Knowledge. 2007.

[21] Kindlmann G，Durkin J W. Semi-automatic generation of transfer functions for direct volume rendering. //Proceedings of the 1998 IEEE symposium on Volume visualization. ACM，1998：79－86.

[22] 查林. 直接体绘制中传输函数的设计. 西安电子科技大学，2009.

[23] 王南飞. 基于核磁共振成像和VTK的玉米根系三维重建可视化研究. 杭州：浙江大学，2013.

[24] 陈超. 基于VTK的医学图像体绘制技术研究. 西安电子科技大学，2010.

[25] 刘建军. 体绘制中智能传递函数设计方法研究及应用. 湖南大学，2010.

[26] Gouraud H. Continuous shading of curved surfaces. Computers，IEEE Transactions on，1971，100(6)：623－629.

[27] Phong B T. Illumination for computer generated pictures. Communications of the ACM，1975，18(6)：311－317.

[28] Goel V，Mukherjee A. An optimal parallel algorithm for volume ray casting. The Visual Computer，1996，12(1)：26－39.

Graphics. ACM, 1990, 24(4): 367-376.

[12] Malzbender T. Fourier volume rendering. ACM Transactions on Graphics (TOG), 1993, 12(3): 233-250.

[13] [illegible]

[14] [illegible] OCT [illegible], 2012.

[15] [illegible], 2002.

[16] [illegible] 2001, 13(9): 2005-2007.

[17] Engel K, Hadwiger M, Kniss J M, et al. Real-time volume graphics//ACM Siggraph 2004 Course Notes. ACM, 2004: 29.

[18] Max N. Optical models for direct volume rendering. Visualization and Computer Graphics, IEEE Transactions on, 1995, 1(2): 99-108.

[19] Drebin R A, Carpenter L, Hanrahan P. Volume rendering//ACM Siggraph Computer Graphics. ACM, 1988, 22(4): 65-74.

[20] Lindholm S. Efficient Medical Volume Visualization: An Approach Based on Domain Knowledge. 20[illegible]

[21] Kindlmann G, Durkin J W. Semi-automatic generation of transfer functions for direct volume rendering//Proceedings of the 1998 IEEE symposium on Volume visualization. ACM, 1998: 79-86.

[22] [illegible], 2006.

[23] [illegible]

[24] [illegible] VTK [illegible], 2009.

[25] [illegible], 2014.

[26] Gouraud H. Continuous shading of curved surfaces. Computers, IEEE Transactions on, 1971, 100(6): 623-629.

[27] Phong B T. Illumination for computer generated pictures. Communications of the ACM, 1975, 18(6): 311-317.

[28] Goel V, Mukherjee A. An optimal parallel algorithm for volume ray casting. The Visual Computer, 1996, 12(1): 26-39.